广东省教育厅特色创新类项目（教育科研）、
广东海洋大学教育教学改革与质量工程项目

U0174460

海洋经济管理
教育教学创新模式研究

HAIYANG JINGJI GUANLI
JIAOYU JIAOXUE CHUANGXIN MOSHI YANJIU

周珊珊　朱坚真　刘汉斌　著

中山大学出版社
SUN YAT-SEN UNIVERSITY PRESS
·广州·

图书在版编目（CIP）数据

海洋经济管理教育教学创新模式研究/周珊珊，朱坚真，刘汉斌著. —广州：中山大学出版社，2022.6
ISBN 978 - 7 - 306 - 07310 - 5

Ⅰ.①海…　Ⅱ.①周…　②朱…　③刘…　Ⅲ.①海洋经济—经济管理—教学模式—教学研究　Ⅳ.①P74 - 4

中国版本图书馆 CIP 数据核字（2021）第 270642 号

出　版　人：王天琪
策划编辑：曾育林
责任编辑：苏深梅
封面设计：曾　斌
责任校对：翁慧怡
责任技编：靳晓虹
出版发行：中山大学出版社
电　　话：编辑部 020 - 84110283，84113349，84111997，84110779，84110776
　　　　　发行部 020 - 84111998，84111981，84111160
地　　址：广州市新港西路 135 号
邮　　编：510275　传　　真：020 - 84036565
网　　址：http：//www. zsup. com. cn　E-mail：zdcbs@ mail. sysu. edu. cn
印　刷　者：广东虎彩云印刷有限公司
规　　格：787mm×1092mm　1/16　15.75 印张　282 千字
版次印次：2022 年 6 月第 1 版　2022 年 6 月第 1 次印刷
定　　价：48.00 元

目　　录

第一章

海洋经济管理教育教学模式创新的理论基础

第一节　高等教育全面发展理论

一、高等教育是人类获得全面自由发展的重要途径

《〈黑格尔法哲学批判〉导言》开头部分曾两次提到"彼岸世界""此岸世界"这两个哲学概念。对彼岸世界要回归此岸世界的解释，其实是马克思为无产阶级指明的一条现实道路——从受压迫、受奴役的枷锁中获得身心的全面解放，通过解放自己进而实现全面自由发展。从虚幻、不可知的彼岸世界回归此岸真实、可知、理性的现实世界，是马克思对无产阶级、先进理论与全人类解放关系和作用的重要论述，从中展现出先进理论思想的指导性、革命性作用。[①] 高等学校是人才培养的专业机构，高等教育对人的全面发展与社会进步具有重要作用。

高等教育通过提高劳动者的素质，使他们接受先进思想和科学方法的指导，促进劳动效率的提高和科学技术的进步，进而推动社会生产力的发展，带动经济发展水平的提高。经济基础决定上层建筑，社会财富的增加又进一步推动科学技术、高等教育向更高层次迈进，为人类社会进步奠定基础。

高等教育培养具有思想政治意识的、服务社会的人才或直接服务政治的人才，这有利于维护和巩固社会政治制度。同时，高等教育的民主氛围增强了学生的民主意识，在捍卫民主权利及践行民主方面，有利于在全社会营造崇尚民主的氛围，为人类获得全面解放贡献力量。[②]

高等教育作为文化传播的重要阵地，是一个国家民族精神涵养的重要载体。高等教育具有选择和提升的重要功能，通过筛选文化，更新人们的思想观念，有利于培养具有创造精神的人才，为人类全面自由发展的思想注入新的发展动力。

[①] 中共中央马克思恩格斯列宁斯大林著作编译局：《马克思恩格斯选集》第 1 卷，人民出版社 1995 年版，第 1–16 页。

[②] 国务院：《切实把重点放在提高质量上》，载《中国教育报》2006 年 5 月 11 日。

二、高等教育是社会文明高度发展的重要标志

高等教育的发展，是人类文明进步的重要标志。更多地创造为人类文明服务的公共知识成果，是高等教育的重要发展方向之一。社会文明的发展，离不开一个国家的知识分子长期在文化、教育、科研方面付出的努力，因此，高等教育的高水平、深层次发展是推动社会文明进步的重要力量。高等教育以先进的理论为指导，并根据经济社会发展的新需求不断深化理论研究，创造更多引领社会文明的高等教育教学成果。

社会认同理论对个人与社会、心理与行为的关注，为高等教育的学科发展提供了研究视角和研究路径。起源于欧洲的社会认同理论的主要奠基人亨利·泰弗尔在其研究中认为，个体通过社会分类，以群体成员的身份认同群体的行为。泰弗尔在1988年的《群际关系的社会心理学》中提出了社会认同构建的三个心理过程：①社会分类。人们通过社会分类，以群体的特定框架为参考进行自我界定，将群体的规范性行为和价值观作为指引自我行为和价值观的标准。②社会比较。个体基于已有不同类别的前提，通过社会比较感知和判断群体的价值，在这个过程中，个体会倾向于对群体做出更积极的评价，从自我认知、情感、行为偏向于自己所属的群体。③积极区分。社会认同理论的一个重要假设是自我激励。通过群体区分，个体在所属群体的独特价值中赢得区别于其他群体的优越感，获得更积极的社会认同。

高等教育学科制度的发展、学科理论的累积、学科学术人才的培养，都是展现学科话语权的重要元素。高等教育学科地位以及社会声望，既需要来自内部的认同，也需要来自外部的认同。这不仅是高等教育研究成果获得社会认同的重要来源，更是审视与分析高等教育学科发展问题的重要途径。一方面，高等教育以丰富的发展成果提高学科发展的社会影响力，增强社会对高等教育的认同感；另一方面，高等教育在一批又一批高质量人才的培养中，逐渐壮大人才培养规模，高层次人才这一群体在社会发展中的贡献率越来越高，由此赢得社会对高等教育和人才的赞誉。在高等教育研究的发展过程中，正是每一个个体的努力构成了一个学术群体的影响力。实力得到提升的高等教育学术共同体为促进整个社会文明的进步做出了巨大的贡献。

三、高等教育是促进世界各国和谐进步的重要手段

当今世界，和平与发展是时代的主题，全球化更成为不可逆转的世界潮流，为世界各国之间经济、政治、文化、教育、科技等方面的交流、沟通与合作带来了宝贵的发展机遇，不断推动着全球发展进入更新的阶段，也在悄然中推动着全球高等教育格局发生新的变化，全球视野下高等教育的发展成为促进世界各国合作共赢的重要手段。作为人类文明进步的重要标志，高等教育随时代发展步入了一个新的历史发展阶段，世界高等教育版图正在不断重塑。[①]

2015 年，习近平在纽约联合国总部出席第七十届联合国大会一般性辩论时发表重要讲话，提出"构建人类命运共同体"，这对新形势下中国高等教育乃至全球高等教育的发展具有十分重要的指导意义。"构建人类命运共同体"的价值追求并不是称霸世界的霸权思想，也不是制约他国发展的权谋，而是在相互尊重、平等协商的基础上实现合作共赢的思想，是开放包容、尊重世界文明多样性的思想。因此，站在"构建人类命运共同体"的高度审视世界高等教育变革，用"构建人类命运共同体"的精神原则指导高等教育发展，有利于实现各国高等教育自主发展与全球高等教育合作共赢，有利于描绘和建立世界高等教育的新图景，进而推动世界各国的和谐进步。

第二节　高等教育教学模式创新理论

一、社会需求变化影响高等教育教学模式

在全球经济日益一体化的时代，市场竞争日益激烈。如何在新的挑战面前增强自身的核心竞争力，为自身的长远发展以及更好地融入全球合作提供强大的动力，是很多国家和企业所必须回答的重要问题。其中，人才发挥着不可替代的关键性作用。因此，培养国家发展和企业经营管理所需要的人才，是国家和社会发展、进步的重要途径。国家和企业在新的时代

---

① 李立国：《自主发展　合作共赢：高等教育新模式》，见光明网（https://m.gmw.cn/baijia/2019－06/11/32908042.html）2019 年 6 月 11 日。

背景下面临着新形势、新问题，也必然会对社会人才培养提出更高的新要求。高等教育作为教育事业的重要组成部分，在培养适应国家经济社会发展需求的人才方面承担着重要责任。

由于经济和社会的发展，对人才培养的要求日益呈现出综合化、多样化、差异化的特点。培养具备完备知识体系和扎实理论基础、较强的解决实际问题能力、在某一领域较为突出的专业能力的复合型人才，是社会对人才培养的新要求，也是高等教育改革的重要目标之一。为满足社会发展对高层次人才的迫切需求，解决高等教育教学人才培养方面存在的主要问题，针对教学目标、教学方法、教学手段等方面的高等教育教学模式的审视和改革十分有必要，有助于缓解质量层面的人才供需矛盾。

二、多元文化融合影响高等教育教学模式

伴随经济全球化的不断发展，不同国家、不同民族在文化上相互交流、相互影响。在新的时代背景下，文化多元化是社会进步的重要象征，文化多样性影响人类的生活，不同国家和不同民族对不同类型文化的包容进一步推动人类社会的发展和进步。随着互联网等信息技术的飞速发展，文化传播的方式、途径越来越多样化，不同类型的文化在传播、交流的过程中相互融合，并对人们的思想观念、行为方式产生较大的影响，给本土文化发展带来一定的挑战。在多元文化背景下培育大学生的民族精神一方面是为了使当代大学生更好地了解中国的历史、中国的文化、中国的现实，另一方面是通过对大学生民族精神的培育提高大学生的自身修养和思想境界，以此来提升国家的文化软实力。随着多元文化的发展，特别是在经济全球化的大潮中，原有的培育民族精神的一些方法、路径、载体已经不足以充分满足现阶段大学生民族精神培育的需要。

（一）多元文化融合与中国特色社会主义

多元文化融合对国家的主流价值观具有一定的影响力。大学生民族精神培育是一个国家高等教育的重要内容。大学生大多具有强烈的好奇心，能快速地接受外界新鲜的事物，但有些学生防范意识薄弱，容易受到西方激进思想、拜金主义等不良文化的影响，在民族信仰和价值观上出现偏差。学者赵彦璞在对包括香港在内的21个省、自治区、直辖市、特别行政区所属的35所高等院校进行当代大学生民族精神培育现状的问卷调查中，发现60.96%的大学生认为金钱是当今立足社会最重要的东西；在信仰问题上，

仅有12.67%的学生信仰共产主义，有51.37%的学生相信自己。[①] 可见，让大学生将个人利益与民族利益、国家利益联系在一起，让大学生对中国特色社会主义持有信心，坚持道路自信、理论自信、文化自信、制度自信，增强大学生的国家意识和民族意识，仍是新时代高等教育教学的重要任务。

（二）多元文化融合与中国高等教育阵地

文化建设工作是一项系统工程，文化对国家、民族的影响具有系统性、传递性的特点。多元文化融合冲击了传统的意识形态和价值观，西方资本主义社会的部分思想随着经济的交流逐渐渗透，并且具有文化霸权主义的色彩，容易给中国高校的思想政治教育造成较大的冲击。部分教师受到西方文化思想的影响，但没有意识到外来文化的严重威胁。学生易受到学校和社会的影响，导致价值观发生变化。高校是人才培养的重要地方，是中国高等教育的主要阵地，更是国家主流文化思想传播的重要窗口，必须始终坚持中国特色社会主义办学方向，在多元文化融合的背景下更要明确立场，为高等教育教学的发展提供强大的支撑。

（三）多元文化融合与中国高等教育教学

国际交流成为国家发展经济、教育以及进行文化交流的重要途径，民族文化和世界文化在交流、借鉴、融合的过程中得以繁荣发展。一方面，互联网技术、多媒体等在高等教育教学中的应用不仅改变了教育教学方式，还通过文化传播，在长期的影响下，容易让学生产生一种外国的一切都是先进的片面看法和错误思想；另一方面，在教育教学过程中，一些西方文化产品通过输入个人主义、拜金主义等价值观，在潜移默化中对学生产生不良的影响，这对高等教育教学来说更是一种潜在的威胁。因此，在多元文化融合的背景下，高等教育教学需要辩证地看待多元文化，以社会主义核心价值观引导学生，以科学的方法教育学生，营造弘扬中华文化的浓厚氛围。

三、科技飞速进步影响高等教育教学模式

世界科技格局的变化与国家以经济、科技为主的综合实力紧密相关，

[①] 赵彦璞：《多元文化背景下当代大学生民族精神培育研究》，中国矿业大学博士学位论文，2018年，第65页。

科技创新是一个国家发展的不竭动力，人才在科技创新中扮演着非常重要的角色。2019 年 5 月，在上海交通大学举办的"对话与融通：首届科技人文国际学术研讨会"新闻通气会上，与会学者提出了"科技人文命运共同体"的概念，这对高等教育学科发展具有重要的指导意义。[①] 高等教育教学的发展为科技创新提供人才支撑，科技创新为高等教育教学有针对性地培养人才带来启发和激励。在《上海交通大学学报（哲学社会科学版）》推出的《院士跨界高端访谈》栏目中，中国科学院院士丁奎岭曾提出，"科技革命与高等教育相互影响，相互促进，互为基础"，科技的日新月异对高等教育提出了新的更高的要求，推动高等教育不断与时俱进，培养更多具有创造活力的创新型人才。

第三节 新时代中国特色社会主义高等教育理论

坚持正确的政治方向既是改革开放以来中国教育事业进步的根本保障，也是贯穿中国高等教育研究发展的一条主线。1983 年，邓小平提出"教育要面向现代化、面向世界、面向未来"。这"三个面向"成为中国建设社会主义现代化强国的重要推动力，成为中国高等教育发展的重要思想指南。邓小平理论、"三个代表"重要思想、科学发展观、习近平新时代中国特色社会主义思想等历代领导人的主要思想和理论在高等教育方面具有一脉相承的特点，习近平有关高等教育的重要论述是在继承和发展中国几代领导人高等教育思想的基础上形成的，对中国特色社会主义道路前进过程中实现教育现代化具有重要的指导意义，对新时代中国高等教育发展、建设高等教育强国具有重要的引领作用。

一、新时代中国特色社会主义理论引导中国高等教育总体发展

（一）中国高等教育的总体发展情况

中国高等教育改革具有系统、成熟的理论基础。自改革开放以来，历届中央领导集体立足中国国情，对教育工作提出了适应时代发展的新论述，

---

① 廖静：《首届科技人文国际学术研讨会暨〈上海交通大学学报（哲学社会科学版）〉创刊四十周年高端论坛综述》，载《上海交通大学学报（哲学社会科学版）》2019 年第 6 期，第 147 页。

逐步形成和完善中国特色社会主义教育理论，深刻回答了当前中国教育改革中的重大战略性问题。2010年，《国家中长期教育改革和发展规划纲要（2010—2020年）》提出了"到2020年，基本实现教育现代化，基本形成学习型社会，进入人力资源强国行列"① 的战略目标。2019年，《中国教育现代化2035》和《加快推进教育现代化实施方案（2018—2022年）》为推进教育现代化发展提出了新的发展目标。中国高等教育肩负着服务国家重大战略的重任，这意味着中国高等教育研究是神圣的历史使命和社会责任，中国高等教育改革在服务国家重大战略和适应经济社会发展需求中取得了历史性成就。

1. 高等教育大众化水平明显提升，并向普及化迈进

2019年，全国共有普通高等学校2688所（含独立学院257所），与上年相比增加了25所，增长率为0.94%。其中，本科院校1265所，比上年增加了20所；高职（专科）院校1423所，比上年增加了5所。全国各类高等教育在学总规模达4002万人，毛入学率达到51.6%，与2018年相比增长3.5个百分点。828个研究生培养机构中，普通高等学校593个，科研机构235个。普通高等学校校均规模达11260人，其中本科院校15179人，高职（专科）院校7776人。② 2010—2019年，中国高等教育毛入学率逐年上升，并于2019年突破50%（如图1-1所示），这是继2015年中国高等教育毛入学率高于全球平均水平之后的又一个高峰，高等教育进入普及化阶段。

2. 高等教育质量明显提高

随着高等教育改革的全面推进，中国高等教育体系不断得到完善，高等教育考试招生制度改革、产学研协同育人机制取得新的进展，《中华人民共和国高等教育法》的修订实施使依法治教、依法治校迈出了新的步伐，为解决高等教育存在的问题、完善高等教育发展体制提供了法律保障。2015年，中国共有来自202个国家和地区的近40万名来华留学生，与2010年相比增加了50%。2016年，中国正式加入工程教育国际互认的《华盛顿协议》，工程教育质量得到国际社会的认可。中国已形成世界上规模最大的高等教育体系，无论是人才培养、科学研究还是中国文化传承与创新方面，高等教育都发挥着越来越重要的作用。中国高等教育在国际上的交流活动日益频繁，国际影响力不断提高。

---

① 《国家中长期教育改革和发展规划纲要（2010—2020年）》，见中华人民共和国教育部网站（http://www.moe.gov.cn/srcsite/A01/s7048/201007/t20100729_171904.html）2010年7月29日。

② 《2019年全国教育事业发展统计公报》，见中华人民共和国教育部网站（http://www.moe.gov.cn/jyb_sjzl/sjzl_fztjgb/202005/t20200520_456751.html）2020年5月20日。

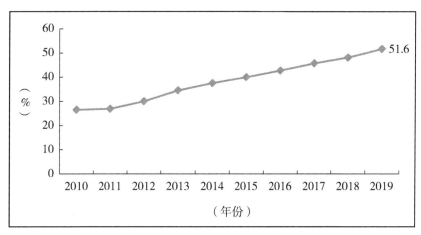

图 1 - 1　2010—2019 年中国高等教育毛入学率
（资料来源：根据 2010—2019 年教育统计数据整理绘制）

（二）新时代中国特色社会主义高等教育总体发展方向

中国特色社会主义是改革开放以来中国共产党全部理论与实践的主题。在新时代背景下，高等教育坚持中国特色社会主义办学方向，坚持走中国特色社会主义道路，为努力实现中国高等教育强国目标而奋斗。

建设社会主义现代化国家，高等教育是其中的一个重要组成部分。中国高等教育在中国独特的历史文化和国情中，走出了一条具有中国特色的高等教育发展道路。中国高等教育现代化发展以理论构建为重点，理论的更新是高等教育实现突破的关键，是增强中国高等教育国际话语权的重要出路。坚持理论与实践并重，并深化中国高等教育实践，增强理论研究成果的转化意识，借鉴国外高等教育先进理论和经验，扎根中国历史、中国文化，结合中国高等教育实际，加强本土化实践研究。中国高等教育现代化坚持继承与创新的原则，聚焦高等教育热点问题、核心问题的研究，提高高等教育理论研究的辩证性，促进高等教育思维方式的变革，推动中国特色高等教育理论体系的创新发展。

二、新时代中国特色社会主义理论指导中国高等院校发展

（一）中国高等院校发展现状

在中国，高等院校主要包括以学术研究为主的普通高等院校和以职业

教育为主的应用型大学。随着高等教育办学规模的不断扩大，普通本专科和研究生招生数量也在不断增加。2019年，中国普通本专科招生人数为914.90万人，比上年增加123.91万人，同比增长15.67%；在校生人数为3031.53万人，比上年增加200.49万人，同比增长7.08%；毕业生人数为758.53万人，比上年增加5.22万人，同比增长0.69%（如表1-1所示）。五年制高职转入专科招生46万人；专科起点本科招生31.75万人。中国研究生招生总数达91.65万人，其中博士研究生10.52万人，硕士研究生81.13万人；在学研究生达286.37万人，其中在学博士研究生和在学硕士研究生分别为42.42万人和243.95万人；毕业研究生达63.97万人（如图1-2所示）。①

表1-1　2019年普通本专科学生情况

类别	毕业生数/人	招生数/人	在校生数/人
专科	3638141	4836146	12807058
本科	3947157	4312880	17508204
汇总	7585298	9149026	30315262

（资料来源：根据教育部《2019年全国教育事业发展统计公报》整理绘制）

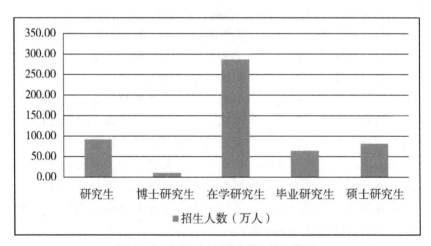

图1-2　2019年中国研究生招生情况
（资料来源：根据教育部《2019年全国教育事业发展统计公报》整理绘制）

---

① 《2019年全国教育事业发展统计公报》，见中华人民共和国教育部网站（http://www.moe.gov.cn/jyb_sjzl/sjzl_fztjgb/202005/t20200520_456751.html）2020年5月20日。

（二）新时代中国高等院校发展方向

1978 年，国家确定的重点大学有 88 所，大学开始按性质进行划分。1995 年，《"211 工程"总体建设规划》标志着国家"211 工程"的正式启动，面向 21 世纪重点建设 100 所左右的高等学校。其中，北京大学、清华大学、复旦大学、南京大学等 15 所大学入选第一批"211 工程"。1999 年，《面向 21 世纪教育振兴行动计划》标志着国家"985 工程"正式启动建设，为国家创建若干所具有世界先进水平的一流大学。

重点大学与普通大学相比，有着更多的资源优势，实现中国高等教育现代化。重点大学以自身的办学实力为重要支撑，依靠技术创新加快科研成果转化，为国家和社会经济发展培育更多的优秀人才。普通大学应依据国家区域协调发展战略，补充更多高等教育优质资源，明确自身的办学定位，突出办学特色。新时代加快中国高等教育现代化，要求高等院校始终坚持办学正确政治方向，推动高等教育高质量内涵式发展。

三、新时代中国特色社会主义理论影响中国高等教育学科专业

（一）改革开放以来中国高等教育学科专业发展情况

1978 年，中共十一届三中全会做出"拨乱反正"的决定后，中国停滞多年的高等教育得到调整，在恢复与构建中得到较快的发展。1978 年 5 月，中国第一个正规的高等教育研究机构"高等教育科学研究室"在厦门大学成立，标志着中国高等教育研究机构实现从无到有的历史性跨越。之后，类似的高等教育研究机构在清华大学、北京大学、华东师范大学相继成立，高等教育的理论研究不断深化，高等教育研究成果不断增加，这些都为中国高等教育学科专业发展奠定了良好的基础。

1. 高等教育研究成果

20 世纪 80 年代以来，中国高等教育研究领域涌现出了大量的学科研究著作、教材和论文，推动完善高等教育学科专业建设，其中，在 20 世纪 50 年代就已倡导设立高等教育学科的潘懋元的《高等教育学》（人民教育出版社和福建教育出版社，1984）这一著作，标志着中国高等教育学科作为一门新兴学科的正式确立。此后，田建国的《高等教育学》（山东教育出版社，1990）、孟明义的《高等教育经济学》（教育科学出版社，1991）、刘洪森等的《高校管理论》（新华出版社，1994）、胡建华等的《高等教育学新

论》（江苏教育出版社，1995）、潘懋元的《新编高等教育学》（北京师范大学出版社，1996）、王冀生的《宏观高等教育学》（高等教育出版社，2000）等一系列具有影响力的学科专著为高等教育学科专业的规范化发展做出了巨大的贡献。与此同时，不同学者从不同维度和视角对高等教育进行理论、方法、范式、学科发展等方面的研究，为补充、丰富高等教育的教学内容提供了巨大的帮助。

2. 高等教育研究人员

随着新时代对高层次人才培养提出新要求，高等教育研究机构的学术研究越来越受重视，高等教育研究人员更加专业化，高等教育研究队伍实力也在不断增强，高等教育学科点建设取得了显著的发展成果。中国第一个高等教育学硕士学位授权点和第一个高等教育学博士学位授权点分别于1984年和1986年在厦门大学设立后，北京大学、华东师范大学、北京师范大学等众多高校也相继获批高等教育学硕士和博士学位授权点，其中，截至2000年，获批高等教育学硕士学位授权点的高校就已达29所。硕士和博士学位授权点的数量在不断增加，越来越多的高素质人才加入高等教育研究人员行列，高等教育研究人员专业化水平明显提高，成为中国高等教育学科专业总体发展的重要力量。学者刘献君、刘怡、余东升等在对全国878所本科院校的高等教育研究机构的调查中发现，全国878所本科院校中有514所设有高等教育研究机构，这514所高校的高等教育研究机构共有研究人员4578人，专职人员和兼职人员比例大致相当，分别为2311人和2267人。[①]可见，高等教育研究经过几十年的发展，高等教育研究人员规模有了较大幅度的提高。当然，在高等教育研究机构向院校研究机构转型发展的过程中，研究人员能力、水平的进一步提高是其中的一个重要问题。

3. 国外高等教育经验借鉴

中国高等教育学科专业建设是基于高等教育研究机构、高等教育研究成果而发展起来的，这些成果凝聚了众多学者的智慧和心血，其中既有对中国高等教育研究理论、历史、现实的分析，也有对英国、加拿大、美国等国家不同时期高等教育历史变迁及其问题、规律、做法等方面的分析，为中国高等教育研究借鉴国外先进的经验奠定了基础，为中国高等教育学科建设提供了有益的启示和宝贵的经验。为缩小中国高等教育国际化水平与西方发达国家的差距，中国政府提出建设世界一流大学的教育目标，分

---

① 刘献君、刘怡、余东升等：《在机构转型中深化院校研究——基于对我国本科院校高等教育研究机构的调查》，载《高等教育研究》2015年第11期，第45页。

别从国家、省区、大学等层面提出国际化发展战略。随着改革开放不断深入推进，中国高等教育积极与国际接轨，国内高校与国外高校建立起国际教育交流合作的友好关系，一批批留学生学成归国，极大地促进了国内经济、文化、教育、科技的发展。

（二）新时代中国高等教育学科专业发展方向

2016年12月，习近平在全国高校思想政治工作会议中强调，"我国有独特的历史、独特的文化、独特的国情，决定了中国必须走自己的高等教育发展道路，扎实办好中国特色社会主义高校"[①]。在一流大学和一流学科的建设征途中，特色是核心。中共十九大报告指出，"加快一流大学和一流学科建设，实现高等教育内涵式发展"[②]，这彰显了党和国家对高校"双一流"建设的高度重视。中国高等教育学科专业发展，既要扎根中国大地，立足区域发展实际，依靠特色优势和创新动力提高学科专业发展水平，又要学习借鉴发达国家高等教育办学经验和研究成果，完善高等教育学科发展体系，构建科学的人才培养体系，促进高校教师教学专业化发展，全面提高中国高等教育发展质量。

第四节　新时代海洋经济管理教育教学模式理论

海洋是人类生存的基本空间，海洋促进经济社会发展的作用日益显著。改革开放40多年来，中国日益重视海洋开发与保护。2011年，批准设立中国首个以海洋为主题的国家级新区——浙江舟山群岛新区，这标志着中国海洋开发进入了快速发展的阶段。海洋资源环境开发与保护、海洋产业发展等，都需要科技支撑和引领。毫无疑问，这最终归结于高层次的海洋人才的培养。因此，海洋经济管理教育教学，是当今中国各类海洋人才培育的龙头与着力点，也是实现国家海洋战略的基本路径。

---

① 习近平：《把思想政治工作贯穿教育教学全过程》，见新华网（http://www.xinhuanet.com/politics/2016-12/08/c_1120082577.htm）2016年12月8日。

② 习近平：《决胜全面建成小康社会　夺取新时代中国特色社会主义伟大胜利——在中国共产党第十九次全国代表大会上的报告》，载《人民日报》2017年10月28日第5版。

一、新时代海洋经济管理体制改革引导教育教学模式改革

（一）海洋经济管理教育教学的理论与政策指导

1. 在当代中国，塑造中国特色社会主义海洋观势在必行

马克思主义海洋观为我们提供了丰富的理论营养，对当代中国海洋观的建构具有重要启示。

（1）马克思主义海洋观认为，海洋在时间上是一个纵深的历史范畴，在空间上则是一个无限宽广的世界范畴。建立当代中国的海洋观，必须重新认识和阐释海洋，改变那种把海洋定义为陆地之间边界的观念，拆除陆地与海洋的樊篱，把海洋定义为沟通世界各国、实现全球交往的大舞台。

（2）马克思主义海洋观为我们提供了一条基本历史规律：海权兴则国家兴。回顾中国近现代社会发展的历史，我们就能更加深刻地体会这条历史规律。128 年前，甲午海战惨败成为中华民族近代国运衰败的"否极"之点。与此同时，它促使中国走上了民主革命的道路，深刻地影响了中国近代历史进程。今天，我们应该更加深刻地理解海权作为国家利益的极端重要性，坚持国家利益至上的基本原则，把海权看作中华民族生存和发展的重要利益。

（3）马克思主义海洋观认为，发展现代海洋经济、建立现代海军是建设海洋强国的主要支柱。一方面，海洋经济对国家经济的发展具有重要的促进作用；另一方面，海军力量不仅是有效维护国家主权和领土完整的后盾，而且是海洋经济持续发展的保障。海洋经济的兴衰和海军力量的强弱关乎国运，中华民族的伟大复兴要面向海洋，乘风破浪。这就要求我们把发展海洋经济和壮大海军力量作为中国海洋战略的两项重要任务，坚持把发展海洋经济和壮大海军力量相结合。

2. 海洋经济已成为当今国际竞争的重要衡量指标

21 世纪以来，科学技术的飞速进步带来了海洋事业的快速发展。当前壮大海洋经济实力，建设海洋强国，已成为中国国家战略体系的重要组成部分。中国共产党第十八次全国代表大会的政治报告指出，今后国家要提高海洋资源开发能力，发展海洋经济，保护海洋生态环境，坚决维护国家海洋权益，建设海洋强国。改革开放以来，中国社会主义建设的巨大成就和发展路线证明，海洋在中国经济和社会发展中的战略地位日益凸显，建设海洋强国不仅是国家发展的重大战略，还是中华民族走向伟大复兴的战

略航向。几千年来，中国受陆地中心文化的影响，海洋的重要性一直没有得到足够的认识。如今，中国共产党第十八次全国代表大会政治报告中明确提出"建设海洋强国"的方针，这是对海洋重要战略地位的认可。海洋强国战略把海洋的重要性与国家的强大紧密联系在一起，从而把海洋的重要性放在了前所未有的重要位置上。将海洋强国战略纳入国家战略范畴，有着重大的历史意义：一方面，在资源紧缺的当代，海洋蕴藏的丰富资源将有助于缓解资源紧缺；另一方面，海洋强国战略的重要性关乎国家主权安全，中国的海洋主权和海洋利益遭到了来自世界上某些国家的侵犯与践踏，海洋权益事关国家利益和安全。因此，海洋强国战略事关大局，不容怠慢。要实施这一战略，需要全民凝聚共识、齐心协力。但从现实情况来看，全民对海洋的了解程度和关注、重视程度还比较低，与建设海洋强国的要求不相适应。因此，提高全民的海洋意识至关重要。海洋经济管理教育教学是海洋教育的主要形式、全民海洋教育的重要组成部分，应加强对大学生的海洋意识教育。

（1）领会海洋强国战略，树立海洋战略意识。海洋强国战略的核心内容是：提高海洋资源开发能力，发展海洋经济，保护海洋生态环境，坚决维护国家海洋权益，建设海洋强国。海洋强国战略的提出，是党中央在客观分析中国海洋经济发展历程和阶段性特征的基础上，审时度势、统筹全局做出的重大战略抉择。学习领会海洋强国战略必须从战略和全局的高度认识海洋，认识海洋在国家经济社会发展中的重要作用，在维护国家主权、安全、发展利益中的突出地位，在国际政治、经济、军事、科技竞争中的战略地位。当前，无论是中学地理课本中的海洋地理知识，还是大学课堂里的相关海洋知识，对海洋战略地位的论述都很不够。因此，海洋经济管理教育教学要注重引导学生从经济领域、战略高度深刻认识海洋，逐步领会海洋强国战略，牢固树立海洋强国意识。学习习近平《进一步关心海洋认识海洋经略海洋　推动海洋强国建设不断取得新成就》的讲话精神，帮助学生从思想上充分认识到实施海洋强国战略，对推动中国经济持续健康发展，维护国家主权、安全和发展利益，实现全面建成小康社会目标，进而实现中华民族伟大复兴的中国梦具有重大而深远的战略意义。结合教育部组织的全国大学生海洋知识竞赛等活动，采取多种形式，大力加强海洋知识普及、海洋政策法规宣传，强化大学生的海洋观念。21世纪，人类进入大规模开发利用海洋的时期，开发利用海洋成为世界各海洋国家发展经济的共同选择，世界主要海洋大国都制订和颁布了海洋发展规划，国际海洋竞争日趋激烈。中国实施海洋强国战略就是要在激烈的国际海洋竞争中赢得主动权，完成由陆权国家向陆权和海权兼备的国家转型，通过积极有效地开发、利用、管理、保护和控制海洋，走出一条国家生存、发展和强盛的新路子。

（2）秉承开放的建设理念。开放精神是海洋经济实现跨越式发展的必然要求，更是海洋经济管理教育教学体系的建设理念。首先，秉承开放精神进行课程体系的框架设计工作，并最终体现为海洋经济管理教育教学体系所具有的多元化的课程体系目标、模块化的课程体系设置、创新性的课程体系标准和参与性的课程体系教学活动等特色。其次，开放精神可以帮助我们始终对环境保持敏感性，从而为海洋经济管理教育教学体系建设提供持续更新的不竭动力。再次，更为重要的是，通过把开放精神渗透于海洋经济教育的每一个具体课程中，利用其所营造的开放氛围对学生产生潜移默化的作用，培育学生抛弃墨守成规的开放精神，为中国海洋经济发展提供至关重要的精神动力。

（3）围绕发现、分析和解决问题的建设主线。海洋经济管理教育教学服务于中国海洋经济发展这一系统工程，发现、分析和解决问题贯穿于海洋经济管理教育教学体系建设的全过程。首先，在课程体系的框架设计阶段，需要解决课程体系目标、课程体系设置、课程体系标准和课程体系教学活动等一系列宏观层面的导向性建设问题。其次，在课程体系的模块设计阶段，需要依据中国海洋经济发展的实践活动，解决如划分课程模块、圈定课程模块范围、落实课程模块具体内容并厘清不同课程模块之间的关系等一系列中观层面的建设问题，再次，在课程体系的具体课程设计阶段，需要解决一系列微观层面的建设问题。比如，内外部专家协调课程方向、课程结构和内容设计、课程教学方式选取、学生问题挖掘、学生参与方式选择等。

（4）统筹利用跨学科校内外资源和学生资源。要建设适应海洋经济跨越式发展需要的课程体系，要求最大程度地统筹利用校内、校外和学生这三种资源，构建这三种资源的整合平台。首先，在课程体系设计阶段，即在课程体系的框架、模块和具体课程的设计过程中，需要通过召开校内外专家座谈会、头脑风暴等办法对校内外跨学科教学资源进行有效统筹，同时依托校内教务部门对学生的需求进行方向性预测。其次，在课程体系实施阶段，在充分整合校内跨学科教学资源建立海洋经济教育研究团队的基础上，要提高校外跨学科教学资源和学生资源的参与程度。一方面要充分利用校外教学资源。校外教学资源体现为"软"和"硬"两个部分，"软"资源集中体现为外部智力资源，既需要在实施过程中引入省内外和国内外专家，也需要从有丰富实践经验的领导干部中聘请兼职教师，从而为学生提供多视野的课程选择。"硬"资源集中体现为校外教学设施和场地，是开展异地教学和教学基地建设的依托，而且硬资源的地理区域要突破北部湾经济区的局限，需要在广东省内、国内甚至国外寻找适合海洋经济管理教育教学的资源，以利于开展丰富多彩的教学活动。另一方面要提高学生的参与程度。学生参与是学生发现、分析和解决问题的保证，也是决定课程体系实施效果的关键，可采取互动学习、学习小组、学生论坛等多类型的学生参与方式。再次，在课程体系评估和反馈阶段，在充分利用学生资源对课程体系实施效果开展评估的基础上，需要内外部专家在课程体系实施后，及时针对存在的问题开展进一步的研究，并提出相应的课程体系发展计划。

蓝色海洋经济是当今世界发展的潮流和基本方向。要有效推进蓝色海洋经济的发展，培养高素质的人才队伍尤其是高素质的干部队伍是根本保障。开展海洋经济管理教育教学则是有效提高干部队伍执行国家战略、发展蓝色海洋经济能力的有效途径和重要抓手。教育发展规律启示我们，课程在教育中处于核心地位，教育的目标、价值主要通过课程来实现。为此，本书以有效建设海洋经济管理教育教学课程为切入点，探索提升和打造广东乃至全国海洋经济管理教育教学品牌的课程体系构建。

（二）海洋经济管理教育教学的学科基础现状[①]

2010 年，中国大陆涉海就业人员达 3350 万人，其中专业技术人员比例不到 10%。快速发展的海洋经济，需要加快建设涉海学科与海洋类院校，培养高素质的海洋技术人才。2010 年，中华人民共和国教育部和国家海洋局共同推进 17 所高校涉海学科建设及科技创新平台建设，但涉海学科或院校建设是否符合区域海洋经济与社会发展需求，是否能支撑与引领战略性新兴海洋产业的发展等战略问题亟待系统梳理中国涉海学科区域现状及其高等教育研究动态予以阐释。

1. 中国涉海学科结构及其区域分布

（1）海洋高等教育的学科专业布点统计。《普通高等学校本科专业目录（2012 年）》设有 12 个学科门类、92 个专业类、506 种专业，仅在海洋科学类、海洋工程类、水利类、交通运输类、水产类、公共管理类等下设 17 种

---

① 本小节内容参见马仁锋、倪欣欣、周国强《中国海洋高等教育：区域格局与研究动态》，载《宁波大学学报（教育科学版）》2015 年第 4 期，第 48 - 52 页。

涉海类专业，占总数的 3.36%，较《普通高等学校本科专业目录和专业介绍（1998 年）》的 3.21% 增加了 0.15 个百分点。

（2）中国涉海学科发展现状。目前中国涉海学科建设已达到一定规模，沿海/江地区数所院校设立了海洋类本科专业以及硕士、博士学位点，个别省份成立了综合性的海洋大学或研究院。全国范围内，已有大连海洋大学、中国海洋大学、上海海洋大学、浙江海洋学院（今浙江海洋大学）、广东海洋大学 5 所以海洋命名的高校；其他有涉海类专业的高校共60 所，其中浙江 6 所、山东 5 所、上海 6 所、辽宁 5 所、广东 6 所、江苏10 所、福建 4 所、天津 4 所、海南 1 所、河北 3 所、广西 1 所、湖北 6所、黑龙江 1 所、重庆 1 所、湖南 1 所。此外，还有中国科学院海洋研究所、烟台海岸带研究所、南海海洋研究所、三亚深海科学与工程研究所，国家海洋局的第一、第二、第三海洋研究所，国家海洋技术中心，国家海洋局海洋发展战略研究所等国家级海洋科研机构。现开设了涉海学科的高校可分为：一是开设了基础性海洋学科的全国综合性大学，它们的涉海学科理论研究水平高、实力雄厚，如北京大学的物理海洋学，南京大学的海洋科学与海洋地质学，同济大学的海洋生物学与海洋地质学，中山大学的海洋科学与海洋地质学，宁波大学的水产养殖、轮机工程与海洋地理学等。二是海洋类院校，如全国以海洋命名的 5 所大学，其中，中国海洋大学学科门类齐全、科研设施齐全、综合实力最强，其余海洋大学侧重于不同区域。三是以行业性院校为主体的院校，其中，工科类院校的船舶与海洋工程学科较强，如哈尔滨工程大学的港口海岸及近海工程、水声工程、轮机工程以及船舶与海洋结构物设计制造，长沙理工大学的港口海岸及近海工程；航运院校的轮机工程、航海技术专业较强，如大连海事大学、上海海事大学、集美大学、广州航海学院的轮机、航海等海事专业；师范院校的海洋地理学、海洋地质学等专业较强，如辽宁师范大学、南京师范大学、华东师范大学的海洋地理学等。

（3）涉海学科的区域差异。从全国范围来看，中国海洋高等教育的学科与专业主要分布在山东、上海、江苏、浙江、广东、辽宁等沿海省份，其中尤为密集地分布在渤海湾和长三角地区，总体呈现北多南少的格局。一是学科及研究领域差异。沿海各省涉海高校基本涵盖涉海学科的各个专业，但是一级博士学位点主要分布在大连、青岛、南京、上海、杭州、厦门、广州等地，其中山东海洋高等教育实力最强，有 6 个博士后流动站、16个博士学位点、13 所涉海类高等院校，覆盖所有领域，其海洋科学、水产、海洋地质学、海洋经济管理等学科具有国际竞争力，但是其河口海岸、近海工程、轮机工程等学科相对较弱。① 长三角的江苏、上海、浙江的海洋高等教育实力较强，涵盖所有学科，学科发展较为平衡，且涉海学科的产学研链式转化全国领先。其中，尤以南京大学、东南大学、同济大学、华东师范大学、南京师范大学、浙江大学的理学类海洋学科优势显著为特色；江苏科技大学的船舶与轮机，上海海洋大学、宁波大学、浙江海洋学院的水产、轮机、船舶工程等专业具有全国优势。珠三角的中山大学、广东海洋大学和海南省的海南大学等高校综合实力较强，其中中山大学以海洋科学、海岸工程为优势学科，广东海洋大学与海南大学以水产为优势学科。位于内陆省份的涉海高校，涉海学科多以地方需求或全国性行业发展为背景，如武汉理工大学、华中科技大学、中国地质大学等的海洋工程、船舶与海洋结构物设计制造、轮机工程、海洋地质学等专业，哈尔滨工程大学以军事制造为背景建设的船舶与海洋工程、水声工程等学科。二是院校研究的目标区域差异。中国海洋高等教育院校地域限制明显，集中反映在院校所在海岸海域的水文气象条件、海洋生物资源、海洋地质等的差异上，由此导致各院校研究的主要区域存在差异。位于内陆省份的各高校由于远离海洋，只能开设工程性或理论性的学科专业，如水声工程、轮机工程、船舶与海洋结构物设计制造等；滨海地区院校以海区研究为显著特色。位于环渤海湾的高校，如中国海洋大学、中国科学院海洋研究所与海岸带研究所主要研究渤海与黄海；位于上海的各高校则主要研究东海与长江口，如上海海洋大学主要研究东海与长江口的水产养殖、渔业资源、捕捞学等，同济大学和华东师范大学主要研究长江口及东海的海洋物理化学性质、海洋地质等；位于广东的中国科学院南海海洋研究所和广东海洋大学及地处海口的海南大学的研究区集中于南海，多研究南海的理化、生物、地质、港航等。

2. 中国大陆海洋高等教育的研究动态

中国海洋高等教育的实践始于 1912 年的江苏省立水产学校（今上海海洋大学）。但是，将海洋高等教育作为研究对象是改革开放之后的事情。为此，我们首先以"主题＝教育"为关键词在中国知网的期刊、硕士和博士学位论文数据库首次检索 1979 年至 2014 年 7 月 31 日的文献，并以"篇名/题名＝海洋"为关键词在首次检索结果中进行二次检索。剔除名不副实的文献，得到期刊文献 250 篇、硕士和博士学位论文 16 篇。其次，利用文献

---

① 钟凯凯、应业炬：《我国海洋高等教育现状分析与发展思考》，载《高等农业教育》2004年第 11 期，第 13－14 页。

统计回溯既有研究的数量、增长变化。再次，采用普赖斯提出的确定核心作者的计算公式判识核心作者群，梳理中国海洋高等教育研究历程与动态。

（1）中国海洋高等教育研究的阶段特征。纵览1980年以来国内海洋高等教育研究文献增长趋势，发现2000年之前仅有个别学者或机构关注海洋高等教育，如浙江海洋学院、中国海洋大学、广东海洋大学分别以本校为案例探讨校级或本省海洋高等教育发展的专业建设、师资、社会服务等问题。2001年后，国内海洋高等教育研究年度文献增长仍然缓慢，直到2007年才突破10篇，表明国内相关研究处于萌芽阶段。2009年后，国家海洋意识的觉醒与区域海洋战略的逐步实施推动了高校对海洋高等教育、海洋人才、海洋专业与课程建设研究的发展。与海洋科学其他领域相比，近30年来中国海洋类期刊如《海洋学研究》《海洋通报》《海洋科学》《海洋开发与管理》《航海教育研究》等的发文总量与以海洋教育为主题研究的文献的比重不足0.1%，显然海洋高等教育研究未受到应有的重视。中国海洋高等教育研究呈现出以下特点：一是起步晚、发展缓慢。现有可查的最早的相关论文发表于1979年，1990—2006年间每年文献量在10篇以内，2007年以来逐渐增长。二是高层次论文非常少且增长缓慢，文献质量亟待提高。CSSCI源刊论文仅有19篇，占全部的4.22%，发表在《中国大学教学》《河北学刊》《高教探索》等刊物上。三是以个别院校/涉海专业的案例研究为主体，侧重海洋教育的策略研究。由国内海洋教育研究文献关键词的出现频率可知，海洋高等教育、海洋意识、海洋教育、海洋经济、大学生最受关注，其次是涉海学科专业群、人才培养、海洋文化、航海教育、海洋人才培养、高职教育、海洋观等。此外，案例研究中浙江海洋学院、中国海洋大学、广东海洋大学、上海海洋大学、广州航海学院、淮海工学院（今江苏海洋大学）等出现频次较高。

（2）中国海洋高等教育研究核心作者群与代表者。样本论文第一作者单位统计显示发文量居前十位的机构是浙江海洋学院、中国海洋大学、广东海洋大学、上海海洋大学、广州航海学院、淮海工学院、大连海洋大学、大连海事大学等。发文居前十位的机构共发表海洋高等教育相关论文132篇。其中，个体产量较高的主要代表者有黄家庆、刘平昌、李宪徐、殷晓冬、吴高峰、林年冬等，他们的海洋高等教育研究论文数占同期总数的7.6%。统计显示近三年海洋高等教育研究核心作者人数及其论文数都呈增长趋势，这说明中国海洋高等教育研究队伍规模在持续扩大，学科发展开始进入良性循环。

（3）中国海洋高等教育研究的主要领域。一是海洋高等教育体系及其构成研究。海洋高等教育体系研究探讨了海洋高等教育的层次，认为中国海洋高等教育应该包括高等职业教育、普通本科教育、研究生教育与成人继续教育，而且海洋高等教育要实现区域均衡发展，要确立海陆平衡的教育理念，创新海洋教育人才培育制度；认为海洋高等教育的专业应囊括自然科学类的海洋物理、海洋化学、海洋地学、海洋环境与海洋生态等，工程技术类的船舶与海岸工程、轮机工程、航海技术、船舶及海工构造物设计制造、港口航道工程，社会科学类的海洋经济、海洋法律、海洋管理等。二是区域海洋高等教育及其与地方发展互动研究。区域海洋高等教育及其与地方经济社会发展互动研究，发现海洋高等教育能够促进区域海洋经济发展，传导路径是海洋人才、海洋科技等。建设海洋强国/省，必须建设适应地方海洋经济发展的高等海洋院校或海洋学科、专业群，而建设海洋院校或专业不能完全借鉴国外政府或私人资助的模式，需要探索适应省域经济实力和人才需求速度的跨越式路径，如依托现有院校进行学科群培育或进行院校、研究所整合等。三是重点学科、专业教育与海洋意识培育研究。重点学科、专业教育与海洋意识培育研究，发现航海教育作为中国现代海洋教育的限制因素，必须从教学模式与实训课程等入手，实现全面突破，而海洋意识培育必须通过高校相关选修课程的设置、课程教学内容与教学方法创新、海洋类专业的课程传承等路径实现。此外，海洋意识培育可在海洋文化、海洋权益等方面的课程教学或实践教学中予以落实，并且应针对当代学生的接受特点适当创新海洋观与海洋权益的教学素材、教学方法、教学手段等。四是涉海专业（群）的教学改革探索研究。由于海洋类专业实践性强、变化快等，涉海专业（群）的课程改革应围绕产学研相结合、课程体系优化、跨学科协同教育、学生实践创新等展开。然而，囿于自然学科、工程技术学科、社会学科的差异，涉海专业（群）的课程教学创新须围绕学生的职业素养需求、学科/专业的国际发展动向、学校或地方发展需求创新等展开。

3. 海洋经济学

海洋经济学作为一门独立的学科，其产生必须具备一定的客观条件。马克思指出："任务本身，只有在解决它的物质条件已经存在或者至少是在形成过程中的时候，才会产生。"[①] 海洋经济学的兴起，按照马克思主义认识论，是指在海洋经济实践活动发生与发展过程中，人们所积累起来的关

---

① 中共中央马克思恩格斯列宁斯大林著作编译局：《马克思恩格斯选集》第 2 卷，人民出版社 1995 年版，第 33 页。

于这种社会实践活动的理性认识达到了可以系统科学地揭示海洋经济活动规律的程度。

海洋经济学的产生及发展与海洋经济、海洋产业的发展相互影响、相互促进。在人类开发利用海洋的过程中，各种研究海洋规律的学科相继产生，这些学科综合在一起便形成了海洋大学科体系。海洋经济活动既要遵循自然规律，也要遵循经济规律。人们在从事海洋开发利用活动时，需要处理各种社会关系，因而需要经济理论的指导，所遇到的问题需要在经济学中寻找答案。所以，海洋经济学在海洋大学科体系中必不可少，也是其他海洋学科无法替代的。

（三）海洋经济管理体制改革与创新发展

"海洋经济"（Ocean Economy）这一术语最早由 20 世纪 70 年代初的一位美国学者提出。1974 年，美国学者又提出了"海洋 GDP"的概念和计算方法。在之后的几十年里，海洋经济的发展受到全球各国的高度重视，发展海洋经济、加快建设海洋强国更成为中国的重大发展战略。在"一带一路"倡议以及"构建海洋命运共同体"理念的倡导下，发展中国海洋经济和海洋管理事业的重要性、紧迫性日益凸显。

海洋经济管理体制是指国家在基本经济政治制度下的海洋经济运作系统的组织形态，是中央和地方政府，以及海洋生产、科技、服务单位等涉海主体行使管理职能的机构设置、权限划分和活动规则的总称。面对中国海洋事业、海洋经济管理存在的突出问题，创新海洋经济管理体制是改革创新、制度创新的重要内容，加快海洋经济管理体制改革的步伐成为实现海洋强国战略目标的重要举措。

中国是世界上最早开展海洋管理的国家之一。新中国成立以来，中国海洋管理体制表现出分散的特点，即分散管理、分散执法；20 世纪 90 年代以来，中国海洋管理体制呈现出条块管理与综合管理相结合的特点，海洋经济管理开始向综合管理方向迈进；随着市场经济的不断发展，海洋综合管理进一步发展，"条"的管理力度相对减弱，"块"的管理力度逐渐增强。海洋经济管理是海洋综合管理的基本内容之一，涉及海洋渔业、海洋交通运输业、海盐和盐化工业、滨海旅游业、船舶修造业、海洋服务业等多种涉海产业。随着供给侧结构性改革的推进，海洋产业结构不断优化调整，海洋开发管理工作中的中央与地方职能职责分散、交叉造成的管理效率低下，机构设置重叠造成的管理权限不清、执法力量不够、体系不完善等问题逐步得到有效的解决，海洋经济管理更具战略性、系统性、国际性，着眼于长远利益，发挥海洋经济综合管理的协同效应。

（四）新时代海洋经济管理体制改革对教育教学的启示

科技与人才体制改革是海洋经济管理体制改革的重要组成部分，海洋经济管理体制改革与创新发展有助于引导海洋经济管理教育教学改革。海洋经济管理体制改革针对国家海洋经济发展过程中海洋管理方面的重点、难点问题，寻求实际管理中最优的解决方案，以制度的形式规范涉海管理机构设置、职权划分及管理活动，从生产、科技、服务等方面为海洋产业的健康可持续发展提供制度支撑。

海洋经济管理教育教学应重点培养学生运用海洋经济和海洋管理理论知识解决实际问题的能力，这是海洋经济和海洋管理教学中最重要的环节，也是目前国内众多高校存在问题的环节。一方面，高校海洋经济管理教育教学在培养学生实践能力方面的目标和要求不应形同虚设，每个教学环节都应该与学生未来的职业发展紧密联系，为学生提供实习实践的机会，这样才能真正实现海洋经济管理人才培养目标。另一方面，海洋经济管理教育教学应始终引导学生关注海洋经济、海洋科技和海洋综合管理发展前沿，培养学生的国际视野，引导学生结合新时代国家海洋强国建设和国外海洋发展形势，用战略眼光思考海洋经济管理问题，这有助于提高学生发现、分析和解决问题的能力。

二、国内外高校海洋经济管理实践促进高等教育教学模式改革

（一）国内高校海洋经济管理实践对高等教育教学模式改革的启示

1. 挖掘海洋经济典型案例，创新海洋经济管理教育教学内容

深入挖掘海洋及海洋经济管理教育典故、案例、形势和政策等内容，让大学生明确海洋及海洋经济的现状和地位，利用典型案例，增强他们为中国海洋经济的崛起而努力学习的意识。例如，讲解科学发展观的内容时，可举青岛大禹集团是怎样成为"青岛市无公害水产品生产基地""青岛市诚信企业"的例子，从而加深大学生对"以人为本和可持续发展"的理解。讲解改革开放的理论时，可以介绍上海市"走出去"企业领头羊——上海水产集团所形成的外向型经济格局及其做法。在课堂教学中，可以不时地穿插中国先进的海洋经济企业在面对台风或其他恶劣天气时是如何启动应

急预案，做到防患于未然或者把各种损失减小到最低限度的案例。这些案例一方面可以加深大学生对海洋经济工作的了解，另一方面可以潜移默化地将工作效率、廉洁、集体主义精神的重要性植入大学生的头脑中。在讲解领土主权时，可借助甲午中日战争等历史事件，回顾历史，充分展示中华儿女抵御侵略，誓死捍卫民族权益的伟大壮举，促使大学生产生"海殇则国衰，海强则国兴"的感触，加深其对海洋国情的了解，使他们善于从地区乃至全球安全的角度审视需要保护的海上利益，激发起他们利用海洋发展经济和扩大改革开放、摆脱落后，为建设海洋经济强国和海洋军事强国而努力的责任感和使命感。

2. 参与海洋经济的发展，加强实践教学

实践教学一直是海洋经济管理教育教学的短板。在人才培养模式中，高校与企业之间的合作和实训锻炼是长期推行的、非常有效的途径。理论与实践相结合是海洋经济管理教育教学的基本原则，高校可通过与企业协议对接，借助海洋经济的大好发展态势，拓展海洋经济管理教育的广阔空间。例如，组织大学生去港口物流、现代渔业、现代保税物流等特色产业群实习或者参加岗前培训，现实会告诉他们齐心协力、同舟共济的重要性，让他们在相互协作中不断历练，培养吃苦耐劳、艰苦朴素的作风以及合作意识和集体主义精神；组织大学生进行海洋生态环境的调查研究，通过现场的观看、思考，了解海洋生态的现状及主要问题，明确海洋经济的价值；鼓励大学生利用节假日从事海洋旅游服务活动，与来自不同国家、不同民族的人交流、协作，拓宽大学生的视野，培养他们宽阔的胸怀。从事以上丰富多彩的海洋相关工作，有助于大学生在实践中形成正确的情感、态度和价值观。

3. 加大政策扶持力度，注重"双师型"教师队伍建设

首先，增加经费投入，拨款设立海洋经济管理教育教学专项储备资金，为海洋经济管理教育教学活动提供物质保障。其次，针对海洋经济发展需要和高校海洋经济管理教育教学创新，培养一支具有优秀素质的"双师型"教师队伍。这里的"双师型"教师不是具备"双证"的教师，而应当属于"双素质型"教师。针对海洋经济管理教育教学，可将"双素质"分解为三个方面：第一，政治理论素养高。具备深厚的思想政治教育理论和扎实的中国特色社会主义理论知识，掌握海洋经济管理教育教学的基本规律。第二，业务精干。熟悉海洋经济的发展规律，掌握相关职业的知识和技能，如旅游、物流、水产等的运营知识和技能，并能够结合职业内部的实际情况，开展海洋经济管理教育工作。第三，富有活力。具备良好的社会沟通、

组织和协调能力，善于打入青年学生群体，能组织学生参与企业、行业管理，指导学生开展创造性的实践活动，为有效开展青年大学生的海洋经济管理教育教学工作搭建良好的沟通平台。

（二）国外高校海洋经济管理实践对高等教育教学模式改革的启示

1. 立足实际，加强学生工作能力的训练

实践教学是海洋经济管理教育教学最为关键的内容，也是海洋经济管理实践教学中难度最大的一个环节。在海洋管理人才培养中，国外高校的教学经验对我国高等教育教学改革具有很好的启发性作用。英国阿伯丁大学针对三、四年级开设海洋资源管理高级专业课程的同时，还专门为学生提供了解决实际问题的机会，切实把理论与实践有机结合起来。英国的伯恩茅斯大学在环境与海岸管理学专业教学中，密切结合学生未来的工作方向，不仅每学年安排为期六周的工作实践，还为每一位学生配有专门的实践管理人员和实践导师，为学生的实习、工作实践进行有针对性的指导。可见，利用好高校这个跳板，加强学生工作能力的训练，切实结合理论与实践，是对学生未来职业发展负责的一个重要表现，也是高等教育教学改革必须强化的一个重点内容。

2. 明确定位，畅通用人单位渠道

为社会培养和输送合格的海洋经济管理人才是海洋经济管理教育教学的最终目的，检验学生是否掌握专业理论知识和技能的重要指标是解决实际问题的能力，培养学生较强的工作能力、实践能力同样是高等教育教学的主要目标。国外高校在海洋经济管理人才培养中，注重学生工作能力的培养，并为学生的实习、工作等实践提供多种了解和参与的渠道。例如，英国赫尔大学海岸研究科学与管理专业的研究生除了课堂学习、野外调查等学习途径，还有机会接触政府机关、企事业单位的工作人员。因此，高等教育在实践教学中要明确学科专业发展的定位，加大经费投入，完善实践教学管理机制，让每一位学生都有机会参与相关专业工作，畅通用人单位渠道，为学生的实习实践提供必要的保障。

三、国际形势巨变影响中国海洋经济管理教育教学模式

21 世纪是海洋的世纪，海洋在全球各国的发展中具有越来越重要的作用，国际社会已普遍认为海洋经济是全球经济的重要组成部分。随着海洋

资源开发和海洋经济的快速发展，全球海洋可持续发展日益成为国际社会共同关注的重点话题之一。联合国《变革我们的世界：2030 年可持续发展议程》提出"保护和可持续利用海洋和海洋资源以促进可持续发展"①。可见，保护海洋生态环境、建设海洋生态文明、实现陆海统筹一体化发展已成为海洋经济发展的重要目标，海洋资源管理、海洋环境管理也成为海洋经济发展和海洋综合管理不容忽视的重要内容。除此之外，当今国际海洋形势正在发生深刻的变革，世界各主要海洋国家纷纷加强和调整海洋政策，1994 年生效的《联合国海洋法公约》长时间以来正面效应与负面效应并存，海洋领域的非传统安全威胁日益凸显。保卫国家海洋安全是中国海洋发展战略的重要组成部分，也是中国作为国际大国维护国际海洋安全的重要表现。因此，应综合海洋权益、环境、科技、执法等对海洋资源和海洋产业进行全面管理。

海洋经济管理教育教学必须立足国内海洋经济发展的实际情况和海洋管理实践，同时结合国际海洋发展形势，完善课程教学内容，对当前国内外海洋经济发展形势、发展的热点和难点问题以及未来海洋经济管理发展趋向进行补充论述。创新海洋经济管理教学形式，通过新闻、纪录片、专题讲座、研讨会等多种形式让学生切实感受从过去到现在国内外海洋发展形势，切实领悟未来海洋经济发展对国家海洋强国战略目标实现的重要性，拓宽学生的视野，引导学生结合海洋经济管理知识培养国内和国际两个大局意识。拓展与加强海洋经济战略管理教育教学，针对海洋经济发展的动态性和海洋经济管理的全局性、长远性特点，丰富有关海洋经济规划、贯彻执行以及针对环境变化实施的调控、决策等的海洋经济战略管理内容，培养国家海洋经济管理发展所需的战略性管理人才。

---

① 《变革我们的世界：2030 年可持续发展议程》，见中华人民共和国外交部网站（https://www. fmprc. gov. cn/web/ziliao_674904/zt_674979/dnzt_674981/qtzt/2030kcxfzyc_686343/201601/t20160113_9279987. shtml）2016 年 1 月 13 日。

第二章

海洋经济管理教育教学模式创新的时代背景

第一节　互联网时代

一、"互联网＋"对高等教育模式产生了重大影响

20世纪50年代，毛泽东在苏联莫斯科大学对中国留学生说："世界是你们的，也是我们的，但是归根结底是你们的。"① 习近平在中共十九大报告中提出："青年兴则国家兴，青年强则国家强。""中国梦是历史的、现实的，也是未来的；是我们这一代的，更是青年一代的。"② 中华民族伟大复兴的中国梦终将在一代代青年的接力奋斗中变为现实。国家的前途、民族的希望落在志存高远的青年身上。在新的时代，在这个科学技术不断发展的时代，随着互联网技术的不断普及和发展，"互联网＋"已经成为时代的主旋律、时代的主题。

"互联网＋"是互联网技术下的一种思维和概念。目前，在"互联网＋"时代下，互联网已经改变自身链接工具的这一属性，其本质为一种思维与生活的方式，甚至还是一种哲学。2018年，教育部发布《教育信息化2.0行动计划》，提出到2022年基本实现"三全两高一大"的发展目标，建成"互联网＋教育"大平台，努力建构"互联网＋"条件下的人才培养新模式、发展基于互联网的教育服务新模式、探索信息时代治理新模式。"互联网＋"简单地说就是"互联网＋传统行业"，即利用信息和互联网平台，让互联网与传统行业进行深度融合，创造新的发展生态。

教育向来是我们所关心、关注的重点，教育特别是高等教育的发展影响着国家、民族的发展，也影响着时代的发展。因此，新时代背景下"互联网＋"对教育特别是高等教育的影响是一个非常重要且具有深刻意义的话题。

一所学校、一位老师、一间教室，这是传统教育。一个教育专用网、一个移动终端、几百万学生，学校任你挑，老师由你选，这是"互联网＋教育"。

---

① 《毛主席在苏联的言论》，人民日报出版社1957年版，第14页。

② 习近平：《决胜全面建成小康社会　夺取新时代中国特色社会主义伟大胜利——在中国共产党第十九次全国代表大会上的报告》，载《人民日报》2017年10月28日第5版。

（一）"互联网＋"使高等教育的平台更加多样化

随着"互联网＋教育"的不断发展，以高等教育为主要内容的平台也逐渐趋向多样化，越来越多的平台走入大众的视野，如我们大家都知道的MOOC（慕课），这是一个大规模的开放在线课程。所谓开放在线课程，就是用户通过使用互联网就可以进行学习的线上课程。这样的课程授权是开放的，所有的用户无须密码就可以学习，并且课程结构和学习目标都是开放的，全部由学生自主决定。同时，其中的信息、知识等都是可以共享的，具有非常强的互动性。学生在学习网上课程时，可以与课程管理团队进行互动，跟着课程团队进行学习、测验，跟着课程团队的节奏来学习，还可以对学习效果进行反馈。学生在进行网络在线学习之后，如果达到了课程的要求，还可以获得证书。所以MOOC就是一个学习在线课程的平台，被MOOC认可的院校的教师可以为平台提供网络教程。

现在非常流行的O2O是Online To Offline的缩写，也可以理解为线上、线下相结合。众所周知，线上教学与线下教学各有优缺点，两者缺一不可。线上教学能降低学生对教师的依赖程度，提高学生的独立学习能力，对学生的能力培养起到无可替代的作用；线下教学能使学生的注意力更加集中，提高教学和沟通的有效性。因此，"互联网＋"衍生的O2O模式既能将线上教学与线下教学的优点相结合，减少了线上教学与线下教学的缺点，不失为一种好的学习模式，能提高学生的学习效率和获得知识的有效性。

在"互联网＋"的影响下，这样的平台还有很多，如B2B、B2C、C2C以及SNS等，它们为"互联网＋教育"的发展提供了良好的发展空间。

（二）"互联网＋"为高等教育模式带来的发展

"互联网＋"的出现为中国高等教育人才培养模式的发展与创新带来了新的契机。首先，"互联网＋"能促进高校教师队伍的专业化程度不断提高。在以往的高等教育模式中，对高校教师的要求更多地体现在科研方面。比起教学工作，教师也更加重视能够促进自己职业发展的科研成果。但是高校教师在高等教育模式的人才培养中是无可替代的参与者，互联网赋予了其教育者和学习者的双重身份。互联网不受时间和场地的限制，能够不断提升高校教师的教学水平和科研能力，尤其是提升边远地区和经济落后地区高校教师的整体素质。① 高校教师通过互联网进行教育资源的搜索、归纳、学习与应用，提高了终身学习的自主意识，提高了教育者和学习者的角色转换能力，提高了与时俱进的求知探索本领，个体和群体的专业化发展已经成为一种常态。通过互联网，高等教育中的"双师型"教师队伍建设得以加强。"双师型"教师是指"双职称型""双素质型"高校教师，它主要是高职教师队伍建设的特色和重点，但在高等教育中，"双师型"教师也是不可或缺的。

"互联网＋"有助于实现教育资源全国甚至全球共享。互联网不仅可以加强人与人之间的联系，还能使全球的教育资源在短时间内实现共享。通过互联网，我们即使坐在普通高校的教室里，也能学习到全国乃至全世界知名大学的课程，获取优质的学习资源，同时也可以在互联网上分享自己的优质教学资源，以供更多的人学习。

在经济不太发达的地区，受师资和资金的限制，很多学生无法享受到优质的教学资源，现有的教学资源难以满足人才培养的需求。在网络迅速普及的时代，通过互联网，即使在较为偏远地区和经济不太发达地区的学生，也能享受到丰富的互联网教学资源。

二、"互联网＋"使高校教学模式发生了重大变革

"互联网＋教育"的跨界融合，将促使信息技术深度融入教学、管理、评价等关键性业务，提高业务水平，优化业务流程与模式，改变教育服务的基本流程、基本运作规则、基本运作形态，最终促进教学、管理与服务体制的变革，重构教育的生产关系。作为人才培养的重要摇篮之一的高等院校，受"互联网＋"的影响更大。"互联网＋"给高校教学模式带来冲击，促使其发生重大变革，有助于提高高校的教学效率和教学质量，有助于提高高校毕业生的综合素质与能力，满足新时代背景下社会对人才的需求。

（一）实践方面的重大变革

2012 年，《教育部等部门关于进一步加强高校实践育人工作的若干意见》指出，实践教学是学校教学工作的重要组成部分，是深化课堂教学的

---

① 荆全忠、邢鹏：《"互联网＋"背景下高校教学模式创新研究》，载《教育探索》2015 年第9 期，第 98－100 页。

重要环节，是学生获取知识、掌握知识的重要途径。① 2019 年《中国成人教育》的调查结果显示，高校实践教学体系尚不健全，学生对参与社会实践的认识不够充分，比起积极地参与社会实践，更多的是按照学校的硬性规定和要求参与，是一种被动式参与。而且许多学生认为现在高校中的专业实践教学不能满足自己实践能力培养的需要，实践活动与专业的发展方向和素养脱节，缺乏系统性和持续性，认为高校应该增加社会实践机会和实践教学环节，不应该仅停留在传统的调研项目开发和志愿者支教、社区服务等公益类项目的层面上，而应该更加向学生的专业靠拢，提高专业性和创新性。随着"互联网 +"这一概念的正式提出，"互联网 + 教育"越来越成为人们关注的焦点，越来越多的人开始关注互联网时代下的高校教育发展，而尚未发展成熟的实践课则是高校教育中的重中之重。"互联网 +"为高校实践课带来了新的变化，增加了新的发展路径，也提出了新的挑战。

1. 减少实践教学成本，增加实践教学的途径

在互联网时代，实践方式日趋多样化。在互联网的影响下，实践方式发生改变，线下的实践场所转变为虚拟的网络空间，直接的面对面转变成虚拟空间的面对面。教师可以在超星学习通、雨课堂、慕课等网络平台上进行实践指导，平台能够随时发送教学内容、相关资料。教师还可以利用网上的海量资源，通过录课、直播等方式进行指导，让网络技术走进大学课堂，改变传统实践指导方式的同时，在一定程度上提高了实践教学水平和效率，方便学生获取宝贵的知识与经验。

2. 利用网络平台，拓宽学生的视野

21 世纪社会发展日新月异，部分大学生社会实践内容和形式不能满足社会发展的实际需要，无法与社会发展相适应，更不能与社会重点项目接轨，其实这主要是因为大学生不了解社会的真正需求，与社会接触仍然较少。互联网是一个知识的海洋，像一个装满知识的宝库那样吸引着老师与学生前去探索。学生可以利用互联网来了解社会的真正需求，了解社会重点关注的问题，拓宽视野。近年来，随着"互联网 + 教育"的日益兴起，大量的线上教学平台如雨后春笋般涌现，在为教师的授课提供平台的同时，也为学生学习和积累知识提供了便利。平台上有大量的名师和专家学者的优质课程，并且有很多是可以免费观看的。学生可以通过这些平台学习到

---

① 《教育部等部门关于进一步加强高校实践育人工作的若干意见》，见中华人民共和国教育部网站（http://www.moe.gov.cn/srcsite/A12/moe_1407/s6870/201201/t20120110_142870.html）2012年1月10日。

很多在课堂上受时间等因素限制而无法深入学习的内容，增强了学习兴趣，拓宽了学习渠道，提高了学习效率。

3. 深度挖掘社会资源，加大校企合作力度

在 2019 年《中国成人教育》中还有关于"大学生实践能力对个人就业的影响"的问题，在回答上，学生的选择是比较集中的：62.25% 的学生认为社会实践对个人就业能力有重大影响，但同时也有 60.96% 的学生认为自己还"缺乏工作经验和实践应用能力"。社会需求与实践能力的不匹配成为大学生就业中最主要的问题。可见，学校在人才培养方面与社会需求存在错位现象：学校对学生的培养重在理论知识，而用人单位则强调人才的应用能力，理论型人才的培养与应用型人才的需求产生了矛盾。当然，这一问题需要学校、用人单位及社会各方共同解决。高校培养学生的最终目的是为社会输送有用的人才，因此高校要在教学中加大实践教学的比重，以更好地适应社会的需求。同时，"互联网＋"时代对复合型人才需求的大量增加，也要求高校与社会保持更紧密的联系，随时掌握社会发展动向，及时调整人才培养模式和目标。各企业单位正是高校与社会紧密联系的桥梁。习近平在中共十九大报告中指出："完善职业教育和培训体系，深化产教融合、校企合作……实现高等教育内涵式发展。"[①] 新时代背景下，各高校可以利用互联网带来的便利深度开发更多的社会资源，与不同企业的不同部门建立合作机制，创建社会实践和就业基地，规范基地的运行机制，明确高校和企业各自的职能，开拓新的校企合作框架。

（二）人才培养方面的重大变革

随着经济的快速发展，尤其是在当前大数据和"互联网＋"技术的推动下，社会对人才的需求渐渐从"高学历重理论"转变为"高能力重实践"，技能型、应用型人才越来越受到社会各类企业的关注。高校必须结合社会需求制订相应的人才培养计划。但目前国内大部分高校特别是地方高校的人才培养模式仍然以理论为主，以实践为辅，以培养"高学历重理论"的人才为主要方向和目标，不能满足社会对技能型、应用型人才的需求。

中国高等教育模式改革不仅是教育界关注的重点，也是全社会关注的热点问题。2015 年，《教育部　国家发展改革委　财政部关于引导部分地方普通本科高校向应用型转变的指导意见》提出：随着经济发展进入新常态，

---

① 习近平：《决胜全面建成小康社会　夺取新时代中国特色社会主义伟大胜利——在中国共产党第十九次全国代表大会上的报告》，载《人民日报》2017 年 10 月 28 日第 5 版。

人才供给与需求关系深刻变化，面对经济结构深刻调整、产业升级步伐加快、社会文化建设不断推进，特别是创新驱动发展战略的实施，高等教育结构性矛盾更加突出，同质化倾向严重，毕业生就业难和就业质量低的问题仍未得到有效缓解，生产服务一线紧缺的应用型、复合型、创新型人才培养机制尚未完全建立，人才培养结构和质量尚不适应经济结构调整和产业升级的要求。[1]

因此，在"互联网+"的背景下，高校教学模式应从理论型人才培养模式转变为应用型人才培养模式，从人才培养目标的设定到培养模式的选择、教学方式都要做出转变。

1. 人才培养目标的改变

从传统的高校人才培养模式上看，大部分高校还是以教师课堂讲授理论为主，而且高校走班式的教学模式使得教师与学生之间的沟通交流较少，教师较难了解学生的真正需求，从而较难在教学目标设定、教学方式以及教学模式上向培养应用型人才的目标靠近，人才培养目标仍然是培养传统的理论型人才，导致学生在毕业后难以满足社会的要求，学生的能力与社会的实际需求之间存在偏差。

2. 培养模式的改变

建立"理论+实践"的课程体系，全面提升学生的实践能力。本科院校的人才培养目标是为社会培养力所能及的实践工作者，首先要立足于服务经济发展。要让学生毕业后能够找到一份合适的工作，学校就应该结合自身的教学特点和管理实际，立足地方经济和社会发展需求设置课程，只有这样，才能提高学生的就业适应性。其次要审时度势，保持专业课程体系设置的动态性。当前，互联网、大数据使信息量不断加大，知识更新速度不断加快，因此，各高校必须不断修订培养方案和课程内容，紧靠社会发展前沿，紧跟经济发展形势，避免所授知识过时。最后要以学生应用技能的提高为出发点对教学课程体系加以设置。各高校要积极争取和合理利用各种社会资源，改善校内办学条件；同时切实加强与企业的合作，全方位、多层次地与企业开展联合办学，弥补校内实践教学资源的不足，增加学生参加实践的机会，提高学生主动参与实践课的积极性，从而锻炼、培养和提升他们的实践应用能力。

---

① 《教育部　国家发展改革委　财政部关于引导部分地方普通本科高校向应用型转变的指导意见》，见中华人民共和国教育部网站（http://www.moe.gov.cn/srcsite/A03/moe_1892/moe_630/201511/t20151113_218942.html）2015年10月23日。

3. 教学方式的改变

在"互联网+"的影响下，以 PPT 讲解和黑板板书课本内容为主的旧的教学方式已无法吸引学生的全部注意力，无法激起学生对课程内容的兴趣。比起老师枯燥无味的讲解，学生更喜欢互联网上生动的、图文并茂的讲解方式。因此，教学方式改革是高等教育模式改革必不可少的一部分。新的教学方式有其独特的优势，例如项目教学法，它利用互联网上大量的信息资源，选择一个具有社会价值且学生有较大兴趣的项目进行研究和探讨，将课堂上讲授的专业课程内容与实际应用场景相结合，既有社会情境、学生自主性和解决问题过程等几个关键要素，也具有任务驱动教学法和探究教学法的特点。此外，电子资源教学法以及案例教学法等，都是在借用互联网的大量信息的基础上，用多样化的媒介来增加教学内容的有趣性，让学生以一种更加生动和容易接受的方式学习专业课程知识，提高学生吸收知识的效率，培养符合社会需求的应用型人才。通过接触与社会实际相关的项目、案例，学生能够对社会有更加清晰和明确的认知，这对学生实践应用能力的提升有极大的帮助。

三、"互联网+"使教学、师生关系出现了新变化

"互联网+"不仅仅是技术变革，更是一场思维变革。互联网思维颠覆了传统思维，强调用户思维、简约思维、极致思维、迭代思维、流量思维、社会化思维、大数据思维、平台思维和跨界思维。其中，用户思维是核心，它向高等教育中的教学、师生关系提出全新的挑战：作为教育对象的学生再也不是被动接受的对象，而是整个知识传播的中心。"互联网+"使得高等教育需要以学生为中心进行教育体系的重新设置。以传统教师为主体的知识灌输观念被颠覆，普遍化、中立化、分科化、累积性的知识观受到挑战。

（一）就教师而言

教师在传统教育中的权威地位将会被动摇，教师由文化知识的传授者转变为信息多元化下的引导者。互联网发展不断推动教学改革以及新课程改革，教师也必须不断更新教育观念，积极参加教育技术培训，利用教学和网络资源，开创新的教学模式，让课堂变得更有吸引力。同时，引导学生选择适合自己的学习方式，指导学生做好学习计划，培养和提高学生自我监督和自我学习的能力。

随着信息技术的迅猛发展，知识更新的速度急剧加快，学科交叉融合逐渐深入整个科技领域。作为知识的传播者，高校教师在职业技能方面面临巨大的挑战。比如，如何及时更新学科领域的最新知识，并把这些知识带到课堂上以吸引学生？如何在慕课、SPOC 等网络教育资源的冲击下把学生的注意力留在课堂？如何把最新网络信息技术、教育技术融入自己的课程中……这些都对高校教师的学习能力提出了更高的要求。

（二）就学生而言

"互联网＋"能够促进学生思维的转变，让学生获得更多的主动权与独立性，并进一步成为教育的中心。

互联网催生了很多更吸引人、更便捷的课程教学模式，如慕课等。学生通过互联网可以学习课堂上教师教授的知识，有时候甚至能学到更加深入、更加符合学生专业发展需要的知识。学生如果想学习某方面的内容，不再需要配合教室上课的时间，连上互联网，在各大网络学习平台上注册并登录，然后选择自己想要学习的课程即可。学生在互联网上学习课程，不一定要接受考试考查。学生没有了考试的压力，对自己感兴趣的内容，能以一种更加轻松、积极的态度来学习，这在一定程度上能够获得一种更好的整体感受。同时，学生还可以自己安排时间，由被动学习转变为主动学习。通过互联网进行学习，只需要付出很低的费用，甚至可以免费学习名师课程，没有听懂的内容也可以重新观看，比面授的方式要简便很多。互联网上的课程具有更强的趣味性，也更加形象化，并且可以使用动画等方式来表现一些不太直观的内容，这使得教学内容非常直观和清晰，授课质量比较高。

同时，在"互联网＋"背景下，中国学生的思维模式也发生了较大的变化。他们不再依靠传统的手段去学习，而更倾向于借助互联网，这使得他们的思维更具跳跃性和个性化的特征，从中也可以看出"互联网＋"背景下的教育模式和传统教育模式之间的差距。在传统的教育模式下，学生更多地跟着教师的脚步向前走，老师教什么，学生就学什么。很少学生能够真正去思考老师为什么要教这些内容，这些内容对自己未来的发展有什么实际的帮助。在"互联网＋"的背景下，学生通过互联网进行学习，能够自主选择自己想要学习的内容，有更大的自主权和更多的独立思考的空间。每个学生的接受能力以及水平不同，在网络学习平台上，学生能够根据自己的实际情况进行学习，在听到对自己作用不大的内容时，甚至可以加快播放速度，这既节省了时间，也提高了学习效率。而且网络学习平台还具有回放功能，学生可以利用空闲时间进行学习，而不会耽误其他重要的事情，甚至如果第一遍没有听懂，还能听第二遍、第三遍，直到听懂为止。

在"互联网＋教育"中，教师由教学的主导者转变为学生学习过程中的引导者和指导者，学生成为教学活动的中心。

（三）就师生关系而言

在互联网影响下，师生之间的交流从输入式转变为交互式，不再是仅从教师到学生的单方面的输入，而转变为教师与学生之间的双向交流。教师不再占有绝对的权威地位，师生关系平等、和谐，学生对教师的依附性降低，以教师为中心的师生关系慢慢转换为以学生为中心的师生关系。在传统的教育环境中，教师扮演着传道、授业、解惑的角色，这决定了教师是为数不多的教学信息传播者，也决定了教师在教学活动中处于中心地位。虽然这种情况有利于发挥教师在育人工作中的主导作用，但是学生所具有的话语权空间会受到挤压，从而导致学生的需求以及个性被忽视，进而加大师生产生冲突的风险。在"互联网＋教育"环境下，教师的权威地位受到冲击，学生的话语权不断增强，学生能够自主地展开学习活动，能够在网络学习平台上进行学习；遇到问题时，学生不一定要求助于老师，可以在网络上搜索得出答案，有时候得出来的答案甚至更好，而且在找答案的过程中，学生的自我学习能力也有所提高，在一定程度上培养了学生独立思考的能力。

此外，在"互联网＋教育"环境下，学生不仅能够通过互联网检索与获取学习资源，而且可以成为学习资源的传播者乃至生成者。例如，当学生在互联网上找出某个问题的答案时，他可以通过互联网将这个答案分享给他人。除此之外，学生还可以分享自己的笔记或者学习心得等。

凡事都有两面性。"互联网＋教育"在促进师生关系进一步发展的同时，也不可避免地使师生之间产生一些矛盾与问题。从对浙江省30所高职院校当前师生关系满意度的问卷调查、访谈和分析中可以发现，在"互联网＋教育"环境下，虽然教师和学生对师生关系的整体满意度都较高，但是不难看出教师对师生关系的满意度高于学生对师生关系的满意度（如图2－1所示）。

调查资料显示，随着"互联网＋"的不断发展，由于与学生接触不多以及网络环境的虚拟化，教师育人的机会少了很多，身教的机会也少了很多。随着自主学习能力的不断提高，学生对教师的依赖度以及信任度不断下降。学生会将教师传授的知识与互联网上的知识进行对比，甚至产生"听老师讲浪费时间，还不如自己上网找"的想法，对教师的认同度不断降低，导致师生之间出现一些新的不和谐因素。①

　　教育是一个复杂的问题，在开展教育工作的过程中，教师必须明确教与学的关系，并正确认识"教师主导"和"学生主体"之间的辩证关系，既要发挥教师的引导作用，也要避免教师越俎代庖，使教师的引导性与学生的主体性能够同时发挥出来。在实际教学过程中，教师要让高等教育体现出与中学教育与众不同的地方，尊重学生的个体差异，做到因材施教，切忌填鸭式教学。不同学科之间往往具有一定的关系，教师要帮助学生构建一个合理的知识体系，准确找到这些不同学科之间的区别和联系，提高学生的学习效率。②

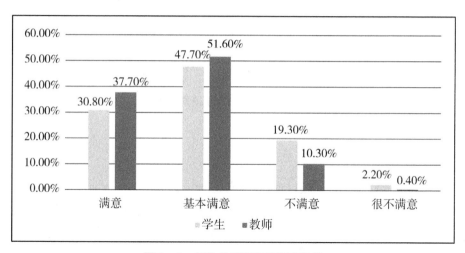

图 2-1　师生关系满意度调查结果

（资料来源：孟亚娟《"互联网＋"时代高职院校师生关系现状调查与分析》，载《浙江交通职业技术技术学院学报》2019 年第 4 期）

---

① 孟亚娟：《"互联网＋"时代高职院校师生关系现状调查与分析》，载《浙江交通职业技术学院学报》2019 年第 4 期，第 86－89 页。
② 李晓芳、杨雄、时翔：《新时期信息技术与高等教育的整合机制研究》，载《教育教学论坛》2020 年第 27 期，第 376 页。

第二节 信息化时代

一、信息技术的飞速发展影响高等教育教学模式

信息技术改变了人们的生活方式、工作方式、思维方式和学习方式，并对教育产生了巨大的影响。2014 年，全国人大代表、湖北省人大常委会副主任周洪宇曾说过："信息技术不仅为教育提供新的技术手段，拓展了教育资源，还推动教育方法和教育模式的变革，最重要的是信息技术的发展为教育发展带来新的理念和动力，使教育内容、方法和模式发生深刻变革；信息技术提高学生高阶思维能力；信息技术支持有效学习；信息技术促进教师专业发展等。信息化环境下的教育将更加充分满足学生甚至包括教师的多样化与个性化需求，使教育更加以人为本。"① 由此可见，信息技术早在 2014 年就已经对教育行业产生重要影响，并且使教学模式向更好的方向发展。今天，信息化更是高等教育发展的必然趋势，信息技术能够有效地促进改革创新和提高质量。

（一）什么是信息技术

什么是信息技术？信息技术的英文为 Information Technology，缩写为 IT。信息技术就是人们在日常生活中耳熟能详的 IT 技术。百度百科这样解释信息技术：信息技术管理和处理信息所采用的各种技术的总称。它主要是应用计算机科学和通信技术来设计、开发、安装和实施信息系统及应用软件。也就是说，信息技术包含科学、技术以及管理等多方面的内容，并通过相关的软件应用和设备相互作用。信息技术为各种思想文化的传播提供了更加便捷的渠道，大量的信息通过网络渗入社会各个角落。信息技术成为当今文化传播的重要手段。电子出版以光盘、磁盘和网络出版等多种形式，打破了纸媒一统天下的局面。多媒体技术的应用和交互式界面的采用为文化、艺术、科技的普及开辟了广阔的前景。网络等新型信息介质为各民族优秀文化的继承、传播，为各民族文化的交流、交融提供了新的可能性。网络改变了人与人之间的交往方式，改变了人们的工作方式和生活方式，

---

① 周洪宇：《让教育与信息技术深度融合》，载《教育与职业》2014 年第 10 期，第 3 页。

必然会对文化的发展产生深远的影响，一种新的适应网络时代和信息化时代的先进文化将逐渐形成。信息技术也将对高等教育教学模式产生重大的影响。

信息技术推广应用的显著成效促使世界各国致力于信息化，对信息化的巨大需求又促使信息技术高速发展。当前信息技术发展的总趋势是以互联网技术的发展和应用为中心，从典型的技术驱动发展模式向技术驱动与应用驱动相结合的模式转变。

（二）信息技术对高等教育教学模式的影响

1. 信息技术对高等教育整合具有促进作用

信息技术是高等教育的信息载体。传统教育中信息的载体主要是书本、习题和课堂板书，学生接受知识和信息的渠道相对比较少，对知识的接受度较低。信息技术与高等教育结合后，可以通过多媒体课件、网络视频等多种形式传播知识，方式更为灵活和广泛。教育信息载体的多样化和便捷性对教研工作的开展、教学效率的提升等有重要作用。

在传统的教学模式中，教师是主体，课堂进度和时间由教师把控，学生在课堂上缺乏主动性。信息技术与高等教育的结合拓宽了学生获取知识的渠道，使学生的个人意志在课堂上得到充分的体现，激活了高等教育课堂的灵活性，加强了学生的主体地位，减少了学生对教师的依赖，培养了学生自主学习的能力，使学生学到更多有用的东西。

2. 信息技术有助于实现高等教育资源共享，促进教育公平

在传统的教学模式下，因为不同地区的经济发展水平不同且资源有限，不同地区的高等教育质量以及水平差异明显、差距较大，教育资源分配不合理的现象比较突出，难以实现教育公平。信息技术与高等教育的结合能够在一定程度上减少地区间教育资源的差距，实现现阶段最大程度的教育公平。

在信息技术与高等教育结合的环境下，无论是教师还是学生，都能够通过网络获取较发达地区的教育资源。不同高校之间的信息、教学资源、教学经验共享变得更为便捷，而且学生和教师通过网络进行校外资源和信息的搜集也比较容易，这让教育资源共享成为可能。由此可见，信息技术与高等教育的结合对实现教育资源共享有重要的作用。

3. 以网络探索为主的教学模式不断发展成熟

教师对教学模式的选择不仅会影响学生学习的积极主动性，还会对整个教育活动产生非常大的影响。与传统的教学模式不同，以网络探索为主

的教学模式更能体现学生在课堂上的主体地位，让学生的创新创造能力得以发展，也更能提高教师教学和学生学习的效率。比起传统教学模式下将所有学生看作一个人的无差别的教学方式，以网络探索为主的教学模式更注重差异化教学，并通过网络技术，针对学生不同的学习能力制定不同的教学方案，实施个性化教学。

二、信息技术的扁平化影响高等教育教学模式

在企业管理中，所谓扁平化，是指在组织的决策层和操作层之间的中间管理层越少越好，以便使组织尽最大可能将决策权延伸至最远的底层，从而提高企业的效率。主要特征是减少管理的中间环节，下放管理权限，强化基层组织的自我管理，改变传统的金字塔管理层级。①

信息技术扁平化的主要内涵是，减少信息共享的中间环节，使得信息的沟通和交流更加快捷。信息技术的扁平化有利于高等教育教学模式的扁平化，使得师生之间的交流可以突破时空限制，变得更加方便。学生可以更加自主地学习，而不是单方面地被动接受教师传授的知识。信息技术扁平化有助于降低获取信息和优质教学资源的难度，帮助我们获得更多元、更丰富的信息和优质的教学资源。

三、信息技术的不断升级影响高等教育教学模式

（一）远程教育的发展

随着信息技术的不断发展，传统的教育方式发生了深刻的变化。计算机仿真技术、多媒体技术、虚拟现实技术和远程教育技术以及信息载体的多样性，使学习者可以克服时空障碍，更加主动地安排自己的学习时间和进度。特别是借助互联网的远程教育，将开辟出通达全球的知识传播通道，实现不同地区的学习者、传授者之间的相互对话和交流。

在信息技术飞速发展的背景下，现代意义上的远程教育与以往的函授、广播、电视等教育模式完全不同，它以现代教育理论为基础，在现代通信技术、计算机技术的支持下蓬勃发展起来。它跨越时空，将知识本身、知

---

① 范康健：《浅论高校组织扁平化管理》，载《科技信息（科学教研）》2007 年第 33 期，第 466 页。

识传授者和知识接受者紧密地联系起来，实现校园之间、师生之间的交互作用，使教育得以优质高效、无时空限制地进行，简单来说，就是运用网络技术与环境开展的教育。远程教育使得身处异地的教师、学生能够共同参与、完成教学活动，增加了学习机会，扩大了教学规模，提高了教学质量，同时使不同地区的学生得到平等教育的机会。在教育资源有限的情况下，远程教育让处在较为偏远地区的学生也能够享受到优质的教育资源。

尤其是近几年来，中国经济发展飞快，信息技术水平逐步提高，远程教育逐渐被应用到教学环节中，成为各类院校提高教学质量的方式之一。远程教育是一种基于"师生互动与信息资源来源互动"的教育过程，它反映了学习过程中所有的组成部分（目标、内容、方法、组织形式、学习工具），这个过程会通过获取信息技术和传递信息的工具来实现。远程教育还可以通过计算机的可视化教育信息、档案存储、海量信息的传输和处理、计算自动化、信息搜索活动、结果处理、信息自动化和方法学，帮助学生和教师及时做出反馈，并对学生的活动进行管理，对其学习成果进行监测。远程教育还有助于学生形成自身的认知动机，并在开发项目的活动中，从各种来源寻找信息资源来支持他们在开发技能方面的独立性，从而提高研究效率和质量。[①]

（二）信息技术的升级使网络资源得到充分的利用

在传统的教学模式下，教师授课大多数以 PPT 讲解以及视频播放为主，对信息技术的利用还停留在较为浅显的层面，对网络上的优质课程资源、远程教育以及网络实践等的了解还不够深入，对信息技术的利用率较低。随着信息技术的不断发展，随着互联网不断深入人们的生活，教师也在不断地改变对信息技术固有的认知，不断培养利用信息技术的观念，将专业课程内容与信息技术相融合，不断探索学习利用各种信息技术为学生提供更好的学习体验，提高教学效率。

第三节　全球化时代

全球化既是一种概念，也是一种人类社会发展的现象。全球化涉及方

---

① 黎波：《远程教育对我国现代职业教育质量发展的影响》，载《现代商贸工业》2020 年第 26 期，第 98 页。

方面面的内容，既有经济全球化，也有政治全球化，更兼及人类命运共同体。由于全球化意识的崛起以及各国对全球化的重视，引起了大规模的全球化研究热潮。

全球化时代，简单而言就是全球化趋势下的时代。全球化是当今国际形势中的一个突出特点。从经济上看，中国经济的每个变化都和全球经济紧密联系。经济是文化的基础，故文化全球化也将势不可挡。文化全球化是经济全球化深入发展的必然趋势，是世界上不同种族、民族、国家或地区的文化在世界范围内的不同地理空间中相互接触、碰撞与频繁互动的现象。在文化全球化的背景下，多元文化不断碰撞，并对本土文化产生不可忽视的影响。当代信息技术飞速发展，全球经济、贸易、文化等各领域的联系日益密切，高等教育领域也不例外。"高等教育不只是被动地应对全球化，而且也是全球化舞台上的积极参与者。"[①] 高等教育是文化中的重要组成部分，全球化势必会对其产生巨大的影响。

一、全球化影响各国的高等教育

（一）高等教育教学管理模式日趋多样化

随着经济的全球一体化，市场经济的普及和教育进入大众的视野，教育领域投资渠道的多元化促成管理模式的多元化。以前，对教育的投资以政府为主导。随着经济的迅速发展，教育也在不断地市场化，越来越多的私人投资逐渐介入教育领域。对此，政府正逐渐从统一管理走向分层次、分类型管理，从全额拨款、直接管理变为通过专项投入、借助中介组织的间接管理。教育管理模式多样化已成为世界范围的一种趋势。

（二）重视高等教育国际化的改革

派遣、支持本国学生和教师出国留学、进修、研究是高等教育国际化的重要内容。例如，欧洲国家捷克通过资助国际学术项目，签署双边或多边政府合作协议以及高校间直接的双边或多边合作协议，支持学生"走出去"。只要高等教育机构接收自由申请人，并且申请人学成归国后，其派出的教育机构认同其学习，自由申请人就可以获得奖学金。对于教师，捷克

---

① ［美］菲利普·G. 阿特巴赫、佩蒂·M. 彼得森主编，陈艺波、别敦荣主译：《新世纪高等教育——全球化挑战与创新理念》，中国海洋大学出版社 2009 年版，第 102 页。

主要支持公立高校的教师出国交流、学习，这通常通过资助国际学术项目来实现，如苏格拉底/伊拉姆斯项目。同时，支持参与获得国家级研究经费的项目的教职工在国际上流动。在这些项目的支持下，几乎所有希望外出交流或进修的教师都能够获得外出的机会，所以很多业务能力强的教师每年都会有一定时间的国际交流经历。[①] 通过增加国际交流、学习的机会推进高等教育国际化，促进高等教育与国际接轨，培养具有国际文化视野的、高素质的高级人才，加深对国际文化的了解，提高人才的综合素质。人才是国家发展的基础，提高人才质量有助于促进国家的发展，有助于提升该国的国际话语权，并增强其在国际舞台上的综合影响力，提高国家的国际竞争力。

此外，对比同是发展中国家的印度，其高等教育的国际化程度随着全球化趋势的加强而不断提高。20世纪90年代至今，印度政府和印度高校都在积极地与国际组织以及国外高校和政府开展国际化教育合作项目。同时，印度国家重点学院系统还不断对接美国国内需求，重视高等教育国际化的改革，加强对高科技理工技术人才的培养。美国在印度高等教育国际化中的地位凸显，进一步促进了印度的高等教育国际化，也促使印度的国际影响力和竞争力不断提升。

以上是关于捷克和印度高等教育国际化的一些基本情况。此外，一些发达国家如日本、德国和澳大利亚的高等教育国际化的发展也十分迅速：在国家政策的支持下，它们的高等教育逐渐从封闭走向开放，进而与国际接轨，有了质的飞跃；日本、德国等发达国家十分重视高等教育的国际化交流，主要采用走出去、引进来的方式，这样既可以学习国外高等教育的先进理念，又可以向国际宣传本国的高等教育，吸引更多的国外学生来本国留学；澳大利亚、德国在高等教育国际化发展方面，非常重视在国外建立分校，这种方式有效地把高校从国内转移至国外，从而更加稳定、高效地实现高等教育的国际化交流，从教学和科研等方面与国际高等教育接轨。

（三）全球化促进多元文化教育的发展

在多元文化教育上，美国是较为突出的例子。在美国历史上，以欧洲白人及盎格鲁-撒克逊人为核心的主流文化始终占据统治地位，国家对其他少数民族移民及其文化则采取歧视与同化的政策，甚至有些白人带有一

[①] 孙刚成、张振康、武忠远：《捷克高等教育国际化变革及启示》，载《学术论坛》2011年第10期，第210页。

种优越感，认为其他民族都是低于白人的。第二次世界大战以后，特别是20世纪五六十年代，随着全球化的不断深入发展，世界各国政治、经济以及文化教育之间的交流与合作越来越多，且受由于种族矛盾激化而掀起的民权运动的影响，美国开始重视多元文化教育，特别是在高等教育中，多元文化教育越来越重要。美国希望通过多元文化教育来缓解种族矛盾，改变歧视和不平等观念，形成不同种族和民族都是平等的意识，建设公平、和谐的民主社会。

近些年，尤其是"9·11"事件之后，美国更加深刻地意识到，要想立于不败之地，只关注自己的文化是远远不够的。因此，多元文化教育成为当前美国大学教育的主要方面。

二、全球化影响中国的高等教育

（一）全球化推动学生社团的建设，丰富学生的课外生活

在全球化的背景下，各种文化不断进行深入的碰撞。外来文化的引入给了大学生更多的选择和思考的空间，使其产生了更多的兴趣爱好，并促使越来越多具有全球化特征的学生社团（如英语协会、日语协会等）出现，在丰富学生课外生活的同时，培养了学生的国际化观念和意识。全球化使学生能够拥有更多的机会接触外来文化，加深其对外来文化的了解，促进其对国际文化的了解、调适与整合，从而促进国际文化认同。

（二）全球化加快中国高等教育国际化进程

随着中国对外开放程度不断提高、全球化程度不断加深，中国逐渐走向世界舞台，并且在其中占据重要的位置。高等教育国际化恰好能为中国的对外开放提供强大的人才和智力支持，加强中国高校与国外高校之间的合作交流。《中华人民共和国高等教育法》第十二条指出："国家鼓励和支持高等教育事业的国际交流与合作。"我国以互派留学生、进修生和访问学者，教师中外合作教学以及增设国际交流机构等方式，学习和借鉴国外知名高校的教学模式和人才培养方式，截至2016年年底，我国与188个国家和地区建立了教育合作与交流关系，与46个重要国际组织开展教育合作与交流，与47个国家和地区签署了学历学位互认协议，中外合作办学机构和

项目达 2480 个。① 这些有利于拓宽国内高校学生的视野，培养学生的国际意识和国际交往能力，提高高等教育教学水平，也有利于提高中国高校在国际上的知名度。

通信技术的飞速进步拉近了时空的距离，也为高等教育国际化发展提供了优越的条件。现代信息传播速度快，搭乘信息时代的高速列车，跨国教育网络成为可能，教育资源的国际共享成为现实。例如，虚拟高校、电子图书馆等为全世界的学者与学生提供了足不出户的知识体验。

（三）全球化促进中国高等教育大众化向普及化发展

高等教育大众化向普及化发展正成为现代高等教育改革中的世界性趋势。高等教育不仅在发达国家从大众化走向普及化，而且它在发展中国家的大众化速度也大大超过了人们的预计范围。比如作为发展中国家的中国，其高校自 1999 年实行大扩招以来，毛入学率一直呈不断上升的趋势。2015年毛入学率已达 40%，超过世界平均水平。《2019 年全国教育事业发展统计公报》显示，2019 年中国的高等教育毛入学率已达 51.6%。② 中国高等教育毛入学率从 2001 年的 10% 发展到如今的 51.6%，意味着中国高等教育即将从大众化阶段进入普及化阶段。中国高等教育大众化程度的提高离不开全球化趋势的加强。高等教育从大众化走向普及化，是未来各国教育所面临的共同趋势，高等教育从精英教育到大众教育的过程，也是高等教育不断普及、社会文化水平不断提高的过程。随着经济的迅速发展，中国高等教育的普及化趋势越来越明显。随着高等教育普及化趋势不断加强，高等教育与社会之间的联系不断加深，人们的文化水平不断提高，而文化素质的不断提高使得人民的精神生活日益丰富。当然，普及化也向高等教育提出了更高的要求，迫切要求高校进一步转变人才培养理念、优化教育结构、改革教学方式、提高教学质量，如此才能满足高等教育普及化阶段的社会发展需要。

（四）全球化影响中国高等教育的人才培养模式

全球化与世界劳动力市场的发展是同步的：一方面，全球化直接影响了世界的劳动力市场体系；另一方面，世界劳动力市场分工体系越严密，

---

① 《在扩大开放中满足人民教育文化新需求——聚焦扩大开放系列述评之六》，载《新华每日电讯》2018 年 5 月 20 日第 2 版。

② 《2019 年全国教育事业发展统计公报》，见中华人民共和国教育部网站（http://www.moe.gov.cn/jyb_sjzl/sjzl_fztjgb/202005/t20200520_456751.html）2020 年 5 月 20 日。

全球化程度就越高。这一分工体系直接影响了各国劳动力的供给和需求，也间接或直接地影响作为劳动力供给源的高等教育。全球化对高等教育劳动力供给的影响表现在培养模式上。随着全球化程度的不断加深，跨国交流与合作越来越多并不断深入发展，而且在人口红利逐渐消失和人工智能不断发展的情况下，中国的劳动力成本日益上升，工作的技术难度越来越高，对低层次的简单技能型劳动力的需求逐渐减少，对具备一定综合素质的知识型劳动力的需求量不断增加。

以前学生只需要简单地接受高等教育，掌握一些相关的理论知识，就能够很好地适应全球化趋势下对劳动力的要求，并在毕业后找到一份较为不错的工作。但是现如今高等教育成为社会劳动力供给的主要来源，随着大学生数量的不断增多，社会对人才有了更多的要求。由此高等教育的人才培养模式也在不断地改变，学生除了要学习更多的理论知识、提高专业素养外，还要不断提高应用和实践能力，提高综合素质。高校要充分了解社会对于人才的要求，使人才的培养方向和模式与全球化大背景下的社会需求相适应。例如，随着国际交流和贸易合作的不断增多，市场对人才的语言要求也在不断提高，因此，高校应该更加重视学生的外语学习。高校可以提高外语在培养方案上的比重，增加相关课程，将英语等级考试的成绩视为评价学生的重要指标，举办更多的外语活动，鼓励学生积极使用外语，提高外语的应用能力。除此以外，高校还可以增设除英语外的其他外语课程，如西班牙语、法语等，让有兴趣的学生在校内就能进行学习。

因此，在全球化的影响下，中国高等教育的人才培养模式也在不断转变，从培养重理论型人才慢慢转变为培养综合素质较高的复合型人才。

（五）全球化促进中国高等教育管理模式的改变

在全球化的背景下，高等教育既面临着新的机遇，也面临着前所未有的挑战。高等教育管理模式受到全球化的影响，管理水平不断提高。

在管理模式上，经济全球化带来了高等教育在管理模式改革过程中增加市场机制的强烈要求，市场对高等教育的影响不断扩大，市场竞争机制的引入使得高校与社会的接触更加深入、全面。同时，资本的引入能更好地提高国际合作交流活动的水平，促进跨国教育的发展；全球化也使得中国高等教育的管理制度与国外的管理制度实现对接，例如，制定国外高等教育机构来华办学的资质认证标准，修订学位和学分互认制度，等等，进而实现中国高等教育的法律法规与国际接轨。

三、全球化影响中国高等教育学科专业结构

2015 年 10 月，党中央、国务院做出关于建设世界一流大学和一流学科的重大战略决策部署，出台《统筹推进世界一流大学和一流学科建设总体方案》。该方案明确指出，要坚持以学科为基础的基本原则，引导和支持高等学校优化学科结构，凝练学科发展方向，突出学科建设重点，创新学科组织模式，打造更多学科高峰，带动学校发挥优势、办出特色；推动一批高水平大学和学科进入世界一流行列或前列，到 21 世纪中叶，实现一流大学和一流学科的数量和实力进入世界前列，基本建成高等教育强国的总体目标。

学科专业结构是高等教育结构中最基本、最核心的结构。随着全球化的不断深入，中国的产业结构不断调整，社会对人才的要求不断提高。高等教育需要持续调整优化高校学科专业结构，完善学科专业动态调整机制，以更好地适应全球化背景下的社会发展，满足学生多样化发展的需求；要以社会需求为导向，不断深化教育教学改革，强化产学研合作，全面提升人才培养能力，努力增强学科专业整体实力，以培育创新型、复合型和应用型的人才为目标。

第四节　中国进入新时代

一、新时代促进中国高等教育改革

中共十八大以来，习近平把教育事业的重要性上升到"国之大计、党之大计"的战略高度，并站在新时代党和国家事业发展全局的新高度，就教育改革发展提出了一系列新理念、新观点和新论断。归纳起来，就是教育要做到"九个坚持"，即坚持党对教育事业的全面领导，坚持把立德树人作为根本任务，坚持优先发展教育事业，坚持社会主义办学方向，坚持扎根中国大地办教育，坚持以人民为中心发展教育，坚持深化教育改革创新，坚持把服务中华民族伟大复兴作为教育的重要使命，坚持把教师队伍建设作为基础工作。[①] "九个坚持"是在新的历史条件下对中国教育根本问题的

[①] 《牢牢把握教育改革发展的"九个坚持"——论学习贯彻习近平总书记全国教育大会重要讲话》，载《人民日报》2018 年 9 月 14 日第 2 版。

科学回答，也是对中国高等教育根本问题的科学回答。

（一）新时代促进中国高等教育国际化

2013 年 9 月，习近平在对哈萨克斯坦进行国事访问时，在纳扎尔巴耶夫大学发表演讲，首次提出"丝绸之路经济带"的概念，强调"为了使我们欧亚各国经济联系更加紧密、相互合作更加深入、发展空间更加广阔，我们可以用创新的合作模式，共同建设'丝绸之路经济带'……以点带面，从线到片，逐步形成区域大合作"①。同年 10 月，习近平在印度尼西亚国会发表演讲时，进一步提出"中国愿同东盟国家加强海上合作，使用好中国政府设立的中国—东盟海上合作基金，发展好海洋合作伙伴关系，共同建设 21 世纪'海上丝绸之路'"②。由此形成了"一带一路"倡议。中国提出的"一带一路"倡议、以"共商共建共享"为原则的人类命运共同体，"符合中华民族历来秉持的天下大同理念，符合中国人怀柔远人、和谐万邦的天下观"③。

随着"一带一路"建设的不断推进，中国与国际社会的交流、合作越来越多，对相应人才的需求量也越来越大。要解决人才匮乏问题，就要大力发展涉及人员、机构和文化等多种因素在世界范围内流动的跨境高等教育，所以中国高等教育国际化不仅可为"一带一路"建设提供相应的人才支撑，而且有利于实现与沿线各国共同打造"政治互信、经济融合、文化包容"的人类命运共同体的战略目标。截至 2016 年年底，中国与 188 个国家和地区建立了教育合作与交流关系，与 46 个重要国际组织开展教育合作与交流，与 47 个国家和地区签署了学历学位互认协议，中外合作办学机构和项目达 2480 个。④ 在高等教育国际化上，除了师生与国际上的联系越来越密切，对政府而言，高等教育国际化更多涉及教育政策与国际通行的规则相适应的问题。中国对外开放的历史相对于发达国家还较为短暂，对外合作办学机制尚未成熟，需要不断调整和更新高等教育对外学习交流办学的法律法规以及相关的监督体系，减少质量低下的对外交流合作项目对社会的不良影响，以便更好地与国际通行的规则相连接，更好地帮助国内师生进行对外交流和学习。

---

① 习近平：《习近平谈治国理政》第 1 卷，外文出版社 2018 年版，第 289 页。
② 习近平：《习近平谈治国理政》第 1 卷，外文出版社 2018 年版，第 293 页。
③ 中共中央宣传部编：《习近平新时代中国特色社会主义思想学习纲要》，学习出版社、人民出版社 2019 年版，第 213 页。
④ 《在扩大开放中满足人民教育文化新需求——聚焦扩大开放系列述评之六》，载《新华每日电讯》2018 年 5 月 20 日第 2 版。

（二）新时代促进中国高等教育管理水平不断提升

新时代背景下的信息网络化为经济和文化全球化提供了技术支持，要求社会管理模式做出相应的改变。信息网络化也促使中国高等教育在管理手段和管理方式上做出调整与改变，以促进管理水平的不断提升。相比更快、更方便的网络化管理模式，传统高等教育更多地采用人工管理的模式，不仅管理效率低下，而且管理成本高、管理水平较低。随着信息技术的不断普及，高等教育的管理模式逐渐趋向网络化、智能化，在信息共享方面，不仅能够突破信息传播的有限性，打破信息发布的时间和空间限制，而且能够不断地提高管理水平，减少高等教育管理的人工成本和时间成本。

（三）新时代下，中国将从高等教育大国走向高等教育强国

建设高等教育强国，人才是关键。进入 21 世纪以来，国际竞争的实质变为以经济和科技为实力基础的综合国力的较量，变为创新力的博弈。创新力的发展更多地靠人才，国际竞争也是人才的竞争。高等教育是培养人才的最佳途径，高等教育在提高国家创新力、增强国家竞争力、提高国家在世界舞台上的影响力方面发挥着越来越重要的作用，不断提供人才支撑和科技支撑。因此，高等教育的发展成为世界各国极为关注的重点之一，世界各国无不把发展高等教育、提升高等教育质量作为赢得未来的根本大计和战略抓手。欧洲的"创新联盟计划"、美国的"高等教育行动计划"、日本的"21 世纪教育新生计划"等充分体现了这一世界高等教育发展的潮流，凸显了高等教育为服务国家发展战略而日益深度参与并融入国际竞争的必然趋势。

近些年来，中国高等教育改革不断深化，并不断提升人才培养能力。中共十八大以来，中国高校学科专业结构不断优化。高校新增本科专业布点 1.08 万个，增设 82 个新兴战略产业和民生急需的新专业，基本实现"一带一路"沿线国家官方语言全覆盖。研究制定 92 个本科专业类教学质量国家标准。投入 45 亿元实施本科教学工程和中央高校教育教学改革专项，建设了 30 个国家级教师教学示范中心，100 个实验教学示范中心，建成 992 门精品视频公开课、2886 门国家级精品资源共享课、近 2000 门慕课课程，超过 700 万人次在校生获得慕课学习学分。① 新时代下，中国将从高等教育

---

① 教育部高等教育司：《数据看变化·高等教育情况》，见中华人民共和国教育部网站（http://www. moe. gov. cn/jyb＿xwfb/xw＿fbh/moe＿2069/xwfbh＿2017n/xwfb＿20170928/sfcl/201709/t20170928_315531. html）2017 年 9 月 28 日。

大国走向高等教育强国，通过发展高等教育，提升国家竞争力和影响力。

（四）新时代下，中国高等教育产学研合作不断深入发展

2018 年 7 月，"一种廉价、高效的铈基催化剂和醇催化剂的协同催化体系"重大科研成果在《科学》杂志上在线发表。这为中国高效利用特有的稀土金属资源提供了新路径和前景。值得关注的是，该课题由上海科技大学物质科学与技术学院左智伟课题组独立完成，四位作者平均年龄不到 30 岁。

嫦娥飞天、航母下水、蛟龙入海……在这些国家重大项目的背后都有高校的身影，都与高校创造的科研成果密不可分。以中国高校科研创新为基础的"中国制造"正在见证中国崛起。近年来，在国家科技三大奖通用项目中，高校获奖数占全国总数的 70% 以上，产出社科重大成果比例占全国的 80% 以上，专利申请数年均增长 20% 左右。[①]

高等教育产学研合作的深入发展，对引领高新技术产业、战略性新兴产业，培育和孵化高成长创新型企业，促进行业转型升级具有重要的意义，能够影响国民经济和区域经济的"造血"能力，促进国民经济和区域经济的发展。

二、新时代影响海洋经济管理实践

2019 年 6 月 15 日，中国高校社会科学前沿论坛暨新时代海洋强国理论与实践研讨会在青岛举行。论坛开幕式上，教育部高等学校社会科学发展研究中心主任、《中国高校社会科学》总编辑王炳林教授在致辞中谈到，海洋问题与国家命运息息相关，新时代海洋强国理论与实践是学界十分关心的问题。王炳林从四个方面介绍了海洋对国家和人类社会发展的重要性：从历史维度看，中华民族的兴衰与海洋有关；从国际维度看，世界上的发达国家特别是近代以来实现工业发展的国家，都是从海洋崛起逐步壮大起来的；从理论维度看，我们党和国家的发展与关注海洋联系在一起；从现实维度看，中国从站起来、富起来到强起来的过程，其压力也主要来自海洋。[②]

---

① 袁新文、董洪亮、赵婀娜等：《中国教育，把答卷写在人民的心上——党的十八大以来我国教育事业改革发展成就综述》，载《人民日报》2017 年 9 月 9 日第 6 版。

② 赵婧：《把握时代脉搏　助推海洋事业——新时代海洋强国理论与实践研讨会综述》，载《中国海洋报》2019 年 6 月 25 日第 2 版。

（一）新时代下海洋经济管理实践的科技支撑

目前，中国的海洋经济管理实践还存在很多问题。其中，缺乏科技支持在很大程度上制约了海洋经济的发展。发展海洋经济离不开海洋高新技术的投入和支持，海洋经济管理体制也需要高科技设备来保障实施。

新时代背景下，随着科学技术的不断发展，在发展海洋经济的过程中，管理者可以利用高科技来进行管理，创新管理体制，将高科技应用于海洋经济的大环境中，优化配置科技资源，促进科技体制的发展，提高竞争力。相关的政府部门可以探索建立完善的海洋科技人才体制，依托本地的高校和开发区，整合海洋科技的研究力量，推动国际科技人才的交流，为本地区打造出国内先进的海洋科技研究基地。科技的支撑能为海洋经济管理实践提供有力的工具，在最大程度上促进海洋经济的发展。

（二）新时代下海洋经济管理体制

现代海洋经济是国民经济的新兴产业，拉动海洋经济发展的三驾马车是体制、投资和科技，其中体制在三驾马车中处于主导地位。体制保障，就是以体制来保证发展，促成顺应海洋经济规律的管理模式。从世界范围来看，推动海洋经济可持续发展必须依靠体制来保障，创新体制是推动海洋经济不断发展的基本动力。在新时代背景下，中国沿海城市的发展实践证明，经济技术开发区、旅游度假区、工业园区、保税区等区域整体开发管理体制创新，可以有效促进海洋经济发展。如天津市，通过建立天津塘沽海洋高新技术开发区，有效地促进了海洋高技术的发展，促进了天津市海洋经济的发展。目前天津塘沽海洋高新技术开发区已被国家确定为海洋高新技术产业示范基地、全国科技兴海示范区、海洋精细化工示范基地。

（三）新时代下海洋经济管理实践的法律体系不断完善

20世纪90年代以来，中国日益重视海洋管理实践，在法律层面，先后公布实施了《中华人民共和国海洋环境保护法》《中华人民共和国渔业法》等相关法律法规，把开发海洋资源、发展海洋经济纳入国家发展战略的一部分。但是，随着海洋经济的不断发展，许多法律条文已经无法适应海洋经济发展的现实需求，对海洋经济整体发展情况缺乏指导与规划。

与世界上的海洋强国相比，目前中国在海洋经济管理实践中的法律体系尚不健全，缺乏一系列较为完善的法律法规，导致很多问题不能得到及时的解决，影响海洋经济的发展。

在新时代背景下，2012 年，国务院批准了《全国海洋功能区划（2011—2020 年)》，提出"推进海洋经济发展"战略。同时，《国家海洋事业发展"十二五"规划》将"海洋综合管理体制机制进一步完善，涉海法律法规和政策日益健全，海洋联合执法力度不断加大"作为海洋事业发展的目标之一。近几年来，国家不断着力推进完成的一项重要任务就是加快海洋立法工作，不断完善海洋环境保护法律体系，对海洋综合管理体制进行深化改革，以更好地促进海洋经济的全面发展，实现海洋经济的可持续发展。

三、新时代影响海洋经济管理教育教学模式

21 世纪是海洋的世纪，世界各海洋强国均重视海洋事业的发展。在加速发展海洋事业的进程中，人才是发展的关键。海洋人才尤其是海洋管理人才的需求量在不断增加。但是，中国的海洋经济管理教育教学水平不高，海洋管理人才较为缺乏，这与海洋经济管理教育教学模式滞后有很大的关系。

在新时代背景下，海洋教育事业蓬勃发展。因为海洋的特殊性，以产学研结合为核心的新型海洋管理人才培养模式得到了极大的认可。首先在培养目标上，改变以往与现实脱节的人才培养定位，并结合目前海洋管理人才的需求确定培养目标和培养定位，培养适合新时代发展的复合型海洋管理人才。其次，改变过去陈旧的教学内容。结合新形势下的社会发展需求，不断更新和优化教学内容，突出专业的综合性与交叉性特点，加强与其他专业和学科的交融。海洋事业是极为复杂的，因受其开放性和流动性影响，海洋是相互交融，没有阻断的。因此，海洋事业的划分具有一定的模糊性，学科融合的特点明显，所以在教学内容上，要更加注重全面性，关于基础知识的课程要做到全覆盖，以巩固专业基础。最后，因为海洋相比陆地具有更大的风险，因此，在教学手段上，要更加重视实践，加强就业指导，将专业知识与实践相结合，以最大限度地丰富学生的实践经验，不断培养学生的学习兴趣和学习能力，促进学生专业技能的不断提升。

此外，在海洋经济管理理论这一方面，因为中国起步较晚，相关理论尚不健全，因此，要注重国际交流与合作，学习国外成熟的海洋经济管理理论，不断提高海洋人才的培养水平，促进学生知识和能力的同步发展，培养适合发展需要的综合型海洋经济管理人才，以促进海洋事业的发展。

第三章

海洋经济管理教育教学模式创新的主要意义

第一节 海洋经济管理教育教学
模式创新的理论贡献

一、丰富新时代中国特色社会主义海洋经济管理教育教学理论

越来越多的中国学者认为，新时代海洋强国思想是多维源流的，建设海洋强国作为一种国家发展战略，其思想来源是多方面的：作为马克思主义中国化的最新成果，它是对马克思主义海洋观的继承和发展；作为一种扎根中国的海洋思想，它吸收了中国传统海洋文明的和合共融、互通共享的精神和气质；近代以来，先进的中国人特别是中国共产党人对开发和利用海洋的实践和探索，为海洋强国思想增添了丰富的内涵；当代中国所面临的海洋权益安全、维护和促进发展的需求，成为建设海洋强国思想的直接驱动力；中国改革开放 40 多年取得的巨大成就，为海洋强国思想奠定了丰厚的经济基础；海洋强国思想为中国走向民族复兴、实现中国梦提供不竭的精神动力。

海洋经济管理教育教学模式创新使我们与国际接轨，国际交流与合作越来越频繁。与发达国家以及海洋强国相比，中国从古至今以农业为主，一直是农业大国，现代海洋经济起步较晚。对中国而言，这些国家海洋经济发展的经验和教训是一笔宝贵的财富。根据其他沿海国家海洋经济和管理的不同发展阶段，我们可以将海洋经济管理教育课程体系设计为紧密联系的不同课程模块，进行模块化教学，有针对性地培养学生的专业能力，从而提高海洋经济管理教育水平。

二、夯实新时代中国特色社会主义海洋经济管理学科专业基础

在新时代背景下，知识更新速度加快。海洋类高校是海洋人才培养和输出，服务涉海企业、海洋强省和海洋强国战略的重要窗口。学科建设和理论发展只有紧跟时代潮流，才能为涉海企业管理人才培养指明方向。因此，在海洋经济管理教育教学模式创新中，需要注重国内外交流与合作，高效地利用国内外资源，以全局和世界眼光把海洋经济定位于中国和世界蓝色海洋经济发展的大格局中，学习国外成熟的海洋经济管理教育体系和

理论体系，夯实中国海洋经济管理学科的专业基础，大力发展海洋知识教育，实现海洋经济管理学科的科学、可持续性发展。

同时，中国特色社会主义海洋经济管理学科也在不断地调整、优化学科专业结构和人才培养类型结构，根据海洋经济管理发展的实际，主动加大调整、优化力度，以更好地适应区域乃至国家发展的需要，紧扣时代发展脉搏，主动融入地方经济建设主战场，加快培养区域产业结构优化、升级急需的各类专门人才。

此外，随着海洋经济的不断发展，海洋特色学科的缺失问题日益突出，中国高校基本都有经济学专业，但是在经济学课程中，除了极具海洋特色的高校外，其他高校在课程教学中基本都没有涉及海洋相关知识，更别说海洋特色专业。因此，在新时代背景下，我们应大力打造具有海洋特色的品牌学科，不断激发学生的学习兴趣，培养学生的海洋意识，促进海洋高等教育的发展。

三、完善新时代中国特色社会主义海洋经济管理理论

理论进步旨在指导实践发展，实践发展客观促进理论进步。随着中国海洋经济实践的不断发展，海洋经济管理教育教学模式不断创新，海洋经济管理理论不断进步和完善，从事海洋经济与管理研究以及相关教学工作的专家和学者不断增多，海洋经济管理理论体系不断完善。随着海洋经济的不断发展、国际交流与合作不断增多，海洋事业的交互性和交融性特征越来越明显。因此，海洋经济管理理论并非只包含海洋与经济管理方面的知识，还包含其他基础知识。随着新时代中国特色社会主义海洋经济管理理论的内容和内涵不断丰富，我们要不断拓展学生学习的深度和广度，不断提高学生的综合素质。

第二节　海洋经济管理教育教学模式创新的政策贡献

一、增加了新时代海洋经济管理高等教育的社会需求

21 世纪是海洋的世纪，21 世纪的竞争主要是海洋竞争。5000 多年前，古希腊海洋学者地米斯托克利曾预言：谁控制了海洋，谁就控制了一切。

海洋，是人类未来发展的重要空间，也是实现全球经济、社会、生态、环境可持续发展的基础。

中国是目前全球人口最多的国家，长期以来，作为一个农业大国，相比海洋，中国更加重视陆地，并一直用全球7%的土地养活全球22%的人口。巨大的人口数量使中国面临比全球任何一个国家都更加严峻的生存发展问题。作为一个沿海国家，中国的海岸线绵长，拥有至少300万平方千米的领海，海洋资源极其丰富。改革开放40多年来，中国传统海洋产业稳步发展，新兴海洋产业迅速崛起，海洋经济已成为国民经济中重要的、强劲的、新的经济增长点。开发和保护海洋，发展海洋经济，建设21世纪海上丝绸之路，对建立全球发展新秩序、促进中国经济发展、提高综合国力、实现和平崛起和全面小康社会等战略目标具有重大意义。毫无疑问，海洋经济发展对国民经济发展具有越来越大的促进作用。但中国国民受"重陆轻海"的思想影响较大，海洋意识较为薄弱，大部分人对中国300万平方千米的海疆没有概念，甚至很多人都不知道还有300万平方千米的领海。海洋意识的缺乏成为制约中国海洋事业发展不可忽视的一个重要因素。由此，对海洋经济管理高等教育的需求越来越大，越来越多的人重视海洋经济管理高等教育。只有培养越来越多海洋经济管理方面的人才，才能促进海洋经济管理的发展。

二、增加了新时代海洋经济管理高等教育的企业需求

创新的海洋经济管理教育教学模式更加注重产学研相结合。产学研相结合作为人才培育与创新发展的最新途径，是提高高等教育教学质量与学生实践能力的重要依托，为创新型企业的人才输送和社会人才供给提供了强大的保障。高等教育产学研相结合，能够实现高等教育理论知识与技能操作相互协调，实现高等教育就业前对专业技能的预先教学，为今后学生职业生涯的技能应用打下深厚的基础。[1] 特别是从事发展迅速、创新性和专业性较强的海洋事业的企业，产学研相结合能为其提供技能操作熟练、理论基础扎实、不断追求创新与上进的综合型人才，促进海洋事业不断发展，同时促进海洋经济管理研究不断发展。

---

[1] 臧博宇：《高校产学研相结合助力提升就业质量途径探索》，载《现代营销（经营版）》2020年第5期，第242页。

三、增加了新时代海洋经济管理高等教育的政府需求

中共十九大报告指出，中国经济已由高速增长阶段转向高质量发展阶段，正处在转变发展方式、优化经济结构、转换增长动力的攻关期。当前，全国海洋经济发展"十三五"规划正全面开展，加速推进海洋经济由速度规模型向质量效益型转变，大力拓展蓝色经济空间。与此同时，开展"十三五"海洋规划评估，着手"十四五"海洋规划预研，具有重要意义。国家海洋局原局长、国家"十三五"规划专家、中心主任王曙光在 2018 年 9 月 14 日中国海洋发展研究中心组织召开了"十四五"规划海洋经济、资源与环境重大议题研讨会，指出当前应立足"十三五"规划，总结经验，及时发现并调整中国海洋经济发展中存在的问题，大力发展海洋科技，促进国民经济发展。[①]

随着海洋经济的不断发展、海洋经济管理教育教学模式的不断创新，政府要深入贯彻科学发展观，认真落实十七届五中全会关于发展海洋经济的战略部署，突出科学发展主题和加快转变经济发展方式的主线，以深化改革为动力，优化海洋经济结构，加强海洋生态文明建设，提高海洋科教支撑能力，创新体制机制，推动海陆联动发展，推进海洋综合管理，培养更多适应海洋经济发展实际需要的专业人才。

第三节　海洋经济管理教育教学
模式创新的实践贡献

20 世纪 90 年代初，辽宁首先提出建设"海上辽宁"战略。接着，山东提出建设"海上山东"的口号。进入 21 世纪，越来越多的省市区提出发展海洋经济，加强海域管理和综合执法。例如，上海市提出努力打造生态海洋经济，建设全球海洋中心城市的目标；广东深圳、山东青岛、浙江舟山、天津、福建厦门等陆续提出建设全球海洋中心城市、海洋强市的目标。

在海洋强省目标的指引下，广东省加快发展海洋电子信息、海上风电、海洋生物、海洋工程装备、天然气水合物、海洋公共服务六大产业，制定

---

① 史卓然、张士洋：《"十四五"规划海洋经济、资源与环境重大议题研讨会在青召开》，见中国海洋发展研究中心网站（http://aoc.ouc.edu.cn/37/73/c9820a210803/page.psp）2018 年 9 月 18 日。

了《广东省加快发展海洋六大产业行动方案（2019—2021 年）》，努力加快海洋经济的科技步伐，全力建设海洋大省。以上地区对海洋的研究主要集中于经济产业结构、经济战略等，具有综合性，但几乎没有涉及海洋经济管理人才队伍建设。

2001 年 11 月，作为国家海洋行政主管部门的国家海洋局联手中国海洋大学向教育部提出了兴办"海洋管理"本科专业的申请，2002 年 1 月正式获得批准，为培养中国海洋管理人才开拓了新路。2001—2003 年，中国海洋大学用三年时间，以"3＋1"的模式培养海洋管理人才，从全校 14 个涉海专业中选出思想政治素质高、通过国家英语六级和国家计算机二级、无不及格课程的学生组成海洋管理教学班，在三年海洋科学教育的基础上进行海洋管理专业理论教学与实践。学校抽调了海洋科学、行政管理、法学等方面的专家组成教师队伍，并针对海洋管理专业特点制定了培养方案。在教学过程中，始终坚持把世界上先进的海洋管理理论和中国的海洋管理现状相结合，使学生在学习理论知识的同时，了解中国海洋管理方面的方针、政策。2004 年以后，中国海洋大学和江苏的淮海工学院等高校开设海洋管理专业，培养海洋管理人才，相关学校的专家也进行了课题研究。在国家、各高校以及各机构的共同努力下，相信未来中国会涌现更多的海洋经济管理人才，以满足国家对海洋类人才的大量需求，不断为加快建设海洋强国而奋斗。

一、国家越来越重视海洋经济管理学科建设

以前中国对海洋经济产业、经济结构、经济战略等较为重视，忽略了对海洋经济管理人才的培养。在各院校与各主管部门的联名建议下，国家对此给予高度重视并积极出台方案、政策。例如，2017 年 5 月，国家发改委印发《全国海洋经济发展"十三五"规划》；通过完善福利政策，提供制度保障，吸引、培养海洋高层次人才；鼓励各高校积极立项，加强学科专业性与学术性；等等。这一系列举措旨在引导全国各地积极发展这一新兴产业，为中国海洋事业各个方面的发展给予最有力的支持。

二、各地积极响应

在得到国家的允许与支持后，各高校积极响应，紧跟国家方针政策。截至 2020 年 7 月，中国沿海经济特区形成了三大海洋经济区，它们分别是

山东半岛蓝色经济区、浙江海洋经济发展示范区和广东海洋经济综合试验区。这三大海洋经济区依据地域条件、气候状况、经济发展等实际情况，分别制订了一套适应地区海洋经济发展的战略计划，为海洋事业的发展奠定了夯实的基础。各高校积极建立海洋管理教育教学体系，积极参加海洋管理类竞赛，在更加专业的领域吸取知识和经验。

三、发展前景向好

目前的海洋经济管理教育还处于发展阶段，自 2002 年获得"海洋管理"专业审批距今也仅有 19 年，在课程设置、教育教学、学生培养、教师输出等方面，还需要慢慢摸索出一套较为正统且行之有效的适应每个学校实际状况的教学方案。作为一个新兴专业，它不仅在各海洋类高校中是热门专业，其所在高校更受到社会各海洋企事业单位的青睐，并促使各海洋企事业单位争相与之开展密切合作。

中国作为一个沿海大国，海洋经济正逐步成为区域经济发展的新增长点和区域产业经济转型的切入点，中国海洋经济产业正由以传统的海洋经济为主逐步向高新技术产业与对传统产业的改造相结合的方式发展，走出一条具有中国特色的海洋发展、海洋管理之路。在此道路上，更需要各高校努力培养具有海洋管理天赋的人才。由此观之，海洋管理这一新兴学科的前景尤为可观。

第四章

中国海洋经济管理教育教学模式的发展、现状与问题

第一节　中国海洋经济管理教育的发展

我国海洋高等教育始于 1909 年增设的邮传部高等实业学堂（今上海海事大学）船政科、1912 年成立的江苏省立水产学校（今上海海洋大学）、1915 年创办的河海工程专门学校（今河海大学）等。经过 100 多年的发展，我国开展海洋教育的高等院校有近 200 所，其中直接以海洋命名的综合性院校有 6 所（中国海洋大学、上海海洋大学、浙江海洋大学、广东海洋大学、大连海洋大学，以及台湾海洋大学）。大陆海洋院校共设有博士学位点 131 个、硕士学位点 327 个、本科专业点 211 个、专科专业点 464 个。另外，还有近 20 个专门开展海洋科学研究的机构。[①] 随着海洋强国战略的提出以及海洋高等教育的发展，国内有关海洋高等教育的研究也逐步展开。根据中国期刊网（CNKI）数据分析，国内海洋高等教育研究内容主要集中在海洋高等教育发展、人才需求与海洋高等教育、海洋高等教育与经济社会发展、海洋学科建设、国际海洋高等教育发展与启示等方面。

一、海洋高等教育发展

吴高峰指出，我国海洋高等教育历经 60 年发展，在国家海洋社会经济发展中的地位与作用日益明显；当前，我国海洋高等教育呈现出明显的"综合性、社会化、多样化、国际化"的发展趋势。[②] 申天恩等细梳了高等教育、海洋教育以及海洋高等教育之间的关系，指出我国海洋高等教育发展应从教育理念、整体均衡发展以及人才培育制度等三个方面进一步完善。[③] 申天恩还结合中国海洋大学、广东海洋大学等五所直接以海洋命名的综合性院校（不含台湾海洋大学）探讨了我国海洋高等教育面临的理念困境：海洋高等教育"是从传统的背向海洋即刻转化为面向海洋还是遵循海陆均衡发展的理念"，"检验海洋高等教育人才培养标准的是现实的就业率

[①] 刘邦凡：《论我国高校海洋教育发展及其研究》，载《教学研究》2013 年第 3 期，第 9 - 14 页。

[②] 吴高峰：《海洋高等教育发展：历史成就与发展方向》，载《海洋开发与管理》2010 年第 7 期，第 56 - 59 页。

[③] 申天恩、勾维民、赵乐天：《中国海洋高等教育发展论纲》，载《现代教育科学》2011 年第 6 期，第 47 - 49、55 页。

还是未来的杰出人才"。① 曹叔亮认为，进入海洋世纪，我国海洋高等教育需要在层次结构、分布结构、科类结构等方面做出调整，以适应海洋强国建设的需要。② 区域海洋高等教育发展亦备受关注。钟凯凯、应业炬在专题调研的基础上，重点比较了山东、上海、浙江、广东、福建、江苏、天津等主要沿海省市海洋高等教育发展的概况与特色。③ 佘显炜、吴中平结合浙江高等教育的现状，以极富前瞻性的眼光提出了浙江海洋高等教育的发展设想。④ 刘会勇认为，海洋大省福建需要在人才培养模式、海洋学科专业调整、办学规模等方面大力发展海洋高等教育，以提高服务福建海洋社会经济发展的能力。⑤

二、人才需求与海洋高等教育发展

人才需求与海洋高等教育发展密切相关。高艳、潘鲁青指出，为顺应时代发展要求，将我国由海洋大国建设成为海洋强国，需要培养和海洋事业与产业发展相适应的高素质人才，为此海洋高等教育机构应在涉海专业设置、人才培养方案与模式、课程与教材建设等方面不断深化改革。⑥ 郑卫东等结合《国家中长期人才发展规划纲要（2010—2020 年)》，从海洋经济发展对各类人才需求的角度，探讨了发展海洋高等教育、培养海洋高端人才的重要性与必要性。⑦

对海洋人才需求规模的定量分析也引起了学界较多的关注。孙晓东通过建立回归模型，利用 1986—2005 年海洋从业人员数量及海洋总产值，对海洋产业发展与海洋从业人员数量之间的关系进行了预测，为制定我国海

---

① 申天恩：《海洋类高等院校人才培养理念思辨》，载《航海教育研究》2011 年第 4 期，第 30 页。

② 曹叔亮：《试论我国海洋高等教育宏观结构的战略调整》，载《海洋信息》2009 年第 3 期，第 28 - 31 页。

③ 钟凯凯、应业炬：《我国海洋高等教育现状分析与发展思考》，载《高等农业教育》2004 年第 11 期，第 13 - 16 页。

④ 佘显炜、吴中平：《浙江高等海洋教育发展研究》，载《浙江水产学院学报》1998 年第 2 期，第 127 - 131 页。

⑤ 刘会勇：《福建省发展海洋高等教育的思考》，载《集美大学学报》（教育科学版）2008 年第 2 期，第 35 - 39 页。

⑥ 高艳、潘鲁青：《经济全球化背景下海洋高等教育的改革与发展》，载《高等理科教育》2002 年第 5 期，第 7 - 10 页。

⑦ 郑卫东、李杲、程彦楠等：《国家人才战略视野下海洋人才培养策略探析》，载《海洋开发与管理》2010 年第 11 期，第 21 - 24、40 页。

洋高等教育发展战略提供了科学的理论支撑。① 叶强系统讨论了德尔菲法、趋势预测法等人才预测方法，指出其存在的缺陷，并结合我国海洋社会经济发展实际构建了海洋人才需求的预测模型。② 张楔楔、郗洪鑫通过灰色关联度分析，对海洋科技人才需求数量综合影响指标体系进行了深入分析，按影响力度对海洋科研因素、宏观经济因素、海洋教育发展因素等三大类八个因素进行排序，并基于此提出提高海洋高等教育发展水平的对策和建议。③

三、海洋高等教育与海洋社会经济发展

海洋产业的快速发展需要海洋高等教育提供人力与智力支撑，海洋高等教育发展有力推动海洋经济持续、稳定发展。

勾维民指出，推动海洋高等教育创新发展，需要以现代教育理念统领海洋高等教育发展，实现国家海洋高等教育的均衡布局，培养一支与区域海洋经济发展相适应，结构合理、素质优良的海洋人力资源队伍。④ 刘平昌认为，为加快实施海洋开发战略，沿海各地已经充分关注到海洋在区域经济发展中的作用，纷纷制订海洋经济与社会发展战略和计划，无一例外地树立了教育先行的观念，推出"科技兴海工程"。⑤ 林年冬指出，要推动海洋高等教育与海洋经济协调发展，必须优化高等教育结构，加快政府管理体制创新。⑥ 区域海洋经济发展与海洋高等教育休戚相关。赵红指出，浙江是海洋大省，海洋经济发展对浙江而言有着重大的意义，大力发展浙江海洋高等教育可以有效发挥高等教育对海洋经济发展的促进作用，为此需要

---

① 孙晓东：《浅论我国海洋人才需求预测的回归模型》，载《科技信息》2007 年第 36 期，第 38 - 41 页。

② 叶强：《实施海洋人才战略，加强海洋科技人才需求预测——海洋领域人才战略研究》，中国海洋大学硕士学位论文，2005 年。

③ 张楔楔、郗洪鑫：《我国海洋科技人才需求关联因素研究》，载《山东社会科学》2011 年第 6 期，第 105 - 108 页。

④ 勾维民：《海洋经济崛起与我国海洋高等教育发展》，载《高等农业教育》2005 年第 5 期，第 14 - 17 页。

⑤ 刘平昌：《发展海洋高等教育 服务海洋经济建设》，载《海洋信息》2003 年第 4 期，第 8 - 10 页。

⑥ 林年冬：《在创新中促进海洋高等教育与海洋经济的互动发展》，载《中国高校科技与产业化》2009 年第 9 期，第 54 - 56 页。

探索两者之间协调发展的组织创新、机制创新及制度创新。① 林年冬认为，广东海洋教育水平与海洋经济水平不相匹配，为此，广东海洋高等教育需要在"科技兴海"战略的指引下努力实现跨越式发展。② 王吉春、缪克平认为，随着江苏海洋社会经济发展水平的逐步提升，海洋高等教育落后的问题日益显现，要实现江苏省由海洋大省向海洋强省的迈进，必须在专业设置、学科建设、师资队伍建设等方面大力发展海洋高等教育，助推海洋经济发展。③

第二节　中国海洋经济管理教育发展现状

一、中国海洋经济管理教育发展概况

（一）中国海洋经济管理人才培养的主要机构

21 世纪是海洋的世纪，人类对海洋的开发和利用日益频繁，海洋经济从实践到理论逐步展开。全国沿海省份对海洋经济发展的研究正全面展开，海洋经济管理高等教育经过 40 年的发展，建成了本科、硕士、博士多层次教育体系，培养了大量中国急需的高层次海洋管理人才。2010 年，国家海洋局、教育部、科学技术部等联合印发了《全国海洋人才发展中长期规划纲要（2010—2020 年）》，对海洋管理人才的培养提出了具体要求。中国海洋经济管理人才培养机构的情况如下。

1. 中国海洋大学

海洋资源与权益综合管理学科点是依托中国海洋大学的海洋学科优势、国家海洋局的海洋管理专业优势，根据国务院学位委员会关于在博士学位授权一级学科下自主设置学科、专业的指示精神，于 2003 年由中国海洋大学在海洋科学一级学科下自主设立的二级学科专业。近十年来，在中国海洋大学和国家海洋局的领导下，经过全体教师的努力，学科建设取得了令

---

① 赵红：《基于浙江海洋高等教育与海洋经济互动发展的创新研究》，载《科技与管理》2013 年第 4 期，第 105－109 页。

② 林年冬：《浅议广东省海洋经济与海洋高等教育的互动发展》，载《海洋开发与管理》2005 年第 2 期，第 103－107 页。

③ 王吉春、缪克平：《论江苏海洋经济与海洋高等教育的互动发展》，载《商业经济》2012 年第 8 期，第 117－119 页。

人瞩目的成就，培养了中国第一批海洋资源与权益综合管理学科的硕士研究生和博士研究生，为中国海洋资源与权益综合管理做出了应有的贡献。

2. 厦门大学

厦门大学海洋与海岸带发展研究院成立于 2005 年 10 月，在开展基于生态系统的海岸带（流域）综合管理、海洋经济发展、海洋政策与法律等海洋与海岸带地区可持续发展前沿领域研究的同时，培养相关领域内能够满足社会需求的高素质复合型人才。此外，厦门大学开设的海洋事务国际硕士项目是中国第一个海洋事务领域硕士研究生项目，自 2007 年正式启动招生，截至 2017 年 12 月，共招收到国内生 100 名、国际生 61 名，招收的学生数量与质量都在不断提升。厦门大学近海海洋环境科学国家重点实验室在 2005 年 3 月获得科技部批准建设，于 2007 年正式顺利通过验收，2010 年及 2015 年两次被评为优秀国家重点实验室，现有固定研究人员 63 人，其中教授 43 人、副教授 18 人、助理教授 2 人。实验室拥有中国科学院院士 2人、国家高层次人才 9 人。此外，该实验室的年轻骨干也越来越多，已有国家优秀青年科学基金获得者 5 人、教育部"新世纪优秀人才支持计划"入选者 8 人、福建省杰出青年基金获得者 3 人。

3. 浙江海洋大学

浙江海洋大学管理学院是浙江海洋大学的二级学院，成立于 2006 年，由原经济管理学院和公共管理学院合并组建而成。该学院现设有行政管理、旅游管理、市场营销、经济学、物流管理、财务管理等 6 个专业以及海洋管理研究所、海洋经济研究所、海洋旅游研究所、政治学研究所、金融研究中心等研究机构。此外，浙江海洋大学海洋管理培训中心也挂靠在管理学院。学院以本科教育为主，兼顾研究生教育，行政管理专业为浙江省重点专业，旅游管理专业为校级重点专业，已基本形成了以政府海洋管理、海洋旅游、海洋产业经济为代表的海洋管理和海洋经济学科群。

4. 广东海洋大学

广东海洋大学海洋与气象学院成立于 2009 年 6 月，是广东海洋大学的二级专业学院。目前，海洋科学已获批一级学科硕士点，被列为广东省优势重点学科，也是广东省特色专业建设点、珠江学者设岗学科。学院下设海洋科学、大气科学两国内外海洋管理人才培养对比分析，有两个系、一个实验教学中心，其中海洋科学系设置海洋科学和海洋技术两个本科专业，学制为四年，海洋技术专业为校应用型本科重点扶持专业。2008 年 11 月，广东海洋大学海洋经济与管理研究中心成立，该中心在研究中国海洋经济与管理重大学术问题的同时，还注重培养高层次海洋经济与管理研究人才。

中心现有研究人员 31 人，其中教授 13 人、副教授 10 人，具有博士学位的有 8 人，是广东省重点人文社科基地。中心共有 8 个研究方向，分别为海洋经济、海洋管理、海洋贸易、海洋与渔业法、海洋文化产业研究、海洋政治与海洋行政、滨海休闲产业、海洋发展战略，分设 8 个研究室。

5. 江苏海洋大学

江苏海洋大学海洋学院设置了本科海洋管理学专业，其主干学科是海洋学和管理学，学制为四年，授予理学学士学位。其培养目标为：培养德、智、体、美、劳全面发展，系统掌握海洋科学、海洋管理基本理论和规律，具有良好科学素养和创新精神，能在海洋管理以及涉海企事业单位从事海洋技术与管理、生产与行政管理等相关工作的应用型、复合型专门人才。

6. 上海海洋大学

上海海洋大学是上海市人民政府与国家海洋局、农业农村部共同建立的高校，以海洋、水产、食品为特色学科。上海海洋大学海洋科学学院设立了海洋渔业科学与技术、海洋技术（海洋测绘）、海洋科学（海洋管理）、环境海洋学和海洋生物资源等专业。截至 2020 年 2 月，学校有省级重点实验室及平台 30 余个、海外实习基地 1 个，拥有中国第一艘远洋渔业资源调查船"淞航"号以及中国唯一拥有中国合格评定国家认可委员会和中国计量认证资质认定的船舶压载水实验室，为本校的海洋类人才提供学习的机会，为研究的开展创造更多的可能性并吸引更多的海洋类人才。

（二）其他高校和科研机构

一些沿海地方高校和科研院所为了满足当地对海洋经济管理人才的需求，开设了许多各具特色的海洋管理学科，如企业管理、物流管理、旅游管理、人力资源管理等，拓宽了海洋管理学科的范围，是中国海洋管理教育的重要组成部分。

特别是这类学科的人才培养模式与海洋管理专业不同，与实际需求结合得更为紧密，在培养模式上增加了特定沿海区域的海洋特色，其培养出来的海洋管理人才所具备的应用技能更有针对性，更适合地方海洋经济发展的实际需要。

二、中国高校海洋经济管理专业教学概况

根据《海洋及相关产业分类》对海洋经济的定义，海洋经济是开发、利用和保护海洋的各类产业活动以及与之相关联活动的总和。海洋经济作

为国民经济的重要组成部分，可以在一定程度上影响国民经济的升降。沿海地区海洋生产总值与海洋产业和海洋相关产业增加值构成海洋生产总值。

海洋经济管理学作为一门相对新兴的经济学分支，它的内容涉及范围较为广泛，包括经济学、管理学、社会学、统计学、生态环境学、地理学、海洋科学、海洋综合管理、海洋产业、海洋与渔业等领域，属于各个学科相互交融而形成的有其专业特色的一门学科，以下是几所高校海洋经济管理专业或与海洋经济管理专业有关的内容的教育教学情况。

（一）中国海洋大学

作为中国首个开设海洋经济管理专业的大学，中国海洋大学在这方面起到了示范性的带头作用。从其经济学（海洋经济方向）本科专业课程大纲中我们可以看到：在学科基础层面，微观经济学、宏观经济学、中级微观经济学、计量经济学、统计学、管理学原理、区域经济学等课程被纳入教学大纲，学生通过对各种经济学学科的学习，了解市场如何进行资源配置，了解经济学基础理论、知识、基本技能，运用国民收入决定理论、国民收入核算、宏观经济政策等知识对国内海洋生产总值及各种海洋相关数据进行有效的解读和分析，为进一步学习高级微观经济学和其他专业课程以及进行专业研究打下坚实的基础。

在专业知识层面，须学习的课程包括经济学专业概览、海洋学、海洋经济学概论、资源与环境经济学、海岸带综合管理、海洋产业导论、海洋与渔业管理、海洋政策与法律、海洋管理概论等。通过学习海洋经济基本知识、海洋经济基础理论、海洋产业经济及海洋区域经济等内容，并通过案例分析、实践研究等，提高自身素质和自我分析的能力；了解并努力解决海洋资源与环境的配置问题，学习资源价值及其评估、环境经济评价、海洋环境管理的经济学机制、资源的可持续利用等内容；学习了解海洋的海岸带、渔业等与海洋相关的衍生行业的知识，认识到人类与海洋之间有着密切的联系，在当前海岸带的生态环境和资源被破坏的情况下，从其他国家的成功案例中总结经验，研究出一套符合中国国情的管理方法；学习海洋法课程，掌握《联合国海洋法公约》的内容，了解各个国家在不同海域中的航行权利、资源开发权利以及研究的权利；海洋管理概论则通过介绍其基本概念、特征和原理，讲述海洋管理的技术方法，通过实例介绍对海洋方方面面的管理方法与手段。

在工作技能层面，主要学习外语技能、抽样调查与调查方法、海洋经济认知实习等。在未来的工作中，外语是一项必备的技能，它在与外国客户的交谈以及对文献的阅读与理解、撰写科研文件等方面起到了十分重要的作用，可以让学生无障碍了解科研学术动态，轻松掌握国内外海洋经济发展状况，可以说是有百利而无一害。各种调查方法的熟练运用对实际海洋问题的解决也是有必要的。除此之外，还须进行海洋经济认知实习。

从以上论述中可以看出，中国海洋大学对提高学生的自我分析能力、运用经济知识的能力以及在未来的海洋管理中积累宝贵的经验较为看重，并希望学生能更有效、更快速地将这些知识转化为自我的实践能力。其课程设置体现了经济学专业的海洋特色，同时辅以管理知识与外语教学，可以说教学内容较为全面与完善，相信在未来可以为中国培养出更多的海洋类人才。

此外，在海洋经济研究方面，中国海洋大学经济学院海洋经济研究中心、海洋发展研究院海洋经济研究所主办的专业学术期刊——《中国海洋经济评论》，旨在发表中国以及国际海洋经济领域的原创性研究成果，为学生提供宝贵的学习研究资料。在海洋经济论著方面也取得了一些成就，如2006 年出版的论著《海域使用管理的理论与实践》（韩立民、陈艳著）、《海洋产业经济前沿问题探索》（刘曙光、于谨凯主编），2007 年出版的论著《渔业经济前沿问题探索》（韩立民等著）、《海洋经济绿色核算研究》（徐胜著）。

（二）厦门大学

厦门大学与海洋的联系也尤为密切。例如，厦门大学近海海洋环境科学国家重点实验室专注于海洋研究，其下设置了四个研究方向：一是海洋地球化学过程与通量，二是海洋生态过程与机制，三是海洋生态与毒理效应，四是海洋生态系统观测与整合。实验室研究的均为与全球变化有关的重大科学问题，对国家海洋环境保护与生态问题尤为重视，在基础研究之上，综合各种学科知识，用创新来驱动研究，以更好地关注海洋环境变化并做出及时的响应和调整。该实验室还承担了许多科研项目，有一个良好的平台，为培养、教育青年人才创造了极为优越的条件，拓宽了他们的国际视野，提高了他们的科研素养。

厦门大学海洋与地球学院下设五大系，分别是海洋化学与地球化学系、物理海洋系、地质海洋系、海洋生物科学与技术系、应用海洋物理与工程系，它们均属于海洋科学类，其分流专业有海洋科学与海洋技术。

厦门大学海洋与海岸带发展研究院开展了各项与海洋相关的实践教学，如 2019 年厦门大学海岸带可持续发展能力建设夏令营，该活动由各学院联合举办，汇聚了厦门大学海洋学科优秀的师资力量。活动由学科介绍、学术讲座、红树林采样、实地考察等部分组成，成员们到沙滩、公园和规划馆进行实地考察，切实感受海岸带综合管理给厦门带来的巨大变化；参观海洋相关国家及省部重点实验室，与同校各个顶尖课题组进行交流。该活动的目的是分享科学与有效的管理经验，为特定地区培育高层次的海洋管理后备人才并增进中国与东盟国家的交流与合作，为未来的海洋与海岸带管理奠定基础。这种将实地考察与理论知识结合起来的教学方式更能培养大学生的实操能力。再如，厦门大学与台湾海洋大学成功举办第四届"两岸永续岛屿"论坛暨艺术交流活动，该届论坛旨在促进两岸学术和文化交流，为两岸学子特别是两岸年青一代的交流、沟通提供一个可持续发展的交流与合作平台。论坛以硕士、博士研究生汇报各自的研究成果为主，其内容涵盖海洋管理、海洋经济等的方方面面，为厦门大学海洋与海岸带发展研究院、法学院及经济学院的 19 名师生和台湾海洋大学的 50 余名师生的学术火花碰撞提供了良好的条件。

据悉，厦门大学海洋学系是中国海洋科学教学和研究的发源地，现已形成一个多层次的海洋科学教育研究培养体系并不断培养海洋高级人才，其中有不少正在为海洋事业尽其所能，努力成为学术界的领头羊。最近几年，厦门大学正积极推动并促进海洋与海岸带管理的研究和高新技术的研发，并积极促进中国与周边国家海洋事业的协同发展。厦门大学在 2000 年获批海洋科学博士学位授予权一级学科，在 2002 年获批海洋生物和海洋化学两个国家重点学科。厦门大学还拥有一艘名为"嘉庚"号的海洋科考船，拥有人才培养基地等，为学生提供了优越的学习与研究条件。

（三）广东海洋大学

广东海洋大学坐落于美丽的海滨城市湛江市，是国家海洋局和广东省人民政府共同建设的省属重点大学。

广东海洋大学海洋与气象学院设有海洋科学专业，该专业本科教学始于 2000 年，2015 年入选广东省高水平大学重点建设项目，并在 2017 年全国第四轮学科评估中排第九位。截至 2020 年，海洋科学专业已经形成了本硕博完整学位授予体系，各二级学科协调发展。海洋科学（海洋生物学方向）旨在培养具有海洋科学的基本理论知识、基础知识以及基本技能且能够在与海洋科学相关的领域进行教学、管理、实践的海洋人才，主要学习的课程包括高等数学、海洋科学导论、海洋生物学、海洋调查与观测、出海实习、细胞生物学、基因工程等，通过对这些课程的学习，学生可以更好地了解海洋生物、海洋保护等方面的知识。而海洋技术方向以培养适应社会主义现代化建设需要、德智体美劳全面发展以及具备理论知识的人才为目标，通过四年的本科学习，培养学生在海洋调查与监测、海洋遥感等方面的能力。

海洋与气象学院在科研方面可以说是硕果累累。近三年主持承担了国家自然科学基金、科技部重大专项基金项目等课题，在对南海的实地考察、上层海洋对气候变化的响应、海洋生物地球等方面取得了一个又一个研究成果。同时，学校的人才培养质量也在不断提高，例如，学院获得国家奖学金的学生约有 30 人，获得国家励志奖学金的学生约有 200 人，获得校级优秀奖学金的学生约有 900 人；先后有 20 余人获得国际、国家和省部级以上奖励，博士和硕士研究生、本科生发表论文 80 余篇。学院拥有一支实力强大的高层次教学团队，现有教职工 79 人，其中双聘院士 3 人、拔尖人才讲座教授 5 人、广东省高等学校特聘教授 1 人、青年"珠江学者" 1 人、外籍教授 2 人、教育部专业教学指导委员会委员 2 人。

在实践教学上，学院还拥有多个实践教学基地，如广东省大学生大气科学实践教学基地、校级实验教学示范中心、国家海洋局南海分局珠海海洋环境监测站、国家海洋局南海分局海口环境监测站、湛江市气象局、韶关市气象局、海军南海舰队海洋水文气象中心以及广东海洋大学深圳研究院等，为学生的暑期或寒假社会实践和专业学习提供了良好的条件。

（四）上海海洋大学

上海海洋大学海洋科学学院下设 6 个专业，分别为海洋渔业科学与技术、海洋技术、海洋测绘、海洋（科学）管理、海洋生物资源与环境海洋学。海洋渔业学科方向为上海市一流学科 A 类，于 2007 年被教育部评为国家特色专业，是上海市高校第二和第三期教育高地建设专业，海洋渔业科学与技术教学团队于 2008 年分别获得国家和上海市教学团队奖；海洋科学为上海市一流学科 B 类建设项目；海洋环境工程为上海市教委第五期重点学科。

由《上海水产大学学报》（2009 年更名为《上海海洋大学学报》）对渔业经济与管理学科的介绍可知，该学科研究特色突出、方向明确且紧密联系国家和地方渔业的发展要求，出版了《上海现代渔村社会经济发展史研究》《海洋渔业资源管理中 ITQ 制度交易成本研究》《南海争端与南海渔业资源区域合作管理研究》《水产品贸易与流通》《渔业资源生物学》《海洋渔业技术学》等许多著作，为海洋经济管理提供了更多的思考与研究方向。

在科研上也取得了不错的成绩，比如，天地一体化海洋渔业产业数字化服务系统获中国产学研合作创新成果一等奖，自主卫星大洋渔场信息获取与服务研究及应用获海洋局海洋科学技术奖一等奖，公海重要经济渔业资源开发研究获教育部科技进步二等奖，大洋性重要经济种类资源开发及高校捕捞技术研究获农业部神农奖三等奖，等等。

该学科在建设期间还获得了各类科研项目的资助经费150余万元，各种研究成果位列全国拥有同类学科的高校之首。2007年，渔业经济学被列为国家精品课程。同时，为加强该学科与地区机构和产业的联系，双方人员相互交流学习，共同进步，还参加各个不同的学术交流活动与座谈会，并派学者参与各项目的研发，共同为建设高水平的海洋类高校而努力。

第三节　中国海洋经济管理教育教学存在的主要问题

一、高校海洋经济管理学科专业课程设置方面

（一）主要问题

1. 课程设置不合理、不全面，缺乏现代海洋科技、海洋经济、海洋政治、海洋文化等课程

涉海课程设置较少，缺乏契合海洋经济发展的新兴学科专业。海洋经济的发展迫切需要具备现代海洋科技、海洋经济、海洋政治、海洋文化等方面知识的海洋人才。某些专业设置重复，人才相对过剩；而与海洋经济发展密切相关的高新技术类专业和应用型专业以及品牌、特色专业相对缺乏。从一般意义上讲，高校的社会服务领域、范围在很大程度上是由高校的学科课程结构决定的。中国海洋经济管理高等教育的涉海课程分布面较为狭窄，不能满足社会的需求，缺乏适应海洋经济发展的新兴专业。以浙江省海洋经济高等教育为例，2010年浙江10余所高职院校的招生计划中，只有船舶电子工程技术、航海技术、港口业务管理、生物制药技术、物流管理等13个涉海专业，适应海洋经济发展的专业明显偏少。

2. 课程体系落后

绝大多数高校海洋经济管理教育还处于摸索阶段，教育体系不够完善。中国高校的经济管理专业课程主要集中在传统海洋产业领域，如海洋渔业、

海洋船舶、海洋运输，缺乏契合海洋经济发展的新专业。从已有的海洋类专业来看，高层次、有水平、有特色的海洋学科与专业不多，绝大部分学科专业设置雷同，主要还是集中在传统海洋产业，大多为基础学科和传统专业，海洋人才层次不高。与海水利用、海洋盐业、海洋化工等资源开发相关的专业、与海洋新兴产业相关的专业都没有设置，另外如海洋经济学、海洋法学、海洋历史学等人文社科类专业尚属空白。

3. 学科分支较为分散

海洋类学科是研究海洋自然现象、性质、开发以及所带来的经济效益等方面的知识，在这个庞大的体系下，可以分出无数的专业方向，如海洋地质、海洋气象、海洋化学、海洋生物、海洋与船舶等，这就使得海洋类学科的布局较为分散，在开设各种专业方向时会有明显的扎堆现象和学科重叠现象。不同专业的通识课程也相对重复，通用性和传统性较为突出，但国家急需的、有重大应用前景的特色方向，如海洋材料、海洋能源、海洋法、海洋信息等，则少有布局或尚未明确布局，这就使得中国海洋科研能力偏弱，创新能力和学科学习效率有待提高。

4. 海洋新兴产业数量较少

海洋新兴产业以科技含量高、技术水平高、环境友好为主要特征，且会引领海洋发展方向，具有全局性、长远性和导向性的显著特征。海洋新兴产业主要包括海洋工程装备制造业、海洋生物医药业、海水综合利用业、海洋新能源产业等，可是在各大海洋类高校中却比较少见到这些专业课程。2016年印发的《广东省国民经济和社会发展第十三个五年规划纲要》指出，广东将"加快建设珠三角海洋经济优化发展区和粤东、粤西海洋经济重点发展区"，"优化提升海洋渔业、海洋交通运输、海洋船舶等传统优势海洋产业，培育壮大海洋生物医药、海洋工程装备制造、海水综合利用等海洋新兴产业，集约发展临海石化、能源等高端临海产业，加快发展港口物流、滨海旅游、海洋信息服务等海洋服务业"。所以为了适应国家政策纲要，高校应当紧跟时代步伐，努力提高新兴产业的数量和质量，在保证"质"的情况下提高"量"。

5. 课程内容枯燥，考核形式单一

海洋经济管理有一部分属于管理类，较为偏向文科，这就使得所学内容较为抽象，理解起来难度较大，学生听起来会觉得比较空洞，缺少对知识体系的感性认知，并使学生在课堂上无法集中精力，无法理解重要的知识点和内容。而且考核形式单一，不是笔试就是开卷考试。仅仅依据课堂表现和期末成绩来评价一个学生的创新能力和实际操作能力是不合理的，

这样做反而限制了学生的自我发挥。

（二）改革方向

1. 合理规划、分配专业并适当发展新兴学科专业

海洋经济管理是一个包罗万象的课程，在专业的开设上我们不仅要做到不能与其他专业重复，还要使其具有该专业独有的特色，因此合理设置课程是一门十分讲究的学问。首先可以将关于海洋的专业大致分为涉海类、技术类、管理类、自然类、重工业类、数理学类等，再利用枚举法将每一个大类别中所有的专业方向列举出来，例如，自然类可分为海洋生物资源与环境、海洋化学资源、海洋地质学、海洋气象学等，管理类可分为海洋海岸带管理、海洋经济管理、海洋资源管理、海洋综合管理等，数理学类可分为海洋概率论与数理统计、流体力学、物理海洋学、海洋要素计算、数学物理方法等。将所有的专业方向都列出来后再仔细分析各方向之间重叠的部分，若重叠部分过多，也可将其删除或者在撰写人才培养计划时稍有侧重，突出重叠部分过多的专业的特色，例如在海洋管理类专业方向上，海洋资源管理及海洋海岸带管理包含于海洋综合管理，我们可以将海洋综合管理专业中有关海洋海岸带和资源管理的内容稍作调整，并做详细介绍，做到有所侧重，或将这两个方向合并在海洋综合管理中，以减少课程设置不合理的概率。同时，在设置课程的时候也要跟随时代的脚步，紧跟时代热点，以及时向社会输送相关领域的人才，避免人才过剩或堆积。例如，中国目前在海洋所有权方面与其他世界大国仍然存在许多矛盾，所以为了及早缓解并解决这些矛盾，海洋类高校有必要设置一些关于海洋法律、政治、所有权方面的专业，在专业人才的培养中注重培养学生的创新思维并不断引导学生独立思考、解决问题，早日为中国海洋所有权方面的冲突想出解决方案。当然，一个高校想要设置所有的海洋类专业是不太可能实现的，但是，我们可以加强各高校之间的交流，让不同的海洋类高校承担不同方向的专业教育责任，并不断将该专业完善成高校自己的品牌专业。笔者认为，专业设置全面不能仅依靠一个学校，只有全国各地的设置相关专业的高校联合起来，专业课程设置才能更全面、更完美。

2. 高校海洋经济管理学科专业教育与教学方面的改革

各海洋类高校是重要的人才培养基地，对人才的全方位教育格外重要，教育的优劣在一定程度上会影响人才培养的质量。在海洋经济管理专业的教育与教学方面仍有很大的进步空间以及很多需要改正的地方。

（1）明确培养目标。以中国海洋大学海洋资源与权益综合管理为例，该学科目前主要有三个研究方向，分别为海洋发展战略、海洋管理科学和海洋管理技术。这三个方向作为长期的研究方向是合理的，但是作为短期高校教育中培养海洋管理人才的学科方向并不合适，都过于抽象。学生想要在短短几年的本科教育或研究生教育中很快掌握全面、系统的海洋管理知识并不现实，这就导致在实际教学过程中常常出现什么都讲却什么都讲不深的情况，海洋管理人才的高校教育过于强调面的拓展而忽视了点的深入，难以突出专业特长。

（2）改革教学方式与人才培养模式。教学方式传统，即老师在课堂上讲授，学生通过课内记笔记、课下做作业、参加期末考试来学习知识，师生之间的互动不足。老师难以发现学生的个性和特点，从而无法选择合适的教学方式，提高教学效果。除了传统的讲授课，缺少定期的研讨课、辅导课、讨论课、实验课等，缺少案例教学、实验教学，难以培养学生获取知识、与人合作、发现问题、分析问题、解决问题的能力。重复教学，单纯从理论概念到理论概念的教学方法，过多罗列零碎而分散的具体事例，"眉毛胡子一把抓"。有的高校海洋经济管理人才培养观念落后，教学方法陈旧，大都是填鸭式、灌输式教学；有的高校专业培养计划照抄照搬其他学校，课程设置大同小异，缺少创新；有的高校过分强调理论知识教育，忽视实践技能的培养，不能很好地适应海洋事业发展的需要。在教学手段上，不注重实践教学与理论教学相结合，不注重培养学生应用知识的能力和理论创新的能力。实践教学仅限于实验课教学，学生缺少在海洋一线实习、工作的经历。

（3）改善教学条件。海洋经济管理的教学，要求有一定的海上实习条件和稳定的教学实习基地，相对于一般专业，其投入相对较大。尽管各级政府和各相关学校采取了一系列措施，投入大量资金保证教学经费的投入，建成了一批涉海实验室和实习基地，使教学实践条件得到了明显改善，但总体来说，建设经费还是相对紧张，海上实习船没有得到很好的落实，直接影响了专业的实践教学质量，从而制约了海洋类人才培养质量的提高。

（4）教学团队单一，办学模式固化。现阶段中国还处于海洋经济的发展期，对海洋经济的管理尚未找到一个清晰、明确的方向，于是许多院校便存在这样一种现象，即在一些新获批建立的海洋类专业中没有一个具有针对性的教学方案，大多数都是依靠原有的其余与之相关的学科的教学方案与教师团队，例如水产养殖或海洋渔业等，整体的办学模式以及对海洋类人才的培养并没有根本性的变化，这就使得部分新办的海洋科学专业的学生培养质量难以得到保证，培养出来的学生良莠不齐。

（5）学习氛围不够强烈，学习态度不够端正。海洋学科的学习有着极高的学术性，但是在一些高校中，有的学生只是为了拿到学分或者学位证书而随意应付各种课程的学习，甚至常常往返于各种聚会和饭局，将专业之外的娱乐作为主要发展对象，长此以往，四年过后不仅会发现自己没有掌握任何知识，还荒废了最美好的大学时光。这种恶劣的学习态度本不应该出现在学校中，不仅害了自己，也害了他人。氛围是会相互传染的，久而久之，就会造成一种不良的学习氛围，还会对其余学生的心理产生不良影响。

（6）海洋经济科技贡献率不高。中国海洋科学专业教育正在快速发展，尤其是海洋科学专业研究生培养规模迅速扩大，为中国海洋战略的实施提供了强大的力量，但是，与世界上其余国家相比，中国还是显得相对落后一些。如今，世界各国都在发展、研究海洋经济，根据相关数据可知，发达国家和地区的海洋经济科技贡献率已经达到了 70%～80%，而中国只有 30% 左右。由此观之，中国的海洋类专业整体还处于一个较为落后的状态，与发达国家的差距还是很大，其余一些国家在海洋经济学科的设置和教学实力方面确实强大。中国在海洋专业设置上应当适当借鉴国外经验，以加强自身的实力，提高海洋经济科技的贡献率。

3. 建议或解决方法

（1）完善人才培养计划，明确教学目标。在教育与教学方面，要做到与时俱进。人才培养计划不是一成不变的，而应跟着时代的步伐做出改变和创新，因为从前的培养计划放到现在使用是行不通的。一些涉及调查、数据、最新年份的专业书是有时间周期的，随着时代的进步，书中的某些观点和资料也会改变，所以更换最新版的书就非常必要。除了更新书籍，还有许多方面需要完善。首先，要加大教育的力度。除了学习本专业课程，还应打牢学习专业学科的基础。有的学生专业知识掌握得不够牢靠，其中一个原因是通识教育课程基础未打牢，所以，适当地增添一些有利于专业课学习的课程对人才培养计划的完善有好处。其次，要明确教学目标。目标的重要性不言而喻，它可以在我们迷茫的时候指引方向，为我们照亮前路。例如对海岸带管理的学习，明确了研究对象就是海岸带，周边学科则是管理类课程，通过了解和学习各种管理的方法、手段、理论并将之付诸实践，学习如何管理中国的海岸带，怎样维护中国海上权益，一旦明确了海岸带这一中心教学目标，就可向外发散，完善培养计划。这样实施有利于规范课程，为教学计划提供一个方向，依据这一方向随时纠偏，调整教与学并保证学生所学与教师期望的方向一致。一个优秀的教学目标必须具备以下条件：一是具体的，二是可以量化的，三是能够实现的，四是注重效果的，五是有时间期限的。可依据这些条件合理制定教学目标。

（2）创新教育教学方式。教学方式的创新程度决定着教学质量的优劣。在现在这个处处都讲求创新的时代，教学方法也要做到创新，故我们应当在传统的教学基础上思考如何推陈出新。要在讲课的基础上多多互动。互动是一个双向的过程，需要双方共同努力，在互动时可以考虑提一些有趣的海洋科普知识等并设置奖励机制以提高学生的积极性。有研究表明，仅仅听老师讲课所掌握的知识不到 40%，但通过回答问题、积极讨论、主动为他人讲解等可以大大提高知识掌握的百分比，并最终将其转化为自己的能力。此外，还可以多开设一些实验课，频率可以控制在每周一次，这样不仅可以及时巩固知识，还能增加学生对该门课程的兴趣。若是海洋管理类课程，可以开设一些类似于 ERP 沙盘模拟的小竞赛，通过对海洋管理问题的讨论和解决，由老师比较不同小组的方案并决出优秀方案。在这个过程中，学生不仅可以学习到什么是团队精神，还能借鉴他人的长处以弥补自己的短板并为下次的课题而努力。还可以开设一些外出实践课，频率可以是半学期一次或一学期一次。许多高校都有与校外研究机构合作的经历，为了给学生创造更多的实践机会，学校可以加强与校外机构的联系，如厦门大学海洋与海岸带发展研究院、广东海洋大学深圳研究院等。实践是检验真理的唯一标准，实践的重要性不言而喻。所以，开设一些实验课、校外实践课等是有必要的。时代在进步，科技也在进步，创新的教育与教学才能为海洋事业输送源源不断的能量。

（3）营造良好的学习氛围。良好的学习氛围会使大家朝着同一个目标坚定地走下去，即使遇到困难，也能齐心协力克服它；不好的学习氛围会使学生没有干劲。能在嘈杂、混乱的学习环境中静心学习的人并不多。如何解决这一问题？首先，应注重对学习环境的布置。通常海洋类专业都有专门的教学楼，在教学楼的墙上贴一些具有吸引力和引导性的海洋小知识或海洋小谜底是一个值得考虑的方法，这种做法是引导学生的第一步，通过细节的处理潜移默化地影响学生的态度和看法。其次，可以开展一些海洋科普讲座或主题班会。注重讲座或班会的互动性，让学生主动积极地了解更多的知识，并在班级中组织学习讨论小组，以互帮互助的形式互相监督对方的学习，小组之间可以形成竞争机制，以活跃班级学习氛围，同时老师要及时跟进学生的学习状态，多让学生体验，多鼓励、赞扬学生。

为了让学生能够始终保持对海洋的学习兴趣，我们应当努力建设一个学习氛围浓厚的环境，加强对学生的引导工作，让学生端正学习态度，同时，在课程设置中努力让学科变得有趣、吸引人，形成"兴趣—求知—不断学习"的良性循环。

二、从事海洋经济管理学科专业教学的教师方面

（一）主要问题

1. 海洋经济管理类专业师资力量相对薄弱，人才培养层次较低

海洋教育方式多样，师资尤为重要，应选择一些有经验的教师作为海洋教育活动的专职和兼职教师。师资的培训要多批次，深入并契合当地实际，先培训综合实践活动的基本课型，如选题指导课、方案设计课、方法指导课等，然后根据培训内容进行课堂实践，同时把课堂教学过程录下来，最后再讨论交流优势和不足。从事海洋教育的教师应学会独立开发和整合课程资源，按照沿海实际经济建设、科技发展建设的要求，开发和海洋文化有关的课程资源，力求使教育达到资源主题化、系列化，构建有利于培养学生能力的、具有层级结构的教育体系。学科带头人是学科建设的关键。从高校涉海类师资队伍建设现状来看，相关学科专业的教授或具有博士学位的教师较少。涉海高层次人才的培养和引进工作尚未广泛开展。在全国实施海洋教育的高校中，高层次、高水平的学科专业领军人物比较缺乏，很大一部分专业缺乏在国内外同行中有一定知名度和影响力的、具有很高学术造诣和综合素质的学科带头人和专业负责人。涉海学科带头人的缺乏、师资力量的薄弱，制约了海洋高等教育的发展。总体来看，高等教育培养的人才还远远不能满足海洋事业发展的需要，一个重要原因就是涉海类师资队伍不能满足海洋高等教育的需要，涉海类师资队伍建设已成为制约海洋教育发展的瓶颈。

2. 一些地方民办类海洋高校的师资队伍建设存在问题

中国有许多民办类海洋高校，民办类高校也是输送人才的重要力量。然而，民办类海洋高校的师资结构却令人忧心。一直以来，大多数人对民办类学校存在偏见，这导致许多学术能力极强的老师不想也不愿意去民办类高校任教，认为有失颜面，这便使得民办类高校缺乏经验丰富、学术性强、具有创新能力的涉海类高级教师，师生比远远达不到国家规定的标准。为了解决这一问题，学校只得招聘一些刚刚毕业的研究生或者一些校外的专职教师来稍微弥补不足。随着国家越来越重视海洋的发展，重视海洋强国建设，民办类海洋高校必须形成一个合理的梯队结构，有较为权威的教

师坐镇，这样才有利于课程和专业建设。

3. 教师教学任务重，无法平衡教学与科研工作

高校教师不仅要完成教学任务，还要进行教学之外的科研工作。由于教师数量有限，学生数量又相对较多，所以学校不得不将教师的教学课时加长，有的教师的教学课时甚至达到了一年 340 课时。教师不仅要准备教案、查资料、找视频、找课堂习题，考虑如何将课上得生动有趣，如何提高学生的学习兴趣，还要承担学术任务，做学术研究，发表文章。发表文章不是一朝一夕就能做好的，特别是关于海洋的，老师不仅要查资料，更要去实地调研并不断完善自己的著述，才能一步一步推进工作任务。可是，现实是，老师都在备课、上课，根本无法腾出足够的时间去调研、去进修、去学习。在外人眼中，大学老师就是工资高、福利好的代名词，事实却是老师不仅压力大，还忙得晕头转向，时间几乎完全被工作和学术研究占据。在这样一种高压的环境下，许多老师根本无法潜心研究、发表文章，这就使得教师的科研能力偏弱。

4. 师资培训力度有待加强

教学水平和教育效果的提高不仅依靠老师个人的贡献与付出，还依靠学校的师资培训，双管齐下才能更有效地提高教学质量。但是各高校对海洋方面的教师培训力度还处于一个较低的层次，有些老师在品德方面有待加强，有的则需要在学术方面更上一层楼。对教师的培训主要包括以下几方面：师德修养培训，这一方面着眼于职业素质、职业的敬畏心以及尊重学生等；教学常规培训则注重教师对教学工作、学校制度等的掌握程度；教学技能培训则主要培养教师理论联系实际的能力并检测其对基本知识的掌握情况。可是，大多数高校并不注重师资培训，也没有将海洋经济管理教育纳入师资培训整体规划中，没有一套合理的计划，系统性、针对性、专业性不强。校外的培训机构也良莠不齐，无法真正得知哪一家机构更能促进教师的整体能力，故而使得培训无法取得满意的结果。

（二）建议或解决方法

1. 建设稳定的师资结构，引进高层次教师，培养"双师型"教师

为了不断提高海洋经济管理类人才质量，我们应当以学校、专业转型发展为契机，积极引进教学水平高、科研能力强的专业带头人或有海外留学背景的高层次海洋类教师，利用他们自有的能力和经验建设一个结构更加稳定的教学团队，同时鼓励青年教师不断完善自我，攻读更高层次的专业学位，不断提高青年教师的学历水平，为打造一个年龄结构、学历结构、

职称结构合理的教学梯队而努力。

培养"双师型"教师。目前对"双师型"教师还未有一个权威的解释。有学者认为"双师型"是"双职称型",即教师在获得教师系列职称外还需要取得另一职称;有的则认为是"双素质型",即教师既要具备理论教学的素质,也应具备实践教学的素质。此外,还有"双证书论""双能力论""双融合论"等说法。总的来说,就是要努力提高教师的专业教学能力和各方面的能力,在面试时就要把好关,培养真正的"双师型"教师。

2. 适当减少教师的教学任务以提高教师的教学、科研水平,提高教师的福利待遇

教师教学任务繁重是影响教师科研工作的一大原因。学校应适当缩减教师的教学课时,让教师腾出时间以便进行自我提升,从事教学和科研工作。学校还可以多鼓励教师参加国内外的学术研讨会,到国内外知名大学交流学习,定期在教师之间开展学术竞赛,以提高教学、科研水平,为教学积累经验。在教师福利方面,国家也在积极改善。例如,中共中央、国务院印发了《关于全面深化新时代教师队伍建设改革的意见》;第十三届全国人大二次会议中,国务院总理李克强在向大会作政府工作报告时强调"持续抓好义务教育教师工资待遇落实";等等。改善福利待遇有很多种方法,可以优化经费投入结构,优先支持教师队伍建设中最薄弱、最迫切的领域,改善教师办公环境,进行工资改革。此外,一些民办类院校要努力消除外界对其的刻板印象,提高教师福利待遇,努力吸引优质师资。

三、从事海洋经济管理学科专业学习的学生方面

(一)主要问题

1. 海洋经济管理人才对海洋经济发展支撑不足

近年来,中国海洋经济管理从业人员数量逐年上升,为海洋经济发展提供了大量的劳动力支撑。虽然海洋经济管理高等教育人才的数量也在增加,但是其占涉海就业人员的比例非常小。自2003年"海洋强国"首次在国务院颁发的《全国海洋经济发展规划纲要》中被提出以来,海洋经济多以粗放型经济发展模式为主,海洋高等人力资源对海洋产业发展的支持明显不足。海洋人才匮乏,供需矛盾突出。人才是一种重要的人力资源。与其他国家相比,中国海洋人才培养相对滞后、基础薄弱,致使海洋经济管理类专业人才无法满足建设海洋强国的实际需要。一是海洋经济管理从业人

员总量较少，海洋经济管理类专业人员占从业人员的比例较低。二是一些海洋经济管理类高校毕业生存在专业面窄，知识单一、陈旧的问题，加之有些毕业生不愿到艰苦的海洋第一线工作，导致海洋经济管理类专业人才的供需无论在总量还是在结构上都存在着失调和矛盾：一方面，海洋经济发展需要的专业人才严重不足；另一方面，海洋高等教育培养出来的人才就业困难，专业不对口。

2. 学生解决社会现实问题的能力、创新能力欠缺，复合型人才缺乏

当今世界各国对海洋的开发涵盖海洋生物资源、环境生态、经济、法律权益、军事等多方面，这就需要大量既掌握海洋专业知识，又了解海洋相关的经济、政治、文化、管理、法律及外语等知识的海洋经济管理复合型人才。由于海洋本身的复杂性、不确定性、难以预测性等特性，在海洋管理工作中，海洋经济管理者不仅要基础扎实、知识面宽、能力强、素质高，而且要能吃苦耐劳，具备一定的应变和创新能力。然而，目前中国的海洋人才高等教育缺乏多维度、复合型人才培养模式与途径，导致很多学生随机应变的能力和创新能力较差，不能用已经掌握的海洋相关知识解决海洋管理工作中遇到的相关问题，不能跟上中国海洋经济发展的步伐。中国高校海洋经济管理人才的培养过程中还存在着不同程度脱离实际的问题，这也是培养目标不够具体导致的。以中国海洋大学为例，海洋资源与权益综合管理学科的培养计划偏重理论教学而忽视了实践培训，只是设置了不同研究方向的学位公共课、基础课、专业课和选修课，并没有安排专门的实践培训。学生在学习、研究的过程中几乎没有机会接触海洋管理一线的工作，难以全面、深入、客观地掌握海洋管理工作的实际情况，只能靠课程教学中的典型案例加深对所学知识的理解。在整个研究生培养过程中，唯一与实践训练有关的科研训练课程，也只是检查学生跟随导师完成科研课题的情况，科研课题同样是理论研究多而实践应用少。这种脱离实际的情况自然不利于学生理解和掌握有关知识，使得培养出来的学生难以做到学以致用，缺乏解决社会现实问题的能力和创新能力。

3. 高校学生的海洋意识有待提高

1998 年国际海洋年之后，2014 年 4 月，国家海洋局宣传中心、中国海洋石油总公司团委与中国青年报社联合主办，中国青年报社社会调查中心承办了"中国青年海洋意识调查"。调查结果显示，与 16 年前相比，当代青年海洋意识已有明显的提升，但是仍然有许多的不足，如有近 2/3 的大学生认为中国的国土只有 960 万平方千米，这意味着他们脑海中只有领土的概念，不知道中国的领海也是中国国土面积的一部分，这说明中国高校学生的海洋意识稍显薄弱。①

有些学生对自己未来的定位较为模糊，或者只想找到一份安稳的工作，然而，海洋经济类学科的开设是为了培养高端的人才并为国家效力的，学生的目标和学校的教学目标背道而驰，这充分暴露了中国学生海洋观念的落后和海洋意识的薄弱，这样薄弱的海洋意识正严重阻碍海洋事业的发展。其他研究的问卷调查结果显示，粤西部分地区的学生对海洋自然、经济、政治、文化、法律等基础知识掌握不足，说明海洋教育存在明显的漏洞。追根溯源，是学生从小对海洋不够重视，对其认识不够全面。在"蓝色国土"教育盛行的背景下，我们要更加努力建设海洋强国并努力提高学生的海洋意识，端正其对海洋的态度。

（二）建议或解决方法

1. 海洋经济管理人才应在学校教育的基础上不断寻求个人发展

许多人认为海洋经济管理专业就业前景不乐观、专业面较窄、工作环境较为艰苦。这种偏见致使报考海洋经济管理的学生数量日渐减少。既然选择了这一专业，就不应该只看到它目前的就业前景，这种狭隘的目光是不利于专业学习的，况且未来是不断变化的，谁也说不准现在热门的专业以后会不会仍然是众人眼中的"香饽饽"。所以大学生应该认认真真、一步一个脚印地打好专业基础，并不懈努力，相信总有获得回报的那一天。当然，努力也应该是有方向的努力，在有兴趣的基础上，参加一些可以提升自我的比赛，为未来的工作积累经验。还要调整工作态度，虽然海洋经济管理类专业的专业面窄，工作可能会很辛苦，但是没有哪一个毕业生的工作是一步登天的，所有光鲜亮丽的背后，都有着别人无法得知的心酸与苦楚。从一线做起可以积累更多的经验，只有把每一件小事做好、做完美，才会有做大事的机会和能力。

2. 目光放远，提高自己的差异化竞争力

一到毕业季，成批的大学生就面临找工作的问题。大部分刚毕业的大学生在经历上具有相似性，他们在大学时没有过多的实践经历，没有任何的工作经验。在这样一种不利的条件下，想要脱颖而出几乎是不可能的，这就要求我们在刚进入大学时就将目光放长远，静下心来仔细思考一下，除了专业学习，自己还应该掌握什么技能。对于海洋经济管理这样一门文理皆涉及的专业，就要看自己的就业方向了。如果未来的就业方向偏管理

① 向楠：《觉醒吧，中国青年海洋意识》，载《中国青年报》2014年7月29日第3版。

类，那么建议学习一门外语，如英语。英语是我们从小学到大都有学习的一门外语，但是中国大学生普遍存在的问题是学了十几年英语，却连日常的交流都做不到。大学生的英语能力只用于阅读理解、笔试和各种英语考级中，一到开口说的场合，就暴露了语言能力匮乏的事实。未来要从商的海洋经济管理专业的学生或许以后会出席各种会议，为了在工作中与他人交流畅通无阻，可以从当下开始，提高英语表达能力，每天进步一点点，在未来的某一天总会有派上大用场的时候。如果未来的就业方向偏理科类，可以依据职业的发展方向选定一项技能，或是熟练运用各种办公软件，或是拥有丰富的新媒体运营经验，或是拥有几项技术发明专利……不要小瞧任何一项技能，如果你扎扎实实掌握了，说不定会让你受益终生。

　　值得一提的是，不要只顾着发展一项技能而忘记了要以专业学习为重。技能是为了辅助专业而发展的，不能本末倒置，捡了芝麻丢了西瓜。当然，如果有余力，完全可以发展第二专业，提高自己的核心竞争力和差异化竞争力。

第五章

先进国家海洋经济管理教育教学的发展、现状与启示

第一节　先进国家海洋经济管理教育教学的发展

一、日本

（一）日本的海洋政策

日本是一个四面环海的岛国，国土狭长且多岛屿。国土面积在世界上虽居第61位，海岸线却长达29751千米，其经济海域面积更高达450万平方千米，仅次于美国、澳洲、印尼、新西兰及加拿大等国，占世界第六位（事务局からのお知らせ，2006）。暖流与寒流的交汇形成了日本沿海优良的渔场，受自然资源禀赋的影响，自古海洋就对日本的生产、生活等各方面产生了深远的影响。海洋资源、海洋环境及海洋安全长期以来一直攸关日本的国运，发展海洋经济、可持续地开发利用海洋成为日本"海洋立国"战略的基础。鉴于庞大的海洋国土、日趋重要的海洋环境资源及复杂的外交问题，日本于2001年开始着手进行海洋政策的研究。

明治五年（1872），首次宣布3海里之领海范围。1977年，复公布《领海法》，正式宣告12海里领海与200海里的经济海域范围，初步建构日本海洋管理雏形。1982年，公布《深海底矿物资源开发暂定措置法》。1996年，修正《领海法》《排他经济水域及大陆棚法》《海洋生物资源的保存及管理法》《海上保安厅法》《水产资源保护法》等相关法规。2002年，日本财团（基金会）提出21世纪日本海洋政策制定之建议，重点如下：①制定整合性的海洋政策；②协调相关的行政机构；③整合沿海海域的法律制度；④合理管理水产资源并调整渔业及其他的海洋利用；⑤具体落实经济水域及大陆棚的全面管理；⑥加强青少年及学校中的海洋教育。

2002年5月，约430人参与的产官学专业调查结果，呼吁日本政府积极制定海洋基本法。同年8月，在文部学术审议会中明确指出，21世纪初的日本海洋政策将朝向保护海洋、利用海洋、认识海洋三大目标前进。

2004年，日本海洋政策研究所发行第一本海洋白皮书，正式宣告今后10年日本海洋政策走向。其海洋政策愿景，系由以往着重海洋资源的享受转变为海洋的永续利用，具体的实施方针以保护海洋、认识海洋以及利用海洋为三大主轴，作为21世纪日本的海洋指导纲领。

2005年11月，日本海洋政策研究财团提交《海洋与日本：21世纪海洋政策建议书》，由此确立了日本的海洋战略雏形。该建议书提出了"海洋立国"的发展目标，阐述了制定海洋基本法的迫切性与必要性，并强调了持续开发利用海洋和综合性管理海洋的基本理念，主张积极参与和引领国际事务，并在制定海洋法律、推进海洋管理制度、完善综合管理海洋所需的行政机构和建立海洋信息机制等方面提出了具体方案。

2006 年年底，日本执政的自民党建议新设"海洋政策担当相（海洋政策大臣）"一职，并积极拟定海洋基本法，以强化资源开发、环境保护等海洋政策。

2007 年 4 月 20 日，参议院全体会议高票通过了两部法律——《海洋基本法》和《海洋建筑物安全水域设定法》，阐明了其"海洋立国"的方针，其基本理念包括开发利用海洋、保护和协调海洋生态环境、确保海洋安全、提高海洋科研能力、健康发展海洋产业、实现海洋的综合管理以及参与国际协调七个方面。此项立法系先拟定海洋政策大纲、汇整各部会及公听会等相关单位之意见，纳入法案，并与国会、部会协商，以利立法。[①]

日本作为岛国，历来对海洋具有很大的依赖性，海洋产业是海洋经济发展的基础，由此作为其政策指导的海洋战略实现了从无到有的日渐完善的过程。进入 21 世纪以来，日本开始注重海洋的整体协调发展，将海洋问题提升至国家战略层面。

海洋利益关系国家的综合实力。《海洋基本法》第十六条明确规定，制订海洋基本计划是政府的义务，海洋基本计划将提出海洋政策实施的目标，并对相应的政策方针、达成年限等具体事项进行了详细规定。每五年修订一次，在总结前一期的工作成果的基础上，针对发展过程中出现的新形势、新状况进行综合调整，制定未来五年海洋事业发展的方针政策，以实现"新的海洋立国"的目标。因此，海洋基本计划是以《海洋基本法》为基础，有计划地综合推进海洋战略的实施。

为实现日本的海洋战略，持续有效地对海洋进行综合管理，《海洋基本法》要求完善海洋政策的组织实施体制。日本设立了海洋综合管理部门——综合海洋政策本部，其相关事务包括：海洋基本计划的制订和推进实施；协调实施海洋基本计划的相关行政机构；对其他与海洋相关的措施进行策划、实施和调整；统筹经济产业省、农林水产省、国土交通省、外

---

① 管筱牧：《日本"海洋立国"战略对我国的启示》，载中国海洋学会、中国太平洋学会编《第八届海洋强国战略论坛论文集》，海洋出版社 2016 年版，第 98－103 页。

务省、防卫省等八个涉海省厅的职能，进行综合管辖。[1]

（二）日本的海洋经济发展近况

日本因为国土狭小、陆上资源匮乏，较早就开始系统地进行海洋资源开发工作，并把海洋经济作为国民经济的重要支撑点。日本海岸线较长，海洋专属经济区面积较大，拥有非常多的海港和渔港。日本 99.9% 的自然资源是从海洋当中得到的，超过 90% 的进出口货物依赖于海洋运输，50%的 GDP 依赖于海洋经济，海洋渔业、沿海旅游业、港口及海运业、海洋油气业等是日本海洋产业中的支柱产业。

日本海水养殖产量占世界总量的近 1/4，2000 年日本在海产品良种培育、海洋药物和海洋生物提炼方面形成规模产业，创产值约 150 亿美元。

日本一直致力于高度信息化、智能化、生态化、多用途的港口建设，推动了海洋运输业的发展。众多以沿海陆地为依托、向海洋延伸的海洋特色经济区域已经形成。

日本海洋经济发展有以下几个显著特点：一是海洋经济区域业已形成。这是与其他国家不同的地方。2002 年，日本经济产业省推出《产业集群计划》，到 2004 年，日本已认定 19 个地区建设产业集群，并已在 18 个地区正式实施知识产业群。地区集群的形成，不仅构筑起各地区连锁的技术创新体制，而且形成了多层次的海洋经济区域。当前，日本海洋经济区域有三个基本发展趋势——以大型港口为依托，以海洋技术进步、海洋高科技产业为先导，以拓宽经济腹地范围为基础。二是海洋开发向纵深发展。近几年来，日本的海洋开发正在向经济社会各领域全方位推进，已经形成近 20 种海洋产业，构筑起新型的海洋产业体系。比如，港口及海运业、沿海旅游业、海洋渔业、海洋油气业等四大产业，已经占日本海洋经济总产值的70% 左右。其他如海洋工程、船舶工业、海底通信电缆制造与铺设、矿产资源勘探、海洋食品、海洋生物制药、海洋信息等也获得了全面的发展。三是海洋相关活动急剧扩大。主要包括大力发展海洋观测技术，加强海洋地震灾害研究，推进海洋环境保护。

日本海洋经济发展与英美国家相比，有其独特之处。由于日本高度重视科学技术在海洋经济开发过程中的作用，因此日本的海洋经济技术水平在全世界范围内处于领先地位，由科技进步带来的经济增长幅度也是惊人

---

① 姜雅：《日本的海洋管理体制及其发展趋势》，载《国土资源情报》2010 年第 2 期，第 7 － 10 页。

的。日本土地有限，因此大量填海造地，而英美国家认为填海造地会对环境造成不利影响，因此不赞同日本填海造地。近几年来，由于海平面上升，日本填海造地形成的部分国土也面临被淹没的危险。日本坚持以科学研究的名义开展捕鲸活动，也一直受到澳大利亚等国家的严厉指责。同时，日本将大量从第三世界国家低价购买的矿产品储存在海洋里，对周边海洋水质形成污染，破坏了海洋生态平衡。

此外，日本极为注重海洋科学研究，日本海洋科学技术中心是日本专门从事海洋科研活动的规模最大的研究机构；日本许多大学都设有水产学部、海洋学部等海洋研究机构，其中最著名的是日本东京大学的海洋研究所；日本还成立了许多海洋研究学会，如日本水产学会、日本海流学会等。① 日本的海洋资源探测和开采技术远远走在世界前列。

（三）日本的海洋管理模式②

2001 年以前，日本没有专门负责海洋事务管理的政府机构，其涉海工作主要分散在原运输省、建设省、通商产业省、农林水产省、文部科学省、国土厅、环境厅和科学技术厅等政府职能部门。2001 年 1 月，日本政府进行了大规模的行政机构缩编改革，将与海洋有关的省厅进行重组合并，海洋事务主要由内阁官房、国土交通省、文部科学省、农林水产省、经济产业省、环境省、外务省、防卫省等 8 个行政部门承担，具体分工如下：

（1）内阁官房。内阁官房的职能类似于中国的国务院，其下设有大陆架调查对策室，专门致力于加强日本的大陆架调查，对日本周边大陆架的地形、地质等情况进行全面勘测，扩大日本的大陆架范围，确保日本沿海海域存在的矿产资源和海底水产等海底资源能够得到充分利用，并向联合国提交日本所主张的大陆架海底调查的科学数据。

（2）国土交通省。该省由原来的国土厅、运输省、建设省及北海道开发厅合并而成，下设的主要海洋管理部门有国土规划局总务课海洋室、海事局造船课和舶用工业课、港湾局开发课和环境技术课以及河川局海岸室等。这些部门管辖着日本 70% 的海岸线，业务范围包括海洋测量、气象观测、海事、海运、船舶、海上保安、港湾、海洋利用、防止海洋污染、海上交通安全、海岸管理、下水道、国土规划、城市规划、海洋及海岸带管

---

① 《日本海洋经济发展概况及启示》，见西陆网（http://shizheng.xilu.com/20140629/10001 50002455736.html）2014 年 6 月 29 日。

② 本小节内容参见姜雅《日本的海洋管理体制及其发展趋势》，载《国土资源情报》2010 年第 2 期，第 7－10 页。

理等。

（3）文部科学省。下设科学技术学术政策局、研究振兴局、研究开发局三个直属局。其中，研究开发局下属的开发企划课负责规划、制定与海洋科学技术、地球科学技术、环境科学技术等有关的研究开发政策等；海洋地球课掌管海洋科学技术中心、国立极地研究所；研究振兴局下设的学术机构课掌管以东京大学海洋研究所为主的院校研究所；研究振兴基础课掌管防灾科学技术研究所。此外，该省还设有科学技术学术审议会，其中海洋开发分科会作为总理大臣的咨询机构发挥着实质作用。

（4）农林水产省。农林水产省水产厅设有增殖推进部渔场资源课、渔政部、港湾渔场整备部等 4 部 15 课，主要负责渔业和水产资源的管理与产业振兴。其下属的水产研究所（分为北海道区、东北区、中央区、濑户内海区、西海区、日本海区、远洋七个区域研究所）、养殖研究所及水产工学研究所于 2001 年 4 月 1 日合并为独立行政法人水产综合研究中心。

（5）经济产业省。该省所属的资源能源厅下设三个与海洋有关的部，即节能与新能源部、资源燃料部与电力煤气事业部。其中，资源燃料部政策课负责与《联合国海洋法公约》《深海底矿业暂定措施法》等有关的法律法规业务；与海洋资源、海洋产业相关的业务则由资源燃料部矿物资源课负责。

（6）环境省。该省下设的地球环境局环保对策课审查室和计划室负责与《海洋污染法》相关的国际业务，环境管理局水环境部水环境管理课负责与《海域水质污染法》相关的业务，封闭性海域对策室负责研究与封闭性海域环境污染相关的政策法规。

（7）外务省。该省下设的经济局有海洋室和渔业室，负责与海洋、渔业相关的政府涉外业务；综合外交政策局国际社会合作部联合国行政课的专门机构行政室承担与国际海事机构（IMO）相关的业务。

（8）防卫省。防卫省下设海上保安厅，拥有海上自卫队，主要进行海洋安全技术相关研究、海上防灾对策研究、海洋信息通信技术开发及海上安保活动。

日本没有专门负责海洋管理事务的综合型职能部门，常常出现涉海主管机构众多、职权重叠或冲突等问题，在发生涉海问题时，有关省厅间的协调费时费力，反应迟缓，难以有效应对。因此，除了政府管理部门，日本政府内部还设有以下专门的协调机构，统筹协调各省厅海洋管理部门间的政策推进情况，并制订相关海洋开发规划。

（1）海洋权益相关阁僚会。为了解决各部门间的协调问题，日本政府在 1980 年成立了海洋开发关系省厅联席会，以此机构在各个海洋管理部门之间进行协调，统一制定和落实海洋管理政策，由内阁官房长官牵头，组织运输、农林等各省长官进行决策。2004 年，日本政府将海洋开发关系省厅联席会进行改组，设立了海洋权益相关阁僚会，由首相牵头，相关省厅大臣参与，下设专门的干事会，通过共享信息、共同制定政策的方式实现各部门间顺畅的沟通和协调，从而加强日本对海洋的管理，以更加有效地应对与海洋问题相关的紧急事态。

（2）海洋开发审议会。1969 年，日本成立了海洋科学技术审议会。该审议会由内阁总理和当时的 14 个省厅官房长官组成，负责协调制定各省厅海洋开发推进规划，并提出了发展海洋科学技术的指导规划。为了把发展海洋科学技术与建立新兴的海洋产业和发展海洋经济更紧密地结合起来，1971 年，日本把海洋科学技术审议会改组为海洋开发审议会，负责调查、审议有关海洋开发的综合性事项，制订海洋开发规划和政策措施。该审议会先后提出日本海洋开发远景规划构想和基本推进方针咨询报告，明确了 1990 年海洋开发的目标，并提出 21 世纪海洋开发远景规划构想。

（3）大陆架调查及海洋资源协议会。为推动日本大陆架调查工作，2002 年 6 月，日本内阁成立了由内阁官房、外务省、国土交通省、文部科学省、农林水产省、环境省、防卫厅（现防卫省）、资源能源厅、海上保安厅等组成的省厅大陆架调查联络会。2004 年 8 月，大陆架调查联络会改组，扩大为以官房副长官为议长的有关省厅关于大陆架调查、海洋资源等联络会议，并制定了《划定大陆架界限的基本构想》，以分阶段、按步骤地实施大陆架延伸战略。在该构想的指导下，日本在 2007 年 12 月完成了大陆架地理数据勘测，2008 年对调查数据、资料进行分类、整理，2009 年 5 月向联合国递交了详尽的日本大陆架调查书面资料，为日本扩大其大陆架范围及开展周边海域的资源能源开发做了大量的工作。

随着全球范围内对海洋资源、环境与安全的广泛关注以及日本与周边国家在岛屿争端、油气开发以及海域划界等方面问题的不断出现，原来的分散型海洋管理体制已经不能适应日益激烈的海洋权益争夺战。进入 21 世纪以后，日本的海洋管理体制逐渐向综合型转变，通过制定综合性的海洋开发战略，维护日本海洋权益，力求在国际海洋事务及国际海洋纠纷中占据主动。

2003 年 11 月，日本自民党政务调查会成立海洋权益工作组，该工作组于 2004 年 6 月 15 日提交了《维护海洋权益的 9 项提案》。提案指出，必须尽早制定综合性海洋战略，毅然决然地维护海洋秩序，确保日本自身的海洋权益。建议政府设立一个由首相亲自领导的海洋权益相关阁僚会议，在所谓中日"中间线"的日方一侧开展海洋资源调查，实施综合性海洋战略，强化海上保安厅警备、监视机制，对中国海洋调查船采取措施，等等。此后，该工作组于 2004 年 9 月改组为海洋权益特别委员会，并于 2005 年 3 月向当时的小泉首相提交了《保护东海海洋权益紧急建议》；同月日本国会通过了《推进海底资源开发法》，规范他国在专属经济区的资源勘探及海洋调查，促进日本的海底矿业开发。为着手整备维护海洋权益的国内法，2005 年 12 月，海洋权益特别委员会拟定了《关于设定海洋构筑物安全水域的法律草案》，并以议员立法的形式提交给国会审议。2006 年 4 月，自民党政务调查会会长中川秀直联合自民党、公明党、民主党 10 名议员，15 名海洋问题专家以及相关省厅的 10 名政府官员，成立了海洋基本法研究会，同时将海洋权益特别委员会改组为海洋政策委员会。

同时，日本学术界、经济界等相继提出有关海洋问题的政策建议及政策。2005 年 7 月 21 日，日本学术会议海洋科学研究联络委员会发表了《综合性推进海洋学术的必要性——制定综合性海洋政策的建议》。2005 年 7 月 22 日，日本国会通过了《部分修订旨在综合开发国土而制定的国土综合开发法的有关法律》，该法首次将利用和保护包括专属经济区及大陆架在内的海域列入国土规划对象。2005 年 11 月 15 日，日本经团联发表题为《关于推进海洋开发的重要课题》的政策意见书，提出"切实加强大陆架调查""防止、减少自然灾害以及对海洋的污染和破坏""开发海洋资源""整备推进海洋开发体制"等四点建议，并呼吁海洋开发中的"产学官"（即产业界、学界和政府）联合起来，在小学、初中、高中开设海洋教育课，以引起国民对海洋问题的关心，加深国民对海洋问题的了解。

2005 年 11 月 18 日，日本海洋政策研究财团发表了《海洋与日本：21世纪海洋政策建议书》。该建议书共分为四个部分，提出了"海洋立国"的目标，详细论述了制定国家海洋政策的必要性、完善海洋管理体制的紧迫性和海洋对日本未来发展的重要意义。针对日本现行的松散型海洋管理模式，建议完善和推进综合海洋管理体制，并提出了五项具体改革措施：①设置海洋内阁会议；②任命海洋大臣；③设置海洋政策统筹官（承担海洋事务）及海洋政策推进室；④设置与海洋相关的省厅间的联络会议；⑤设置海洋咨询会议。

在此基础上，2006 年 12 月，日本海洋政策研究财团和海洋政策委员会联合发表了《日本海洋政策大纲——寻求新的海洋立国》和《海洋基本法概要》。在海洋管理方面，提出应在内阁增设拥有职权，并能强力推进海洋综合政策的综合海洋政策会议等海洋组织机构，以调查、审议与海洋相关的政策及规划，调整海洋资源的分配方针，评价重要研究开发活动及其政策，等等；任命海洋政策大臣，以有效地统管专业性和连续性强的海洋政策，展开综合管理活动，推进海洋的综合管理。

2007 年 7 月 20 日，日本政府宣布正式实施《海洋基本法》，同时成立以首相安倍晋三为部长的海洋政策本部。该部由国土交通省、经济产业省等 8 个省厅的 37 名工作人员组成，具体负责策划、拟定、调查、审议、推进日本的中长期海洋政策和海洋基本计划，并协调与各省厅与海洋有关的行政事务。应该说，《海洋基本法》的正式实施以及海洋政策本部的成立，标志着日本已经基本完成了有关加强海洋资源开发向海洋大国迈进的立法、机构设置和人员配置等基础工作。

二、美国

（一）美国海洋管理的发展阶段和特点[①]

1. 美国海洋管理的发展阶段

美国的海洋管理大致可以概括为三个发展阶段和管理模式。

（1）传统管理阶段及其管理模式（20 世纪 30 年代之前）。1716 年，波士顿创设了灯塔服务处，由此拉开了海洋管理的序幕。在这一阶段，北美的海洋管理制度以行政区划海洋管理模式为主，主要由州政府承担海洋事务的管理，并对领海中的水下诸如土地和其他自然资源的所有权具备专有性质，联邦政府对海洋的管理主要体现在保卫领海、领土和自由航行等传统安全领域。然而，随着科学技术的发展和海洋重要性的日益凸显，这种传统管理模式逐渐暴露其弊端，如各自为政、重复建设、产业结构单一化、环境污染加重、资源消耗过大、海洋资源配置效能低下等。这种海洋行政管理体制把海洋分割成若干个经济体，加上地方主义的利益导向，必然对资源优化配置和集约利用产生阻碍因素，从而在整体上影响海洋发展的战略。

（2）发展和成熟阶段及其管理模式（20 世纪 40 年代至 20 世纪末）。从美国联邦政府关于海洋管理的立法与实践的视角考察，20 世纪 40 年代至 70 年代是发展时期，80 年代之后进入法律修订时期，到 20 世纪末进入相对成

---

① 本小节内容参见沈杰《美国海洋管理的经验与启示》，载《中国海事》2016 年第 11 期，第 56－59 页。

熟时期。1945 年 9 月，杜鲁门总统发布了《关于大陆架的底土和海床的自然资源政策第 2667 号总统公告》和《关于某些公海区内美国近岸渔业政策的第 2668 号总统公告》。两个公告分别简称为《大陆架公告》和《渔业公告》，合称《杜鲁门公告》。这两个公告单方面提出了在水下土地相对应的上覆水域建立渔业养护区的权利和对大陆架资源的要求，使其渔业资源管辖权向领海以外的公海区域拓展。公告中首次把"大陆架"这一地质学概念引入海洋法，也使美国成为首个对超出其领海范围的大陆架提出管辖权主张的国家。20 世纪 60 年代，美国政府在能源危机和其他经济问题的压力下，激发了国家海洋发展目标的转移。美国成立了以副总统为主席的国家海洋资源和工程委员会（也称斯特拉特顿委员会），负责通盘考虑全部重大海洋活动。该委员会把海洋视为"蕴藏着丰富资源的待开发的前沿阵地"，提交了题为《我们的国家与海洋》的报告。这是一次关于美国海洋政策方面的真正意义上的全面研究，其研究建议很快被列入总统的行政机构咨询委员会的议事日程。随后成立了负责管理国家海洋及资源、保护海洋、制定国家海洋政策、参与国际海洋事务和合作的政府独立机构——国家海洋大气局（以下简写为 NOAA）。

20 世纪 80 年代，随着海洋新秩序的形成和各涉海国家对海洋关注度的提升，美国将当时的国家海洋政策确定为：维护海洋航行和其上空飞行的自由；反对沿海国家扩大管辖权的主张和倾向；不支持并反对将 200 海里的沿海区域划为各国领海管辖范围行使主权；不签署《联合国海洋法公约》，但发表了美国 200 海里专属经济区宣言和 12 海里领海宣言。其海洋政策充分反映出美国一贯推行的霸权主义特点，也以此来实现强化海洋资源管理的目的。20 世纪 90 年代，为维持其经济大国、军事大国和超级出口大国的国际地位，克林顿政府实行了经济振兴政策。为此，美国调整了海洋政策，确定了加速海洋开发、保持美国海洋科学和海洋开发领先地位的海洋管理政策。可以说，20 世纪 40 年代至 20 世纪末，从美国海洋管理的立法与实践的角度考察，可以清晰地看出其发展历程，其管理模式也逐渐从 60 年代前期的行政区划管理模式为主转为 70 年代后联邦政府职能管理模式为主。

（3）海洋综合治理阶段及其管理模式（21 世纪初以来）。进入 21 世纪以来，为维护其世界经济大国、军事大国和超级出口大国的国际地位，美国确立了加速海洋开发、保持美国海洋开发和海洋科学领先地位的目标。2004 年 12 月，美国公布了《美国海洋行动计划》，并颁布了新的海洋政策。在新的海洋政策中特别强调区域战略，其本质是指在整个地区加强协调，不再局限于行政管辖权，而着重于相关海洋问题对区域的影响。2004 年，小布什政府发布了《21 世纪海洋蓝图》。该报告利用大量的数据和事实证明了海洋对国民经济和人民生活的重要性。同时，指出了美国海洋管理中存在的管理权力分散、科学研究投入不足导致海洋决策的基础数据和信息缺乏、国民对海洋的潜力和重要性认知不足三个主要方面的问题，提出将海洋管理区域按照生态系统来界定，意味着打破现有的行政边界，建立更加综合、全面和协调的国家海洋政策。2009 年，奥巴马总统宣布制定新的美国海洋政策，提出为成功地保护海洋、海岸和大湖区，美国需要在统一的框架和明确的国家政策指导下采取行动，包括用全面、综合和基于生态系统的方法，从长远的角度保护和利用这些资源，并宣布 2009 年 6 月为"国家海洋月"。2010 年 7 月，奥巴马正式宣布美国海洋、海岸带和大湖区管理政策，该项政策是美国继 2004 年《21 世纪海洋蓝图》之后再次出台的新的国家海洋政策。至此，美国有了第一个全面管理海洋、海岸与大湖区的国家政策。这些政策的实施，体现了海洋综合治理的思路，为国家从海洋获取更大利益奠定了基础。

2. 美国海洋管理的特点

回顾美国海洋管理的历史发展阶段及其管理模式，可以看出，美国在海洋管理上有其显著的特点，主要体现在以下三个方面。

（1）政策法规体系健全、主导性强。美国具有比较健全的海洋法规体系，是世界上制定海洋管理相关法律法规最多的一个国家。依据联邦政府管辖权制定的主要法规有《海岸带管理法》《海洋保护、研究和自然保护区法》《渔业保护和管理法》和《深水港法》。此外，还有《净水法》《国家环境政策法》《国家海洋污染规划法》《深海底硬矿物资源法》等。2000 年8 月，美国制定了《海洋法》，该法为美国在 21 世纪出台新的海洋政策奠定了法律基础。这些法规的建立为美国确定海洋资源管理与保护政策和管理的战略措施提供了强有力的法律依据。美国海洋管理的政策主导性强。2008年 3 月 31 日，美国国会众议院通过了《近海与海洋综合观测法》。为进一步强化国家海洋与大气局的职能和推进国家与地区海洋管理架构的建设，2009 年在美国第 111 届国会上，美国众议院立法提案《21 世纪海洋保护、教育与国家战略法》。这些法律均体现出美国海洋管理政策具有良好的主导性作用。

（2）完善管理体制的变革功能强。从以行政区域划分为主的管理模式到强化职能管理模式，再到海洋综合治理管理模式，美国海洋管理体制从建国以来经历了一个发展演变的长期过程。20 世纪 70 年代，在斯特拉特顿委员会的建议下，美国成立了专门的海洋职能管理部门 NOAA。20 世纪 90

年代后期，联邦政府改革现行的海洋分散的管理体制，强化海洋国家集中管理功能，提高国家海洋管理的工作效率。2009年，美国参议院第858号法案《国家海洋保护法案》再次提出了一系列关于全面改革海洋行政管理架构的意见。奥巴马政府推动以生态保护为核心的区域协调综合管理机制，强化了联邦政府最高层对海洋政策实施、海洋综合管理的领导和协调体系建设，并通过持续加强海上执法能力建设，较好地适应了全球化背景下美国海洋综合治理的需要。

（3）海上执法力量整合度高。美国建有统一的海洋执法队伍，海上执法主要由海岸警卫队负责。美国海岸警卫队成立时间早，队伍规模大，装备精良，实行集中统一管理，同时具有承担任务多、海上巡逻机动性好和执法监测能力强的特点。海岸警卫队是美国国内唯一的海上综合执法机构，在2003年3月转属于新成立的国土安全部，是美国的第五大军事力量。海岸警卫队主要负责海事安全、海域治安和海上管理三大任务。海岸警卫队按海区实施执法，在执法中一些以联邦政府为主，一些以州政府为主。高度整合的海上执法力量有效保证了海洋相关法律、政策的高效执行，尤其是对造成海洋环境污染的事件，执法非常严格。

（二）美国的海洋经济①

1. 整体情况

海洋经济是美国经济重要且具有弹性的组成部分，主要集中在依赖海洋和五大湖的六大海洋产业。2015年，美国海洋经济依托152000家商业机构共提供就业岗位320万个，创造了约3200亿美元的产品和服务，贡献了全国2.3%的就业和1.8%的国内生产总值。2005—2015年，美国海洋经济发展整体呈现波动上升趋势，2009年受2008金融危机影响，海洋生产总值大幅下降，直到2011年才超越2007年经济衰退前的水平，之后稳步上升；2015年受海洋油气业产量、价格波动影响，海洋生产总值出现阶段性下降。整体来看，2015年，海洋经济的就业率比2007年经济衰退前增长了约11.5%，而同期，全国就业率仅增长了约3.0%。国内生产总值的变动趋势也显示了海洋经济的弹性。2015年，通货膨胀调整后的海洋生产总值比2007年衰退前的水平增长26.1%，而同期，通货膨胀调整后全国GDP仅增长9.1%。

从六大产业增加值变动趋势来看，除2015年外，海洋矿业增加值明显

---

① 本小节内容参见邢文秀、刘大海、朱玉雯等《美国海洋经济发展现状、产业分布与趋势判断》，载《中国国土资源经济》2019年第8期，第23－32、38页。

高于其他海洋产业，且与海洋生产总值呈现同步波动趋势，说明美国海洋经济高度依赖海洋油气业发展。滨海旅游娱乐业整体稳定增长，2015 年产业增加值首次超过海洋矿业，成为美国第一大海洋产业。海洋交通运输业增长平稳，为美国第三大海洋产业。船舶制造业、海洋生物资源业、海洋建筑业缓慢增长，在海洋经济中所占份额有限，合计比重约为 10%。综合比较就业和 GDP 指标，六大海洋产业对海洋经济的贡献各不相同。资本密集型产业如海洋矿业，仅以约 5% 的就业率就创造了较高的国内生产总值；而服务密集型产业如滨海旅游娱乐业，相比其对国内生产总值的贡献，容纳大量就业的贡献更为显著。

2. 区域概况

美国区域海洋经济在规模和构成上都表现出明显的差异。ENOW（Economics National Ocean Watch）每年报告与海洋和五大湖水体直接相邻的美国 30 个州的海洋经济数据。平均而言，2015 年各州海洋经济就业占本州总就业的 2.8%，占本州生产总值的 2.8%。各州海洋经济占地区经济具体比重取决于该州海岸线长度以及海洋产业结构。例如 2015 年，在阿拉斯加州和夏威夷州，海洋经济就业占总就业的 15% 以上，而在印第安纳州和明尼苏达州，海洋经济就业仅占地区就业的 0.5% 左右。从 ENOW 公布的 2015 年 30 个沿海州的海洋经济发展指标来看，德克萨斯、加利福尼亚、佛罗里达和纽约四个州合计占据了美国海洋生产总值和海洋经济总就业的一半左右。加利福尼亚州无疑是美国海洋经济的最大雇主地区，吸纳了美国海洋经济就业人员的 17.1%。德克萨斯州对全国海洋生产总值的贡献最大，约占29.3%。乔治亚州、威斯康星州和新罕布什尔州海洋就业增长较快，2015 年同比增长超过 5%。

美国主要海洋产业包括海洋矿业、滨海旅游娱乐业、海洋交通运输业、船舶制造业、海洋建筑业、海洋生物资源业等。美国基于北美产业分类体系，仅开展海洋矿业等六大产业统计测算，未能全面反映经济活动和海洋之间的关系。但这些产业易于与其他产业相剥离，可操作性强，联邦数据和州县数据能够保持一致。值得注意的是，美国同样重视海岸带经济的统计核算，通过国家海洋经济项目 NOEP 开展海岸带经济的统计分析，从空间角度去量化分析海岸经济承载能力与变化，是海洋对社会经济影响更为全面的体现。中国海洋经济统计核算体系相对复杂，可以说是世界上海洋经济统计核算体系横向涵盖范围最广的国家之一，统计核算体系日趋完善，统计标准逐渐统一，但可操作性受局限，地方存在不同程度的误报、漏报和错报问题，仍然有较大的修改、完善空间。与美国相比，中国尚未建立起海岸带统计核算体系，随着中国国土空间规划体系的构建和陆海统筹管理的推进，对海岸带空间管控日益重视，适时建立海岸带统计核算制度的必要性逐渐凸显。

滨海旅游娱乐业、海洋矿业、海洋交通运输业是美国海洋经济的支柱产业。德克萨斯州、加利福尼亚州、佛罗里达州和纽约州是美国海洋经济的重点地区。美国各海洋产业的空间分布各具特色：以油气勘探开采与加工为主的海洋矿业主要分布在墨西哥湾地区、阿拉斯加半岛地区和加利福尼亚地区；滨海旅游娱乐业则广泛分布于太平洋沿岸、大西洋沿岸以及夏威夷群岛海域；由于美国对太平洋西岸贸易的巨大需求，加利福尼亚州拥有美国最大的港口运输业，此外，海港集聚区如佛罗里达州、新泽西州以及德克萨斯州海洋交通运输业也较为发达；船舶制造业中大型造船厂主要集中在华盛顿州与弗吉尼亚州，以制造军舰为主，小型船舶修造则分布较为均匀，以商业捕鱼和休闲船舶为主；海洋生物资源业分布与生物资源分布高度匹配，阿拉斯加州全美捕捞量最大，华盛顿州海洋生物资源业产值最高；海洋建筑业分布较为广泛，但在加利福尼亚州、德克萨斯州、佛罗里达州和路易斯安那州较为集中。

三、英国

（一）英国的海洋政策

英国是一个岛国，四面环海，对海上交通线的依赖较欧洲其他国家更甚，海上交通线是它的生命线，畅通与否对平时的经济、作战的战争潜力有着重要的影响。从欧洲利益上看，英国是北约的成员国，与欧洲有着共同的利益。岛国的地理特点、服从欧洲的战略需要和实现作战能力，三者促成了英国海军建设思想的转变，由"全球海军、双手准备"转变为"区域海军，保卫护航"，并以此调整了海军的建设方针，收缩了海军规模，改革了海军的编制、体制。英国海军的作战目标是：保卫英国领土和领海，承担北约的各项义务，寻找更广泛的安全利益。[1]

（二）英国的海洋经济

海洋经济（或蓝色经济）是近些年出现的一个概念，在英国，不同学

---

[1]　全永波等：《海洋管理学》，光明日报出版社 2013 年版，第 48 页。

者及机构对其有不同的理解，总体来说，海洋经济的定义还比较宽泛，并没有一个权威或者官方的界定。英国皇家财产局在 2008 年公布了由 David Pugh 撰写的《英国海洋经济活动的社会经济指标》，该报告将英国的海洋经济定义为：海上与海底活动以及为这些活动提供产品生产和服务的经济活动，包括海洋渔业、油气业、船舶修造、港口业、航运业、可再生能源、海底电缆、海洋国防、海洋教育等在内的 18 个具体产业。

据已有文献，英国政府近些年来并没有发布其海洋经济总体发展情况的报告，欧盟委员会分别在 2018 年 7 月和 2019 年 5 月发布了两份年度《欧盟蓝色经济报告》，其数据主要源自欧盟统计局的分类商业统计和欧盟数据收集体系。鉴于资料的可靠性、可获得性以及权威性，本小节主要依据《欧盟蓝色经济报告 2019》的数据对英国海洋经济进行分析。

从欧盟的角度看，英国海洋经济的规模是最大的。2017 年英国海洋产业增加值占欧盟的 20.1%，远高于第二名西班牙的 14.6%；就业数量占欧盟的 12.8%，低于西班牙的 18.8%。出现这一情况的主要原因是两国海洋经济结构有所区别，而不同海洋产业的就业带动力又有明显差异。与其他海洋产业相比，滨海旅游业就业带动力较强，2017 年西班牙的滨海旅游业提供了 56.53 万个就业岗位，远高于英国的 20.13 万。

表 5 - 1、表 5 - 2 表明，英国海洋经济的产业增加值在 2015 年前保持增长态势，2015 年达到 420.57 亿欧元，此后出现了一定的下滑，2017 年下降到 361.11 亿欧元；其占全国产业增加值的比例也呈现下滑态势。但就业人数在 2014、2015 年出现短暂下滑后迅速回升，2017 年达到了 51.62 万人，为 9 年来的最高点；海洋产业所提供的就业岗位数占全国的比例维持在 1.70% 左右。

表 5 - 1　英国海洋成熟产业增加值 (2009—2017 年)

单位：亿欧元

产业	2009 年	2010 年	2011 年	2012 年	2013 年	2014 年	2015 年	2016 年	2017 年
滨海旅游业	71.05	70.98	71.08	70.73	75.77	76.22	75.29	77.84	81.14
海洋生物业	20.57	18.58	19.30	20.60	20.64	25.38	26.58	28.47	27.78
海洋油气业	170.13	178.03	172.73	181.77	182.57	176.91	163.91	118.60	118.60
海洋港口、仓储业	52.62	51.27	50.50	54.05	56.65	62.08	82.46	74.66	74.66
船舶修造业	17.88	22.72	21.04	29.14	24.15	31.12	32.72	28.97	29.08

续表5-1

产业	2009年	2010年	2011年	2012年	2013年	2014年	2015年	2016年	2017年
海洋交通运输业	26.01	27.91	23.55	26.21	25.39	32.02	39.61	29.84	29.84
海洋经济	358.25	369.49	358.20	382.49	385.16	403.73	420.57	358.38	361.11
海洋经济占全国比例/%	2.30	2.20	2.10	2.00	2.10	2.00	1.80	1.70	1.70

表5-2　英国海洋成熟产业就业人数（2009—2017年）

单位：万人

成熟产业	2009年	2010年	2011年	2012年	2013年	2014年	2015年	2016年	2017年
滨海旅游业	24.70	24.34	24.37	21.96	23.35	19.59	17.50	19.18	20.13
海洋生物业	4.65	4.64	4.61	4.59	4.62	4.72	4.67	4.66	4.62
海洋油气业	4.00	4.44	4.45	4.81	4.44	4.45	4.47	4.35	4.35
海洋港口、仓储业	7.63	8.07	7.48	9.79	10.14	10.10	10.98	15.85	15.85
船舶修造业	4.54	4.10	3.80	4.20	4.04	4.45	4.29	5.00	5.05
海洋交通运输业	1.72	1.71	1.67	1.77	1.66	1.77	1.92	1.61	1.61
海洋经济	47.24	47.31	46.38	47.14	48.25	45.07	43.83	50.64	51.62
海洋经济占全国比例/%	1.70	1.70	1.60	1.70	1.50	1.70	1.70	1.70	1.70

四、澳大利亚

（一）澳大利亚海洋战略的历史变迁[①]

1. 依赖英国的防务策略

澳大利亚曾是英国属地，这导致在此期间，其海洋安全防务战术由英国负责，澳大利亚人也认为理应如此。不仅如此，澳大利亚的外交政策在

---

① 本小节内容参见文阿婧《21世纪的澳大利亚海洋战略研究》，华中师范大学硕士学位论文，2018年，第10-14页。

这一时期跟英国保持一致。在第一次世界大战以前，澳大利亚已经建立了海军，但是由于澳大利亚的食物进口非常依赖于英国，因此，澳大利亚的海军实际上也由英国指挥。

1929年至1933年，资本主义世界爆发了严重的经济危机，澳大利亚不得不减少国防支出以减轻经济负担。在此段时间内，澳大利亚的国防事务几乎停滞不前，国家安全防务能力降到"一战"之后的最低程度。由于澳大利亚的海洋力量是在英国的帮助下建设的，这个时期，澳大利亚的海洋安全战略可以说几乎是不存在的，其国家安全防务完全依赖于英国，英国严重制约着其海洋安全防务。

第二次世界大战在澳大利亚的对外交往历史中是阶段性转变的标志。与此同时，其国防安全也与以往有着巨大的不同，最关键的是海洋安全策略。"二战"期间，英国与它的殖民地之间的上下级关系遭到了严重的破坏。因为大英帝国日渐衰落，澳大利亚着手调整其防务策略。从最初重视西洋海域到现在重视亚太地区，通过紧跟美国的步伐，达到同美国结盟的目的，这也是澳大利亚日后发展对外关系的基础。

2. 追随美国的现实策略

在太平洋战争爆发之前，澳大利亚一直同英国保持着紧密的关系，以此实现保持本国稳定的目的。在此期间，澳、美两国的军队共同击退日本的进攻，澳大利亚自动请求在西南太平洋军事地域协助美国。在1942年的珊瑚海战争中，由于美国军队的帮助，澳大利亚成功击退了新几内亚日本军队的进攻。在"二战"中，美国成功做到了对澳大利亚防务安全负责的承诺，并尽自己最大的能力振奋了澳大利亚击退日本军队的信念。澳大利亚和美国渐渐在军事领域发展了合作事宜，进一步提升了双方的信任度，二者成为友好合作伙伴。

1950年朝鲜半岛爆发战争后，澳大利亚得到了美方的支持，积极参与朝鲜战争，并借此巩固了与美国的同盟关系。到此，澳大利亚和美国的同盟由原先的口头允诺变为事实上的同盟关系，两国于1951年签订了《澳新美同盟条约》。

第二次世界大战结束之后，世界格局有了新的变化，形成两极格局。美国和苏联成为相互对立的两个集团。在此种情况下，澳大利亚站在美国阵营这边，在意识形态上紧跟美国的步伐，在具体行动中和日本保持友好关系，并把关注点投向东南亚，加入"战线防御战略"。从第二次世界大战结束到冷战前期，澳大利亚一直都坚持实行这样的海上防御政策。

两极格局瓦解之后，澳大利亚开始大步向前进，实力平稳提升，其成为海上强国的诉求更加强烈。澳大利亚有一个愿望，即紧跟美国在亚洲—太平洋区域的计划，在此基础上加强两国合作，拉近两国距离，以此来提高自身在国际上的地位，并通过参与国际事务来发挥更大的作用。从1990年至今，澳大利亚与美国之间的关系越来越亲密，并成为对西南太平洋乃至亚太全部区域产生长远影响的联盟。

3. 相对独立的海洋战略的初期

20世纪70年代左右，全球关系产生新特点，美国在太平洋领域的力量不如以前，其亚洲战略的实施开始面临障碍，不得不着手转变策略，由主动"进攻"转为"防守"，并且想尽早终止越南战争。在此期间，英国计划不再插手亚太区域的事务。英方与美方力量逐渐退出东南亚，却让军事实力相对薄弱的澳大利亚继续坚守在亚洲前线，这让澳大利亚开始意识到在冷战时期参与的"前沿防御政策"将会消失。在此背景下，澳大利亚不得不重新思考自身的防御政策以及与美国的同盟关系的走向。澳大利亚政府认为应该在防御政策和外交战略中遵循"友好合作"和"与邻友好"的准则，同周边国家和地区友好相处，改善周边国际形势。澳大利亚在海洋战略上开始倾向于自我独立。

（二）澳大利亚海洋经济发展近况①

澳大利亚地理位置优越，四面环海，具有丰富的海洋资源，且其海洋生态环境保持良好，其对人类的服务功能和价值均有很大的发展潜力。海洋休闲旅游产业是澳大利亚的国民支柱产业之一，发达程度较高。澳大利亚海洋产业的支柱为海洋油气业与海洋休闲旅游业。澳大利亚在1997年提出了《海洋产业发展战略》，1998年颁布《海洋政策》，并拟定了《21世纪海洋科学技术发展计划》。

澳大利亚海洋产业呈现强劲的增长势头，以海洋为基础的产业产值从1987年的160亿澳元增长到1994年300亿澳元，占澳大利亚国内总产值的8%，实际年增长率将近8%，大大超过一般经济的增长。2001—2003年澳大利亚海洋经济总产值呈现非常平缓的增长趋势，2003—2006年增长速度明显加快，总产值从2001年的237.8亿美元增加到2008年的440.8亿美元。

---

① 本小节内容参见方金燕《世界主要海洋国家海洋经济发展比较研究》，海南大学硕士学位论文，2016年，第13-14页；张得银、姚宋宇、贾佟彤《海洋经济发展中政府作用的国际比较研究》，载《大陆桥视野》2020年第2期，第84页。

1995—2003 年，澳大利亚海洋产业的年递增值为 6%，超出同期全国产业增加值的递增速率 0.1%。其中在 2000 年，海洋产业增加值达到峰值 295 亿美元。2003 年，澳大利亚海洋产业增加值为 267 亿美元，对国民经济的贡献率为 3.6%；其中对海洋产业增加值贡献率最大的为滨海休闲旅游业，高达 42.3%；紧随其后的是海上油气业，贡献率为 41.8%；与 2002 年相比较，海上油气产业增加值贡献率增长了 6%；与此相反，海上运输业与船舶建造业对海洋经济的贡献率有所下降。澳大利亚海洋经济对国民经济的贡献率基本保持在 8% 左右，远高于世界均值 4%。

澳大利亚沿海油气业以及海洋渔业等产业均以出口为导向。海洋产业出口总值一直占澳大利亚海洋产业增加值的一半以上。近年来，中国经济迅速发展所带来的对巨大油气资源的需求，使澳大利亚海洋油气业出口值连年攀升，海洋油气业对海洋产业出口值的贡献率最大。另外，澳大利亚地广人稀，原生态旅游资源丰富，滨海旅游业亦是澳大利亚海洋产业的一大支柱，对该国海洋产业的贡献度一直稳居海洋产业的前三位。

澳大利亚海洋产业产值对国民经济的贡献率高达 8%，在全球处于领先地位的海洋产业主要包括高速铝壳船和渡轮的设计与建造、海洋石油与天然气、海洋研究、旅游、环境管理、农牧渔业等。2018 年澳大利亚海洋产业产值超过 681 亿美元，提供了 39 万多个就业岗位，缓解了澳大利亚社会的就业压力。

近年来，澳大利亚海洋经济发展面临重大挑战，频繁发生的洪水和侵蚀等极端事件对海洋生态系统产生了很大的负面影响，并且对社会产生了深远的影响。澳大利亚政府为应对这些问题，出台了一些政策，如加强港口等基础设施建设，更加重视海上主权和海洋安全，并且成立了专门的海洋科学部门以制订国家海洋科学战略计划，着重发展蓝色经济。

第二节　先进国家海洋经济管理教育教学的现状

一、日本的海洋教育

海洋学一般是指海洋（包括大气）、海平面、海底和海底地下的自然科学领域。还有一些领域称为海洋工程，用于研究机械、电气和电子、土木工程和建筑、环境技术和方法。此外，人文社会科学领域的重要性现在也得到了重视，这些领域侧重于海洋与人类社会的政治、法律、经济和文化之间的关系。

顺便说一下，在海洋教育方面，海洋（商船、航运）教育和渔业教育以及造船相关教育被视为海洋教育的时代在国内长期存在。随着20世纪70年代开始全面启动的海洋开发，美国开始积极实行NOAA向相关海洋大学提供补贴的政策，并建立了广泛的教育系统，旨在培养高素质人才，传播和促进海洋思想。

为应对从70年代开始的海洋开发热潮，日本新设了与海洋开发相关的学科和学部。在造船业的衰退和结构改革中，传统的造船工程系更名为海洋系，包括与海洋和沿海地区开发、使用和保护相关的各种学科。

其中，以理学系为中心的东京大学海洋研究所非常有名。无论是国立还是私立大学，都有很多工学院的造船系和土木系学科。还有在中国唯一拥有海洋学部（7个学科）的东海大学。此外，还有东京水产大学、东京商船大学、神户商船大学以及水产大学、海上保安大学等。

关于高等学校教育。水产类高等学校与海洋、环境教育的关系特别密切，水产高中在全国的沿岸都道府县中以各一所的比例分布，其中，北海道、岩手县、千叶县的自治体有三所水产系高等学校。渔业高中也反映了时代的潮流。近年来，与海洋、沿岸区域的开发、利用、保护领域相关的课程很多，其名称也由"水产高中"改为"海洋高中"。

另一方面，从平成十三年（2001）4月起，日本有8所海洋学校成为独立的行政机构，其名称也变更为海洋技术学校。

关于中小学教育。从2002年4月开始，从小学到高中的所有学年都将新增"综合学习时间"。设置的理由是担心儿童缺乏经验，包括自然体验和生活体验。独立思考、判断和行动的能力，健康，生活体验和自然体验是必不可少的。海洋和环境教育应适用于这一重要目标领域。

首先，关于学校教育中海洋和环境教育的理想方式，可以这样说，迫切需要：

——建立教师和非教师之间的协作机制，以纳入当地教材和学习环境。

——编写处理海洋和环境问题的教材和方案。

——提高中小学教师对海洋和沿海地区的基础知识。

——与地方政府、公民、非政府组织、非营利组织和渔业合作社等当地社区合作。

——建立环境教育业务模式（介绍和销售教育工具、提供和创建计划、调解和代理现场指导和程序、派遣和接送专家等，以取代教师、安排船舶、建立安全管理系统等)。

其次,社会教育和终身教育的理想方式,总结如下:

——澄清海洋和环境教育在沿海地区管理中的地位。

——利用当地特点举办海洋和环境讲座。

——通过交流和体验计划促进生态旅游和蓝色旅游发展。

——通过海洋与环境教育促进城市发展和区域发展。

——建立海洋和环境教育相关信息数据库,绘制教材地图和资源地图。

——建立植根于当地社区的海洋和环境教育网络。

日本对海洋教育的传统定义仅停留在商船、海运方面的海事教育、水产教育和造船教育等上。1970 年掀起的海洋开发热潮中,日本受美国海援计划影响,也把相关海洋大学优秀人才的培养、海事思想的普及与振兴作为目标,开始建立教育制度,并将其范围从高等教育逐步拓展至市民教育领域。发展至今,日本海洋教育的定义已经扩展为海洋及沿岸地域的开发、利用、保全等包含各种学科的广义的海洋教育。①

目前,日本在海洋教育方面除了对海事教育等专业人才的培养外,亦十分重视全民海洋意识教育。政府在海洋环境教育方面立法的主要成果包括《海洋基本法》《环境基本法》《环境教育推进法》等。其中,"增进国民对海洋的理解"作为重要原则与方针贯彻于各项法律中。同时,政府加大于支持普及与海洋有关娱乐活动的力度,让民众更亲海、爱海。民众在海洋环保方面占据了主导地位,政府则处于提供资金和制定政策的辅助地位。②

日本近二十年来未积极推动海洋教育,近年来已有脱节现象,海洋政策研究财团适时接手,对海洋政策的推动厥功至伟。该财团原名为财团法人日本造船振兴财团,于 1975 年成立,从事经营诊断、企业贷款、技术开发支持、海洋污染对策以及关联工业的振兴。随后,因为造船业对海洋的影响,财团扩大对海洋总体的研究活动,于 1990 年改名为船舶与海洋财团(Ship & Ocean Foundation,SOF),2002 年设立 SOF 海洋政策研究所。2005年又改名为海洋政策研究财团,从事造船 CIM 之开发、海事研究、《海洋政策大纲》及《海洋基本法案概要》的编辑等,是研订日本《海洋基本法》中海洋教育规划的主要推手。

---

① 近藤健雄:《わが国の海洋・環境教育の現状と今後のあり方》,OPRI,2002 年。

② 《海洋教育是什么? 美国、澳大利亚、日本为何如此重视海洋教育?》,见搜狐网(https://www.sohu.com/a/308745106_120065720)2019 年 4 月 18 日。

为促进教育现代化，日本正在通过课程改革、评价机制和制度建设等措施，稳步推进。日本新一轮的课程改革在学科学习上重点突出主动学习、协同学习、探究性学习的重要性；在学习指导上突出平衡教育内容与教育方法的重要性；在知识结构上突出主动学习与知识量的相互平衡，切实掌握主要概念知识，结构性把握事实性知识；教育要适应时代需求与变化，提高学习成果、教师评价的可信度和有效性；突出新课程标准的教师培训与学习的重要性，促进一线教师观念的转变。

同时，日本在构建现代化学习评价机制。传统的评价方式无法满足现代化学习的需要。没有评价方式的改革与创新，新一轮课程改革就无法实施。培养学生的能力素质、建立合理的评价机制是未来日本教育要解决的核心问题。

学生的学习能力不仅包括认知能力，还包括好奇心、耐久力、价值观、领导力等非认知能力。因此，应建立合理的评价机制，准确评价学生的非认知能力；借助国际先进理念与技术，借助国外专家学者的研究力量，研究开发教师能够充分应用的评价手段和评价工具；推进现代化学习评价，引导学生在现代化背景下主动学习。

高等教育从连续提高学生能力的角度评价学生在高中阶段培养的能力素质是日本学习评价改革的重点。日本高等教育入学选拔将适当采用高中学业成就评价结果；改革高等教育入学选拔考试，采用高中阶段学校评价的做法，能够评价宽泛的知识面和能力，比短时间的考试评价更合理；进一步推进课程改革和高中与大学衔接的方向性改革。

此外，日本提出，通过大学本科课程，广泛培养未来市民所需的基本教养和行动能力，系统理解和掌握特定学术领域的基本知识；将知识体系的意义与自我存在从历史、社会、自然的视角进行关联理解，包括多文化、跨文化的知识和人类文化、社会自然相关的知识。

新兴经济体的发展改变世界经济格局，使得国际竞争更加激烈。日本希望与中国、印度协同发展，成为拉动世界经济增长的联合引擎，把培养具有国际竞争力的创新人才列入日本"创新25"国家发展战略。2015年，日本政府发布的"日本再兴战略"修订版进一步强调"以投资未来促进生产性革命"，支持"提高赚钱能力"的企业行动，促进技术创新和成果转化。

在高等教育方面，日本还将建立特定研究型国立大学制度，打造能够从全球竞争中脱颖而出的顶级大学，实施"知识财产立国"战略，发展支撑未来产业社会的尖端科学技术。在掌握高度的经营权的前提下，吸收国内外各种资源，为具有竞争力的新型大学的发展提供制度保障，实现大学和风投企业间的良性循环。并参照海外案例，培养创新、创业人才，促进大学科技成果转化。

为了发挥特定研究型国立大学的先导作用，开展具有世界顶级水平的教育科研活动，形成进行国际研究、人才培养、知识创新的基地，全面实现"知识财产立国"战略目标，日本将重点采取以下措施：大学如果已经具备国内最高水平的研究实力以及国际协作、社会联动的业绩，应继续发挥优势，开展吸引优秀人才的高水平教育研究，从国内竞争中脱颖而出，在国际竞争中进一步发挥优势；从海外吸引并培养优秀学生、教师、研究人员；发挥独创性研究优势，促进创造新价值的学科的融合，开拓新的学科领域；促进与海外大学等的合作联动；加强社会联系，为充分转化研究成果而积极开展与社会的协动、联动；在特定研究型国立大学强化财政改革，改善教育研究环境，实现资源利用最大化，实行透明、有效的监管运营；通过教育研究成果回馈社会，获得社会适切的评价与适当的援助并以此打牢财政基础。

未来，随着社会经济发展方式的转变，不仅要培养适应社会经济发展需求的高质量职业技术人才，还要增加学生接受职业高中等职业教育的机会，满足成人学习的需求。为此，日本将建立新型高等教育体系，以及开展实践性职业教育的职业教育大学制度。为了实现高等教育的多样化、功能细分化、双向化发展，作为高质量专门职业人才的高等教育机构，新型实践性职业教育大学将成为学位授予机构，并被列入高等教育体系。职业教育大学将与产业界紧密合作，由企业参与教育课程编制与教育教学评价，不仅培养学生必须具备的基本职业技能，还让学生掌握基于事件经验的最新专业性、实践性知识技能；重视实习、实验，引入项目制学习和企业实习制度，最大限度地满足应对产业结构调整、振兴区域经济的高质量职业技术人才培养的需求。①

二、美国的海洋教育

美国海洋教育目标很明确，注重科学学习，透过海洋相关议题让学生学习科学、技术、工程、艺术等，并开始强调学生应该培养跨领域素养和能力。美国国家研究理事会在 2010 年公布了《K－12 科学教育框架——实践、跨领域概念与核心概念》，构建了科学教育的基本框架。此后，美国国

---

① 田辉：《2030，日本教育什么样》，载《语文学习》2017 年第 3 期，第 87 页。

家研究理事会、国家科学教师协会以及美国科学促进协会共同提出了次世代科学标准（Next Generation Science Standard，NGSS），这成为美国教育的主轴与主要参考标准。科学探究或探究式学习是 1996 年美国国家科学基金会提出来的一种科学教育方法，强调解决问题与探究式学习。2013 年，NGSS 将"科学探究"改为"科学实践"，NGSS 的目标则变成让学生都能够理解科学，让每个人都具备科学素养，让学生面对知识时能够关注知识的理解与应用，而非只是背诵。这样的基本原则也成为美国海洋教育的基本方针。NGSS 不仅包括科学内容，还有科学实践和科学原理。每一个标准都由学科核心概念、科学与工程实践和跨学科概念这三个维度组成。因此，美国的海洋教育可以说是以海洋议题为手段，以让学生具备 NGSS 的三个维度指标为教育目标。

美国海洋教育也强调地方特色。以加州为例，2014 年加州教育局为了推动教师落实 NGSS 的概念，制定加州环境素养及对应指标，透过环境素养来强化当地环境的议题，由州政府教育局提出制作当地环境相关教学工具包。另外，加州也委托圣地亚哥教育局以地方环境素养指标为基础，让科学家、教育家与教师结合 NGSS 和当地环境共同研发教材，并提供给教师使用，实现海洋环境教育当地化。

下面以伍兹霍尔海洋研究所为例介绍美国海洋教育。

伍兹霍尔海洋研究所是专注于海洋科学与海洋工程的非盈利私人研究和教学机构，成立于 1930 年，是美国最大的独立海洋学研究所，拥有教职员工和学生约 1000 人。①

研究所专注于海洋科学与工程研究，研究领域覆盖海洋基础学科和海洋工程的各个方面，并长期与麻省理工学院联合培养研究生。研究所设有五个系及一个中心，分别为应用海洋物理与工程系、生物学系、地质与地球物理学系、海洋化学与地球化学系、物理海洋学系和海洋政策中心。2000 年，为了促进学科交叉合作研究及科研成果的转化与应用，研究所成立了四个跨学科领域的海洋研究中心，分别为海岸海洋研究中心、深海探测研究中心、海洋与气候变化研究中心、海洋生命研究中心。目前，研究所共有 40 多个实验室和研究中心，拥有一批优秀的前沿科学家、专职的海洋技术人员以及强大的支撑队伍，对于相关领域的重大事件能够迅速做出反应，例如，发现深海热液喷口、泰坦尼克号残船，处理墨西哥海湾喷油事故，寻找法航失事飞机，等等。

---

① See https://www.whoi.edu/who-we-are/.

研究所为科研人员提供先进的海洋设施和服务。研究所负责管理和运行近岸科考船 Tioga、大洋科考船 Atlantis 和 Armstrong（Armstrong 是在 Knorr、Oceanus 退役后，2015 年由美国海军提供的科考船），科学家可以搭载其前往全球海域开展各类研究工作。研究所拥有一组水下潜器和用于海洋探测的各种仪器设备，包括著名的载人潜水器 Alvin，遥控水下机器人 Jason，自主水下航行器 Sentry、REMUS 和 SeaBED，各类滑翔机（Gliders），以及国家海洋科学加速器质谱仪设施（National Ocean Sciences Accelerator Mass Spectrometer）、东北国家离子探针设施（Northeast National Ion Microprobe Facility）等大型测试装备。研究所提供各种海洋研究支撑服务，包括航海技术人员、系泊和索具服务、潜水、压力测试设备等。

研究所除了常规行政部门，还设置采购部，专门为科研人员提供设备、实验用品和相关服务的购买和支付服务，既能确保商品和服务的质量，又能保证科研人员及时以较低成本获得所需用品，节省科研人员的时间成本，提高工作效率。采购部负责购置经费使用的合理性，确保经费使用符合政府和私人机构的要求。另外，设有环境健康和安全办公室，负责研究所的环境健康和实验室安全管理。法律事务和顾问办公室为研究所提供法律服务，促进研究所教育和研究任务的顺利执行，减少法律风险和成本。

研究所注重构建具有激励性的学术氛围、宽松而积极的工作环境；通过调整现有的媒介平台，推动全所范围内的深度交流，鼓励全体员工参与研究所的重要事项决策，共同推动研究所的发展。科研人员可以随时进行各种类型的科学交流会议，包括学术报告、部门会谈、研讨会、专题讨论会等，展示和交流研究成果。定期向全所职工发布研究所重要新闻、周历和各类刊物，通知员工研究所新闻事件和重要工作进展，并收集和接收员工提供的各类信息，促进研究所内部交流和团队意识的发展。研究所非常重视对外宣传。设置通讯部负责宣传和公众事务，介绍和宣传研究所在海洋科学与工程领域开展的研究和教育工作，以及对社会的贡献和价值。研究所设有信息办公室和海洋科技展览中心，对公众开放，加强与公众的交流互动。信息办公室负责建设和维护信息丰富且风格活泼的公众网站，并保持网站信息的更新速度；印刷各类宣传图片、图册向公众宣传研究所。研究所为博物馆、制片人、出版商，以及其他媒体提供已授权的图像和视频，利用广播媒体促进和宣传研究所开展的研究工作和考察活动，提高研究所的知名度。研究所出版主办的专门介绍海洋前沿科学与技术进展的 *Oceanus* 杂志，以其可读性及其深入介绍海洋科学的鲜明图件、多媒体功能著名，近年来多次获得美国优秀杂志奖。①

除了科学研究和技术创新，多年来教育一直是伍兹霍尔海洋研究所使命的重要组成部分。第一个正规教育项目是 1955 年开始为本科生提供暑期研究机会。1968 年开始与麻省理工学院共同开展海洋学联合项目，为有兴趣从事海洋科学或工程事业的学生授予博士学位。

三、英国的海洋教育

英国中小学以项目为主要渠道推进海洋教育。自 2009 年起，英国开展了"同一个世界，同一个海洋"（One World, One Ocean）项目。该项目以一只泰迪熊为主人翁，以这只泰迪熊在世界各地进行的海洋旅行为主题，通过讲故事的方式普及海洋知识，并进行在线和课堂分享。②"同一个世界，同一个海洋"项目不仅在课堂中增加了海洋教育主题，而且培养了学生的兴趣，有利于他们学习海洋知识。近年来，该项目在英国中小学取得了良好的教育效果。

四、澳大利亚的海洋教育

在澳大利亚，海洋教育主要由专门的海洋学院和大学的生物系、环境工程系承担。为了与澳大利亚联邦政府实现国家海洋发展战略的目标相一致，20 世纪 90 年代以后各海洋高等教育机构纷纷调整了各自的专业和课程。澳大利亚海洋学院位于澳大利亚南部，长期以来在海洋研究方面形成了自己的独特优势。近年来，为了适应澳大利亚海洋发展的新变化，澳大利亚海洋学院在研究方向上进行了调整，拓展了很多内容。比如，在海洋生物方面，测定各种鱼类在海水养殖中的系统敏感性；结合气候变化，研究海洋与其他系统之间的相互作用；开发海洋环境智能信息和通信系统；等等。另外，澳大利亚一些大学的生物系在政府部门加大海洋科学研究投入、推动多领域海洋科学研究的背景下，也逐步从单纯的海洋生物研究过渡到了海洋多领域研究。比如悉尼大学和詹姆斯·库克大学，其研究领域涉及海洋动植物、海洋法、海洋生物、海洋与气候的变化、海洋资源管理

---

① 李春娣、林间：《美国伍兹霍尔海洋研究所的人才管理与评价机制及其对我国海洋科研机构管理的启示》，载《世界科技研究与发展》2017 年第 4 期，第 318 – 322 页。

② See http://noc. ac. uk/education/postgraduate – studies，12/04/2018.

等。一些大学的环境工程专业在国内海洋经济大发展的背景下及时对专业方向和课程做了调整，增加了相关海洋课程的比例。

有很多资金组织和科研机构资助或致力于海洋科学研究，比如，海洋科学技术资金会主要资助一些应用性的海洋项目，澳大利亚生物资源研究资金会所提供的资金全部用于海洋分类学研究。科研机构中规模比较大的有成立于1972年的澳大利亚海洋科学研究所，这是一个由工业、科学和技术部直接领导的国家级科研单位，其经费主要由联邦政府拨款，或通过与企业合作获得。近年来，澳大利亚海洋科学研究所的专业研究主要包括维护海洋产品的开发和销售、改进海洋管理体制、促进澳大利亚海洋事业以及扩大国际关系等。

第三节　先进国家海洋经济管理教育教学的主要启示

一、改进教育教学的技术手段

《国家中长期教育改革和发展规划纲要（2010—2020年）》强调："信息技术对教育发展具有革命性影响。"[①] 事实上，在目前的数字化校园里，手机已经成为学生学习与交流的重要工具，碎片式学习越来越普及，越来越多的微课（微视频）可以通过手机即时观看，问题讨论、作业与考试也可通过手机来完成。随着数字校园向智慧校园迈进，手机的这种应用只会越来越频繁。面对这一切，难道教师还能像以前那样实行"一言堂"、满堂灌？课堂中讨论的内容还仅仅局限在教科书与考试大纲的范围之内？学校和教师还能继续对学生通过手机便捷地获取的信息与知识视而不见？学生遇到问题还会只向书本或教师求助而不去网络中寻找鲜活的答案？

网络时代之前，信息与知识的主要载体是纸质材料，如书本、报纸、刊物等。虽然那时已经有了广播、电影、电视等电子媒介，但由于制作条件较高、不便于个人保存与随时随地获取，加上以音频、视频为主要承载形式，电子媒介并未完全取代印刷媒介的主流地位。网络时代，信息与知识的主要载体慢慢由纸质媒体变为网络，人们获取信息与知识的途径也随之由各种印刷品变为网络。今天，人们上网的时间远多于读书的时间，日

---

① 《国家中长期教育改革和发展规划纲要（2010—2020年）》，见中华人民共和国教育部网站（http://www.moe.gov.cn/srcsite/A01/s7048/201007/t20100729_171904.html）2010年7月29日。

常生活中的大部分信息来源于网络而不是书刊。那么，知识由书刊转移到网络之后，是否还是原来的样子？知识的结构发生了哪些变化？读书与上网一样吗？我们的学习行为又发生了哪些变化？"互联网＋"课堂首先意味着让互联网进入课堂，而不是将互联网拒之于教室门外。应该鼓励学生自带手机与笔记本电脑来上课，容许学生在课堂上自由上网。可以预见，这种大胆的提议仍然会受到部分教师的强烈抵制，因为他们还没准备好如何应对互联网对课堂教学的冲击与挑战，还没学会如何在课堂上与手机和网络"和平共处"，取长补短。教学实践表明，手机进学校与课堂，有着非常广阔的应用前景，会促使学校教育与课堂教学发生翻天覆地的变化。今天，网络将现实生活与我们联系得越来越紧密，世界上任何地方发生的事情，我们第一时间就能知晓；网络为我们获取各种信息与资源提供了极大的便利。学校不再是世外桃源，课堂也不再是空中楼阁，生活与学习不再被人为分隔。学生只会对与自己的生活关系密切、与现实世界的真实问题关系密切的内容感兴趣。

二、改进教育教学方法

今天的课堂教学，应该多从现实与生活中寻找内容与素材，打破学科之间的壁垒，实现综合性、开放性和混合性学习。教学内容不再拘泥于教材与大纲，而是以教材为基础，以大纲为线索，从网络和生活、工作中寻找真实素材、真实案例进行教学。比如，上教学设计课时，让大家结合当前的一些教改热点进行分析。把教学与研究创新结合起来。我们经常在课堂上向学生介绍自己最近在研究什么，在思考什么问题，写了什么文章，遇到什么问题，以及如何解决这些问题，向学生示范自己的研究与思考过程和方法，与他们分享自己的成功与失败、经验和教训，让他们有所领悟并效仿。有时还会动员学生参与自己的研究项目，一起设计调查问卷，开展研究实验。在分析调查与实验结束后，我们也是采用让学生先说、自己后说的方法，进行点评与示范式教学。

抽时间让学生在课堂上分享自己从网络或其他地方学到的新知识、新技能。学生分享的知识与技能有很多教师自己都不知道，在这样的课堂上，有时教师的收获甚至比学生还多，真正实现了教学相长。在教学过程中，鼓励学生写博客或文章，对知识碎片进行整合。

"互联网＋"时代需要新的关于教与学的理论。人的大脑需要一个体系和框架，才能运作正常，否则就会混乱不堪。大脑不可能在一个紊乱的环境下工作，所以，心智是有模式的，理论就是一套模式，教与学理论就是一套关于指导我们分析教与学的问题、提出解决问题的思路与策略的模式。如果理论模式与事物的发展变化规律一致，那么，我们就能准确预测可能出现的情况，找到正确的应对办法，否则就会差之毫厘，谬以千里。今天的网络时代，知识与学习已经发生了质的变化。然而，目前使用的教与学理论依然是网络时代之前形成的，无论是行为主义还是认知主义，无论是人本主义还是建构主义，尽管它们仍然可以在许多不同类型、不同情境的教与学中发挥指导作用，但对网络时代出现的大量新问题、新情境、新挑战，它们早已捉襟见肘、无能为力。固守着这些理论，反而会让我们的思维与行为越来越僵化，使我们越来越落后于快速变化的时代。如何才能避免僵化的心智模式？唯有建立一个开放的、不断更新的系统，才能适应不断变化的外部环境。因此，必须不断更新自己的名词、概念、理论体系，赋予它们新的内涵，以适应外界环境的变化。一句话，新时代需要新的教与学理论。

三、增强学生的创新性

网络时代，学习的目的不再只是传承前人的知识，创新才是关键。培养创新人才是教育的重中之重。要培养创新人才，就必须帮助学习者建立独一无二的、个性化的知识体系。记忆不再是最重要的能力与目标，学会创新才至关重要。今天，大力提倡的创客教育就是创新教育的一种特殊形式。"创客"一词来源于英文单词"maker"，是指不以赢利为目标，努力把各种创意转变为现实的人。创客教育契合了学生富有好奇心和创造力的天性，以课程为载体，在创客空间的平台下，融合科学、数学、物理、化学、艺术等多学科知识，培养学生的想象力、创造力以及解决问题的能力。据了解，目前国内创客教育还处于起步阶段，主要是少数爱好者利用课余时间开展的各种培训与比赛活动，或者作为校本课程，还没有与学校的课堂教学真正结合起来，影响到的学生人数也比较有限。如何将创客教育引入课堂，让更多的学生受益，是今后值得研究的一个重要课题。

新建构主义教学法的核心理念是在保证必要的系统学习与维持正常教学秩序的基础上，鼓励学生在课堂上开展分享、协作与探究活动，通过说出、写出、做出等循序渐进的方式，将从网络中学到的碎片化知识与从教材中学到的系统性知识有机整合起来，形成具有一定个性化的知识体系。①特别需要指出的是，创客教育与新建构主义教学法不谋而合，创客们坚持创新、持续实践、乐于分享，充分体现了新建构主义的学习理念，是在"做出"这个最高层次进行分享式学习的典型代表。

---

① 王竹立：《新建构主义教学法初探》，载《现代教育技术》2014 年第 5 期，第 5 - 11 页。

第六章

海洋经济管理教育教学模式创新的内涵、原则与路径

第一节　海洋经济管理教育教学
模式创新的内涵

21 世纪是海洋开发与保护的世纪，海洋经济作为沿海国家经济的核心驱动力，越来越发挥着重要的作用。世界各国致力于发展海洋产业和海洋经济，争抢海洋资源进入白热化阶段。中国作为海洋大国，拥有 18000 千米的大陆海岸线和 14000 千米的岛屿岸线，海洋环境和资源条件优越。习近平总书记在中共中央政治局第八次集体学习时，特地强调提高海洋资源开发能力、发展海洋经济、建设海洋强国的重要性。① 由此，全国掀起了一股开发海洋、利用海洋、发展海洋产业的热潮，海洋经济日益受到党中央、国务院以及沿海各省市的高度重视。

中国共产党第十八次全国代表大会政治报告提出，大力发展海洋经济，建设海洋强国，以"21 世纪海上丝绸之路"为蓝色经济纽带，实施海洋强国战略。② "一带一路"建设贯穿全球各大洋，遍布世界各大洲沿海国家与地区，需要一大批适用型海洋人力资源支撑。随着中国社会主义市场经济的迅猛发展和海洋强国战略的实施，中国对海洋产业经营管理人才的需求日益扩大，高质量的海洋经营管理人才越来越成为影响中国海洋强国战略实施的关键因素。

人才保障是国家富强的坚强后盾，海洋人力资源是海洋产业与海洋经济发展的第一要素。中国要开拓蓝色国土、发展蓝色经济，需要加大对海洋教育的投入力度，培养一大批从事海洋经济开发与管理的人才。海洋经济管理教育教学是中国海洋经济开发与管理的重要人才培养专业学科教程，有必要推动中国沿海各高等院校设立海洋经济管理教学课程，并将海洋经济管理理论教学与实际应用相结合，加强理论联系实际，为开发中国海洋资源、发展海洋经济提供强大的人才支持。这对建设海洋强国具有重大的战略意义，也是中国海洋经济管理教育教学模式创新的重要内涵。

---

① 习近平：《要进一步关心海洋、认识海洋、经略海洋》，见中央政府门户网站（http://www.gov.cn/ldhd/2013 - 07/31/content_2459009. htm）2013 年 7 月 31 日。

② 《中共十八大代表强烈支持中国建设海洋强国》，见新华网（http://www.xinhuanet.com/18cpcnc/2012 - 11/10/c_113656719. htm）2012 年 11 月 10 日。

第二节　海洋经济管理教育教学模式创新的原则

一、契合中国海洋经济管理教育教学的实际情况

（一）中国海洋经济管理教育教学的实际情况分析

1. 参与式教学模式已初见成效

事实上，目前中国高等院校采用的学生参与式教学模式已经有了比较现实的条件和基础。首先，设置一个多样化的课程体系已经是绝大多数高校的共识。虽然与以法国为代表的西方国家大学选课制有差距，但是中国的大多数高校都实行学生自主选课的制度。其次，中国高校的教学过程和教学计划也开始面向学生，围绕学生的需要而展开，针对不同学生的特点，教学过程、教学计划可以进行有针对性的安排。再次，中国高校课堂教学方式也开始变得多样化，许多老师在这方面不断创新和尝试，讨论式教学方法、侧重实验式教学方法逐渐赢得了越来越多的老师与学生的认可。最后，教学管理的灵活性改革使学生参与式教学模式成为可能。过去在中国，学生入学后想改变专业方向相当困难，甚至想要去选修别的专业的课也不是那么容易，想学得快一点、早点毕业也不可能。但是现在，中国高校的教学管理制度正在进行灵活性改革，许多原来不可能的事情正变成可能，当然也包括学生积极参与教学活动。

2. 软、硬件设施满足基本需求

拥有较高质量的师资队伍。目前，中国涉海学科建设已达到一定规模，沿海/江地区数所院校设立了海洋类本科专业，硕士、博士学位点，个别省份成立了综合性的海洋大学或研究院。全国范围内，已有5所以海洋命名的高校；其他有涉海类专业的高校达60所；在所涵盖的学科领域中，海洋经济管理学科位居前列且具有一定的国际竞争力。

以广东海洋大学经济学院为例，其专职教师及研究人员共47人，其中正高级专业技术职务9人、副高级专业技术职务10人、中级专业技术职务14人。部分教师在全国同行业中具有一定的声望和社会影响力，具有比较深厚的专业理论知识，以及比较高的实践技能水平和能力，完全能胜任专业教学和管理工作。

3. 教学内容规范，符合客观要求

教学文件规范、齐全，符合专业办学的客观要求。本专业制订了比较规范的教学计划、教学大纲、实践技能考核方案等，考核内容和标准符合教学培养目标的要求，能够基本满足培养海洋经济管理人才的实践技能的需要。教材全部是国家规划教材，种类齐全，内容充实，能够满足专业教学的需要。

明确规定海洋经济管理相关学科的岗位技能。明确海洋经济管理相关学科到底涉及哪些专业，应该设立哪些学科，具备哪些岗位技能，是海洋经济管理开展实践教学的基础。为了适应 21 世纪海洋强国战略和海洋经济发展对海洋经济管理专业人才的需要，在管理、经济教学的基础上还需要加深其内涵，扩展其内容。在认真调查海洋经济管理的需求岗位（群）的基础上，把海洋经济管理涉及的岗位技能目标提高到一个更高的层次，使之更加完善，已成为迫在眉睫的任务。

(二) 中国海洋经济管理教育教学立足实际的发展方向

1. 根据海洋经济和管理发展实践更新教学内容

海洋经济管理教育教学以国家海洋强国重大战略目标为引领，旨在为国家海洋事业和地方经济发展培养具备扎实的海洋经济管理专业知识和服务国家海洋经济、海洋管理、海洋科技的创新型、应用型、复合型经管人才。因此，海洋经济管理教育教学必须全面对接海洋经济在国内和国外快速发展的新形势，结合市场调查及时更新学科专业发展目标和方向，积极组织教师深入海洋经济一线考察、了解海洋产业发展现状以及未来的发展趋势，深入涉海企业单位考察企业经营管理现状及未来管理发展趋向，与地方政府海洋部门、涉海企事业单位进行交流，把握市场经济发展对海洋经济管理人才的需求，根据海洋经济管理发展实践，结合高校办学条件、目标定位，及时更新海洋经济管理教育教学内容，结合海洋经济和海洋管理发展前沿，在海洋经济管理学科专业发展中凸显海洋特色。

2. 拓展海洋经济管理教育教学资源来源渠道

在高等教育中，教学资源对人才培养的质量相当重要，这在海洋经济管理教育教学中当然也不例外。来自不同渠道的资源，如课堂学习的教材、课外学习的资料以及一些供模拟实践的操作软件等，对教学质量和学生发展具有不一样的影响。高校在海洋经济管理教育教学中，要清楚地认识到自身教学资源方面存在的不足，主动与国内其他高校以及企事业单位加强交流与合作，积极拓展更多优质的教学资源，拓宽学生的视野，提高教学

质量，为培养高质量人才提供重要的保障。此外，可通过与国外高校联合培养人才的方式，引入国外高校优质的教学资源，并将其与学校原有的教学资源进行对比分析，加大海洋经济管理教育教学资源的投入，缩小与国内其他高校和国外高校在教学资源方面的差距，不断优化学科专业发展所需的教学资源。

3. 结合中国特色与国际经验发展海洋经济管理教育教学

随着经济全球化进程的深入推进，海洋在全球经济贸易联系中的作用日趋重要，加拿大、美国、英国、澳大利亚等国家纷纷提出适合本国的海洋经济发展战略，迅速掀起海洋经济发展的浪潮，在开发利用海洋资源和海洋空间方面取得了较高的经济效益，并在海洋经济发展研究中取得了许多重大成果，推动海洋经济管理教育教学发展取得新成效。因此，中国高校在海洋经济管理教育教学中，应结合中外海洋经济合作发展现状，借鉴国外高校海洋经济管理教育教学在人才培养模式、培养目标、培养过程、培养制度以及实践教学等方面的先进经验与方法。在中国特色社会主义道路前进的过程中，中国高校坚持中国特色社会主义办学方向，结合中国国情和教育现状，走出了一条具有中国特色的教育路径。这必然要求海洋经济管理教育教学立足于中国海洋经济发展实际，针对经济社会发展需求，摸索出符合中国国情和海洋经济管理发展实际的特色教学道路，在实行中国特色教学与借鉴国外经验的过程中创新海洋经济管理教育教学模式，实现培养综合型、实用型海洋管理人才的目标。

二、坚持海洋经济管理教育教学理论与新时代实践经验相结合

（一）中国海洋经济管理教育教学理论联系实际的问题分析

1. 培养目标问题

解读海洋大学海洋经济管理教育教学的培养目标，一定是围绕海洋综合管理、海洋产业经济、海洋区域发展三大方面，培养专业人才和技术实用人才。海洋课程体系设置要科学、合理，既要符合国家高等教育发展规划，又要符合教育教学规律和行业发展规律，突出特色，设立专业定位准确的培养目标。海洋经济管理专业定位与人才培养目标对海洋经济管理教育教学十分重要，这对海洋经济管理理论教学适应社会经济发展需要、切实加大实践教学投入、为涉海企事业单位提供具备较强工作能力和实践能力的人才具有重要的影响。

2. 师资队伍问题

海洋大学的师资队伍肩负着为中国培养海洋、渔业专业人才和技术实用人才的重任。在所有涉海学科和专业中，均设置有海洋科学、渔业科学等教学内容，承担海洋科学、渔业科学的教学任务。但从事海洋经济管理教育教学的专业教师人数少，专业性不强，大多数不具备海洋教育背景，还是以普通的管理学与经济学研究为主，只是兼职教海洋类经济管理课程，而且教学任务较重。因此，海洋大学应调整师资结构，引进和培养研究海洋管理与海洋经济的专业教师，组建研究型教学团队，同时注重"双师型"青年教师的培养。

3. 资源共享问题

海洋类经济的迅速发展，使得社会对人才的刚性需求大幅度增加，而海洋大学的教育资源明显不足。资源共享问题直接影响到蓝色课程体系建设。建设一个系统、全面、开放的网络教学平台，将全国各类海洋大学及涉海高校连接起来，将学校与各大海洋行政系统统合起来，促进学校与涉海企业的合作，实现校政、校企间的教育资源共享，将有利于海洋经济管理教育教学体系的建设，有利于学生享受优质的教育资源，可以拓宽学生的视野，激发学生对海洋经济管理学习的兴趣，使学生的海洋经济管理学习研究往专、精、深的方向发展。

4. 教材建设问题

教材建设事关海洋经济管理教育教学体系构建。就目前而言，海洋经济管理类教材是缺乏的，而且教材的理论性太强，实践性不足，加强海洋经济管理类教材选用及编写工作乃当前的要务。首选教育部规划教材、国家级重点教材、省部级优秀教材。引进先进的、能反映学科发展前沿的原版教材。编写具有海洋特色的经济管理教材，包括电子教材、多媒体教材，以促进海洋经济管理教育教学体系建设。教材建设是一项系统性工程，凝聚了教师长期以来的教研成果，因此，一个强大的海洋经济管理专业研究团队是教材建设的重要力量。

5. 课程设置问题

构建海洋经济管理教育教学体系，是从课程设置开始的。这些课程包括通识课（含公共基础课、公共选修课、公共集中实践）、学科基础课、专业课、专业集中实践等四大模块，既有海洋经济管理相关课程，又有非海洋经济管理课程。根据专业培养目标、服务面向设置蓝色课程，并处理好涉海课程之间及其与非海洋课程之间的关系具有相当大的难度。此外，现行的课程设置所区分的必修、选修课程并没有让学生真正明白课程性质和学习目标，有些教师在不同学科（专业）的同一门必修课和公选课的教学过程中没有很好地分清重点，难以达到海洋经济管理教学的理想效果。

（二）新时代海洋经济管理教育教学理论与实践相结合的发展趋向

新时代海洋经济管理教育教学理论与实践相结合，要求教师加强基础知识的教学，引导学生以学习基础知识为主，从理论与实际的联系中去理解知识，并运用知识去分析问题，做到学懂会用。我们知道，教学的中心任务是向学生传授书本知识，而书本知识对学生来说是间接经验，因此书本知识的教学应当特别注重理论联系实际。海洋经济管理教育教学体系构建，需要遵循一定的规律，处理好海洋类课程之间的关系。

新时代海洋经济管理教育教学理论与实践相结合，要求海洋经济管理理论教学坚持蓝色原则这一体系构建的基本原则。海洋大学设置的海洋经济管理的课程教学或相关专业，意在为海洋经济管理培养专业人才，需要体现涉海专业的特色，使对管理和经济的研究更具专业性和海洋特色。因此，在培养方案中，一定要设置与其他大学相区别的海洋类课程及蓝色课程，支撑海洋综合管理、海洋产业经济和海洋区域经济的知识结构和能力结构。

新时代海洋经济管理教育教学理论与实践相结合，要求高校结合应用型人才培养目标，不断完善海洋经济管理教育教学实践体系。充分发挥第二课堂在海洋经济管理教育教学中培养学生创新思维和锻炼学生创新能力、应用能力的重要作用，以学科竞赛为依托，为学生搭建知识转化与实践运用的学习交流平台。加强校企合作，构建校企联动的实践教学动态调整机制，实现理论教学与实践教学的有机整合，动态调整实践教学的相关内容，并适时补充、完善理论教材内容，为海洋经济管理教育教学构建多元化的实践教学体系奠定基础。

三、坚持在时代变革中推进海洋经济管理教育教学改革

（一）海洋经济管理教育教学应适应社会经济发展需要

培养服务国家经济社会发展和海洋强国战略的创新型、应用型管理人才是海洋经济管理教育教学的主要目标。因此，海洋经济管理教育教学唯有不断适应社会经济发展需要，才能为国家和地方海洋经济事业培养更多

高质量的海洋经济管理人才。在时代变革中推进海洋经济管理教育教学改革，要求海洋经济管理教育教学适应行业发展状况和社会人才需求，协调海洋经济管理教育教学各主体单位的关系，科学设置海洋经济管理教育教学体系。这对海洋类高校来说尤为重要，因为学校发展的定位也应适应国家重大发展战略和社会经济发展的需要。

海洋经济管理教育教学体系构建对人才培养的质量至关重要，但再好的课程体系也要适应专业特色建设及行业发展对人才需求的变化，适应学校发展的定位目标和师资队伍建设，适应学科之间、专业之间的教学资源整合优化，适应毕业生就业率、就业质量的提升。只有课程体系与人才培养目标及社会经济发展需要相协调，才能为国家和社会有效输送高质量的人才。

海洋经济管理教育教学体系构建是一项复杂的系统工程，有其特有的行业背景和内在规律，是一门科学。构建海洋经济管理教育教学体系，既要分析海洋大学的办学优势和区域经济、行业管理、行业经济发展状况，又要遵循高等教育教学规律，还要符合专业建设的实际，培养适应行业管理、行业经济、区域经济发展所需的人才。因此，科学设置海洋经济管理教育教学体系相当重要。

海洋经济管理教育教学体系构建，首先要与国家及省普通高等学校本科教学改革与质量提高工程要求相协调，其次要与行业、企事业单位对人才的需求相协调，再次要与海洋大学学科特色及人才培养目标定位相协调，最后要与学院的其他专业人才培养模式、办学模式和教学模式等相协调。

（二）海洋经济管理教育教学应随时代发展改革创新

随着时代的发展，传统的海洋经济管理教育教学理念、模式已无法适应社会发展的需要，唯有改革创新才是海洋经济管理教育教学焕发生机活力的重要源泉。海洋经济管理教育教学体系构建虽然是在管理学和经济学框架的基础上进行的，但有其自身的专业特色，已有的能拿来就用的理论知识较少，需要创造和创新。创新的目的是对现行的课程体系进行改革，探索出一条海洋大学海洋经济管理课程特色建设之路，以前瞻性眼光，瞄准未来学科和专业的发展趋势，在不断创新中保持优势，使特色专业前景明朗、充满活力。

在中国特色社会主义现代化教育教学改革的浪潮中，海洋经济管理教育教学模式和课程整体都需要进行相应的改革。教学模式的改革应该将理论与实践相结合，坚持以实践为主、理论为辅的原则构建教学模式，重视实训、实验教学环节。结合新时代创新型人才培养目标，注重学生创新创业能力、职业素养能力的培养。课程改革要求在课程设置上与涉海行业的相关工作岗位相结合，注重引导学生正确认识毕业实习、就业方向。海洋经济管理是一个实践性较强的管理学科，因此，大力推进涉海类人才专业技能培养，立足社会发展实际，合理设置招生计划，科学培养人才，是对海洋经济管理教育教学改革创新的必然要求。

第三节　海洋经济管理教育教学模式创新的路径

一、创新海洋经济管理教育教学模式的主要影响因素

（一）由高等院校海洋办学特色决定

广东海洋大学是一所以海洋和水产为特色、多学科协调发展的省属重点建设大学、综合性大学，也是以应用学科见长的海洋大学。[①] 广东海洋大学根据其海洋特色，多年来对海洋经济开发与管理进行了深入的研究与探讨，基本形成以经济管理学院为引领、各任课指导老师为主、学院辅导员为辅的海洋经济管理教育教学团队，师资力量正在加强，教研实力较强。由于广东海洋大学目前没有专门的海洋经济管理专业教学课程，缺乏专业的教学方案，而且海洋经济管理学的教育对象大多是经济学院和管理学院的学生，他们中的大部分纷纷转向海洋方向，引起部分海洋专业的学生的不满和老师的不支持。

广东海洋大学作为临近中国南海区域重要的海洋高等院校，必须抓住南海资源开发与海洋经济发展的契机，改革海洋经济管理教育教学模式，设立具有针对性的专业课程，通过不断引进高职称、高资历的学科领军人，牵头开发海洋经济管理方面的课程，加快推进海洋经济管理教育教学改革与布局。在综合型、实用型、创新型海洋经济管理人才培养中，做到理论与实践相结合。要根据广东省海洋经济发展和南海海洋资源开发现状的需求，为协调地方经济发展和建设广东海洋强省做出应有的贡献，将广东海洋大学建设成为办学特色明显并在国内外具有重要影响力的多科性教学研究型海洋大学。

---

① 见广东海洋大学官网的学校简介（https://www.gdou.edu.cn/xxgk/xxjj.htm）。

广东海洋大学作为培养新一代海洋经济管理人才的高等院校，做好海洋经济管理教育教学改革与规划，结合自身教学经验来培养适应现代海洋经济开发管理与市场经济发展趋势的优秀人才，是衡量广东海洋大学教育教学水平、师资力量以及科研实力的关键所在。

（二）由海洋经济管理的教学对象决定

海洋经济管理的教学对象主要是在校接受海洋经济管理教育的应届生以及从事海洋经济管理类工作的往届毕业生和对海洋经济管理感兴趣的人等。海洋经济管理的教学对象是影响该专业课程改革的重要因素，对象需求与课程内容安排必须协调一致。为满足这类对象的基本需求，基于对这类对象的培养，在提高他们的海洋意识、实践能力、适应能力、创新能力和综合素质等各方面做出全面、系统的人才培养方案、课程内容安排和实践平台建设等。

随着中国经济社会的快速发展，全球化进程加快，世界各沿海国家对海洋资源的开发利用进入白热化阶段，中国海洋经济发展势头良好。2013—2016 年，中国涉海从业人员不断增加（如图 6-1 所示），对海洋人才，特别是经过专业训练和培养具有专门技能和管理能力的海洋人才的需求也愈来愈大。

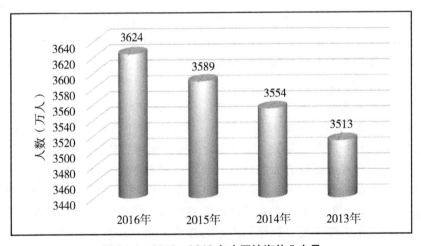

图 6-1 2013—2016 年中国涉海从业人员

（资料来源：《2013 年中国海洋经济统计公报》《2014 年中国海洋经济统计公报》《2015 年中国海洋经济统计公报》《2016 年中国海洋经济统计公报》，见中华人民共和国自然资源部网站）

国家海洋局发布的《全国海洋人才发展中长期规划纲要（2010—2020年)》也明确指出，到2020年，中国海洋人才资源总量要达到400万人，而海洋经济管理人才7万人，仅占总数的1.75%。① 这类人才的稀缺要求各涉海高等院校在制定海洋经济管理人才培养方案时，根据社会对海洋经济管理人才的需求，推进海洋经济管理教育教学改革和定向设置，做到理论教学与实践教学相结合，为培养新一批海洋人才做出应有的贡献。

（三）由海洋经济管理的方向决定

海洋经济管理的方向涉及海洋各行各业，海洋经济管理人才培养也会根据不同岗位需求有针对性地培养出实用型的管理人才。中国海洋经济产业总体上可概括为三大产业。其中，海洋第一产业是中国海洋经济的传统产业，即海洋农业。为维护海洋生态稳定和渔业的可持续发展，政府应推出一系列政策法规，加快传统产业转型升级和渔民转产转业。海洋第二产业是对海洋初级产品进行再加工的产业，它是中国海洋经济稳定增长和满足人们生活需求的重要保障，也是世界各国海洋经济发展的核心竞争力。海洋第三产业即服务产业，包括海洋旅游业、休闲渔业、海洋文化产业和娱乐产业等。

海洋第三产业是中国海洋经济增长的重要引擎，也是未来中国海洋经济发展的重要趋向和竞争趋势。西方管理学家曾经提出"管理即服务"的理论，可将管理融入服务当中。这对推进管理人才培养，尤其是海洋经济发展需要的管理人才，以及推动海洋第三产业发展具有重大意义。

2011—2016年中国海洋三大产业变化趋势如图6-2所示。其中，第一产业发展较为稳定，增长趋势缓慢，所占海洋生产总值的比重较低，且比重变化稳定，保持一定的增长水平。第二产业呈逐年增长趋势，但所占海洋生产总值的比重不断下滑。顺势崛起的是海洋第三产业，其发展态势良好，这意味着涉海高校在海洋经济管理教育教学改革实践当中，会投入更多的人力、物力、财力去培养适用型和实用型管理人才，在培养这类人才的管理能力的同时，应提高他们的服务能力并注重服务细节。

---

① 《全国海洋人才发展中长期规划纲要（2010—2020年)》，载《中国海洋年鉴》编纂委员会编《中国海洋年鉴2012》，海洋出版社2012年版，第57页。

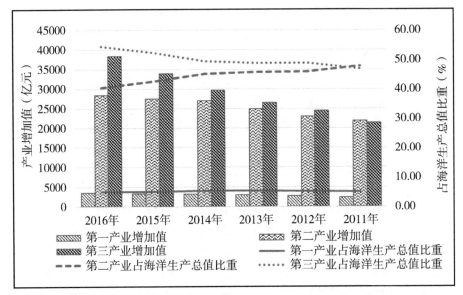

图6－2　2011—2016 年中国海洋三大产业增加值及其比重变化

（资料来源：《2011 年中国海洋经济统计公报》《2012 年中国海洋经济统计公报》
《2013 年中国海洋经济统计公报》《2014 年中国海洋经济统计公报》《2015 年中国海洋
经济统计公报》《2016 年中国海洋经济统计公报》，见中华人民共和国自然资源部网站）

（四）　由海洋经济发展的实际需要决定

中国共产党第十八次全国代表大会政治报告提出，要大力发展海洋经济，建设海洋强国，实施海洋强国战略，以"21 世纪海上丝绸之路"和"一带一路"为经济纽带，融合沿线各国经济发展优势，让沿线国家搭乘中国经济快车、便车，大力发展共享经济，推动经济全球化和成果全球共享。中国实施的海洋强国战略与科教兴国战略和可持续发展战略互相促进、互相协调，以科教兴国战略为建设海洋强国提供人才保障，以可持续发展战略维持海洋经济的健康、稳定发展。

2011—2016 年，中国海洋经济总产值逐年增加，从 2011 年的 45570 亿元增加到 2016 年的 70507 亿元，总量增加了 54.7%，但其增长率从 2011 年的 10.4% 下降到了 2016 年的 6.8%，且占国内生产总值比重下降了 0.2 个百分点，都维持在 9% 以上而不超过 10%（如表 6－1、图 6－3 所示）。这样的增长态势表明中国海洋经济发展动力不足，其发展空间仍很大，无法保持稳定的高增长率，其占国内生产总值的比重难以提高，最主要的原因是缺乏从事涉海工作的专门人才。

表 6-1　2011—2016 年中国海洋经济生产总值

年份	生产总值/亿元	增长率/%	占国内生产总值比重/%
2016	70507	6.8	9.5
2015	64669	7.0	9.6
2014	59936	7.7	9.4
2013	54313	7.6	9.5
2012	50087	7.9	9.6
2011	45570	10.4	9.7

（资料来源：《2011 年中国海洋经济统计公报》《2012 年中国海洋经济统计公报》《2013 年中国海洋经济统计公报》《2014 年中国海洋经济统计公报》《2015 年中国海洋经济统计公报》《2016 年中国海洋经济统计公报》，见中华人民共和国自然资源部网站）

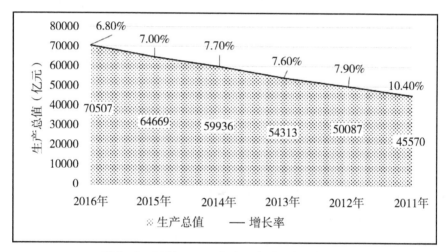

图 6-3　2011—2016 年中国海洋经济生产总值

（资料来源：《2011 年中国海洋经济统计公报》《2012 年中国海洋经济统计公报》《2013 年中国海洋经济统计公报》《2014 年中国海洋经济统计公报》《2015 年中国海洋经济统计公报》《2016 年中国海洋经济统计公报》，见中华人民共和国自然资源部网站）

人力资源是经济发展的第一资源，加强中国海洋人才培养是发展 21 世纪海洋经济的重要战略举措。这需要众多涉海高等院校迎合国家海洋经济增长势头，加快海洋经济管理教育教学改革，完善人才培养方案与规划，扩大人才培养规模，以实践为引领渠道，融合众多实践模式，加强学校与社会这两种不同教育环境之间的联结，结合国家海洋经济开发与社会经济发展需要，合理安排海洋经济管理课程与相关的社会实践活动，提高学生的综合素质和能力，保障人才培养的质量。

二、中国海洋经济管理教育教学模式创新的路径

(一) 立足海洋经济发展实际

海洋经济管理教育教学服务国家海洋强国战略和地方海洋经济发展,通过海洋经济、海洋综合管理、涉海企业管理等基本课程和其他与海洋相关的拓展课程的教育教学,为国家和地方海洋经济发展提供具有扎实的海洋理论知识基础的创新型、应用型、复合型经济管理人才。立足海洋经济发展实际,是高校开展海洋经济管理教育教学活动的重要基础,学科专业发展方向、人才培养目标、课程体系的设置、师资队伍的建设、教学方式以及教学体系等,均以海洋经济实际发展状况为参考,同时透过海洋经济热点、重点现实问题,对海洋经济前沿发展趋势进行研究预测,为推动海洋经济的健康发展提供智力支持。

中共十九大关于"高质量发展"和"加快建设海洋强国"的战略部署以及习近平关于"海洋是高质量发展战略要地"的重要论述,是海洋经济高质量发展的基本遵循和科学指引。当前海洋经济的高质量发展要坚持统筹发展、协调发展的理念,贯彻"五位一体"总体布局和"四个全面"战略布局指导思想,通过陆海协调发展带动经济、社会、外交等的发展,统筹国内外发展,统筹经济发展与生态环境保护,统筹人与自然和谐发展。海洋经济的发展实践具有复杂性的特点,在实际发展过程中要处理的关系很多,其具体实践的复杂性以及经济管理难度并不是从书本上就能轻松感知到的,很多管理流程也并不是简单地通过看看课本就能学会的,这是目前海洋经济管理教育教学存在的一个比较严峻的问题。

立足海洋经济发展实际,对国内外海洋经济的发展现状进行深入研究,将海洋经济管理教育教学与海洋经济发展结合起来进行系统分析,有助于在对比中审视海洋经济管理的教学问题,这是海洋经济管理教育教学模式创新的必要前提。大多数高校海洋经济管理教育教学都以理论教学为主,以实践教学为辅,而且教材的理论性过强而实践性不足的特点非常明显,这导致海洋经济管理人才的实践能力开发不足,严重滞后于海洋经济和社会发展对人才的需求。因此,有必要在课程中补充海洋经济管理相关工作的具体内容,包括涉海企事业单位部门基本信息、机构职权、工作流程等,以便于学生学以致用,帮助学生规划未来职业发展道路。立足海洋经济发展实际,不仅是做好海洋经济管理教育教学工作的基础,更能让学生接触

海洋经济管理相关工作，让学生在学习过程中联系实际，发现问题，并学会应用相关理论来解决海洋经济、涉海企事业单位管理问题。

（二）突出海洋经济管理特色

海洋经济管理教育教学模式创新，离不开对海洋经济管理特色的挖掘，这是打造海洋经济管理课程品牌的重要法宝。中国海洋经济发展面对国际社会经济发展新形势以及各国实施的海洋发展战略，立足国情，坚持走中国特色社会主义发展道路，开创海洋经济发展新局面。全国各省市的地方海洋经济在中国特色社会主义思想指导下，依托地方海洋产业经济发展的优势资源，走出区域海洋经济特色发展道路，为地方经济的发展做出了巨大的贡献。海洋经济管理教育教学与海洋经济和海洋管理活动紧密联系，这些与涉海企业、海洋经济、社会发展相关的素材都是海洋经济管理教育教学案例分析的重要来源，这些成功的案例不仅是对地方海洋经济发展特色的传播，更是海洋经济管理特色教学的重要组成部分。例如，福建宁德依靠海水养殖走出了一条闽东特色的海洋经济发展道路；青岛市发挥海洋特色优势，通过打造具有海洋科技特色的支行，为海洋经济发展注入强大的金融动能。推动区域海洋经济快速发展等相对较新的实际例子应该纳入海洋经济管理教学内容当中，并且教材的更新应该侧重案例分析，更加深入、更加全面地将海洋经济发展的典型案例诠释得更加完整，进而从中归纳出像海洋渔业管理、海洋自然资源管理、海洋金融等更为详尽的海洋管理知识点，以帮助学生更好地实现理论联系实际的学习效果，将海洋经济管理打造成具有案例教学特色的、实践性强的精品课程。

与一般的企业管理相比，海洋经济管理具有明显的海洋特色。海洋经济管理教育教学，既需要借鉴企业管理教育教学方法，又需要区别于企业管理教育教学。因此，形成具有海洋经济管理特色的教育教学方法，是突出海洋经济管理特色的一个重要表现，是创新海洋经济管理教育教学模式的必然要求。海洋经济管理教育教学有明确的人才培养服务对象，海洋经济管理为涉海企事业单位培养管理型人才。如何在与企事业单位合作的过程中摸索出一个具有较强专业性、应用性的校企对接人才培养方案，是海洋经济管理实施特色教学的重要表现。可以缩小学校人才培养质量与工作单位用人标准的差距，通过与用人单位合作办学，利用管理实践助推海洋经济管理教育教学的发展，结合海洋经济管理的实践性特点创新海洋经济管理教育教学模式，形成融合涉海企事业单位管理实践、理论教学与实践教学充分结合的特色海洋经济管理教育教学模式，增强海洋经济管理学科的特色优势。此外，海洋经济管理教育教学，需要加强师资队伍建设，组建高水平的教研团队，加强与海洋产业经济管理相关学科的对比研究，在学习借鉴相关学科的发展经验后，依据海洋经济管理学科的特点，形成具有海洋经济管理特色的研究思路，积极为学科建设搭建学术交流平台，突出海洋经济管理的研究特色。

（三）创新理论教学方式

海洋经济管理理论教学不是单一地由教师向学生灌输知识，而是让学生学会发现、分析、解决海洋经济管理实际问题的一个教与学双向互动的过程。当然，理论教学不应只局限在教师与学生之间的互动，教师与用人单位、学生与用人单位之间的互动对提高海洋经济管理理论教学水平、实现海洋经济管理人才培养目标也是十分重要的。

1. 教师与学生之间

时代发展对人才培养提出了新要求，海洋经济管理的传统教学方式已不适应社会发展的需要，现代信息技术的蓬勃发展为革新海洋经济管理教育教学方式注入了强大的动力。在中国，如何实现教育资源均衡发展、促进区域教育发展、缩小地方之间教育资源不均带来的差距，是长期以来都十分受重视的问题。在"互联网＋"大背景下，很多优质的教育资源通过互联网平台实现共享，在优化数字教育资源配置、促进高等院校教育公平等方面发挥了重要作用。学生借助线上平台享有更多学习与提升的机会，利用云端学习平台可以便捷地学习来自不同地区、不同高校的课程，有助于学生思维方式的提升，有利于学生在体验中激发对自主学习的兴趣和动力。教师在课堂上充分利用多媒体教学手段，为检验学生是否真正掌握所学的海洋经济管理知识搭建一个新的平台，给予学生更多展示自我的机会。学生的表现是教师得到教学反馈的一个重要来源，这种交流与互动能够推动教师不断改善教学方式。利用多样化的线上资源丰富教学内容，活跃课堂气氛，辅助学生深入理解知识点，拓宽学生的视野，启发学生进行自主学习、探究性学习。同时，教师通过在线教学平台和线下课堂，以线上、线下相结合的混合教学方式，突破单一授课模式的局限性，给优化教学效果创造了很大的空间。

对理论知识的检验，不应该只停留在课堂上。海洋经济管理还包含许多实操知识，只有在实践中才能有更深的领悟，否则学生就无法真正掌握知识。因此，海洋经济管理教学离不开实践，如何以既方便又高效的方式让学生进行实践，是海洋经济管理教学应重点研究的问题。一是以学科竞赛、创新大赛、模拟比赛等形式推动学生往更高层次方向发展。学科竞赛既考查了学生的理论知识，也考查了学生的实践能力，让学生在准备参赛、现场体验中迅速增加自己的海洋经济管理知识储备，有助于学生赛后总结经验，对今后的学习有较大的帮助；创新大赛与模拟比赛侧重对学生实践能力、创新能力的考核，有利于学生从比赛中学到更多实用的知识，激发学生的创新创造思维，增强团队协作能力、组织能力和管理能力。二是学校、教师与用人单位合作组织培训课堂。培训内容直接与工作挂钩，可以让学生提前了解和学习具体的操作技能，在实践中获得真知，有助于学生融会贯通，提高自身的综合能力。

2. 教师与用人单位之间

为更好地促进海洋经济管理教育教学的发展，高校教师主动联系用人单位，达成与用人单位在海洋经济管理教育教学方面的长期友好合作，为学生的学习实践提供更多的机会，这也是海洋经济管理教学不可或缺的重要组成部分。教师在与用人单位合作教学的过程中，获得更多用人单位的相关资源，并在课堂教学中分享给学生，这对学生的学习和发展有很好的引导作用，也有利于创新理论与实践教学模式。此外，海洋经济管理学科教材建设工作可以让涉海企事业单位也参与进来，教师扎实的理论知识和涉海企事业单位一线工作者长期的实践经验相结合，有利于产出适应新时代海洋经济发展需要的教材、著作等成果。这样的成果将基础理论和具体工作联系在一起，有助于学生做到理论联系实际，可与企业奖学金、政府奖学金相结合，激励更多的学生成长成才，这既是高校海洋经济管理教育教学取得成效的重要保障，也是高校为用人单位输送优秀人才的重要途径。

除了让用人单位辅助高校教育教学，还有一个很重要的环节就是高校教师到涉海企事业单位挂职锻炼。高校教师长期从事教学工作，很少接触一线生产、管理工作，甚至有些海洋经济管理专业的教师缺少海洋教育背景，对涉海管理相关活动并不十分了解。因此，有必要让一些青年教师到涉海企事业单位进行挂职锻炼，深入了解用人单位，也让用人单位看到高校海洋经济管理教学发展前景，争取用人单位对教学工作的支持和帮助。一方面，教师从挂职锻炼中获得的感悟和经验将为教学工作提供更多新的灵感，促进海洋经济管理教学理论的进一步发展，有利于完善海洋经济管理理论教学体系，给教师带来更多的方法和启示，有助于提升教师的实践教学水平。另一方面，教师通过挂职锻炼，能够了解到更多海洋经济管理方面的热点问题、核心问题，有利于海洋经济管理学科教学与涉海企事业单位在海洋经济管理人才培养方面的项目建设，给采取项目教学方式培养高质量的海洋经济管理人才带来宝贵的启示。

3. 学生与用人单位之间

海洋经济管理教学不只发生在高校课堂上，涉海企事业单位组织的小型培训也能取得较好的教学效果。将高校课堂理论教学与用人单位实践培训结合起来，有利于提高高校海洋经济管理学科的教学质量。学生与用人单位的接触不应只发生在即将毕业的实习阶段，高校海洋经济管理学科建设在确定人才培养目标的那一刻起，就应该将学生的学习与未来的工作定位相联系，积极寻找能够锻炼学生实践能力、工作能力的渠道和资源，并在实际教学过程中为学生提供实习、实践的机会，而不是让人才培养要求和目标成为虚设。如果目标是让学生通过课程教学和实习具备某一种专业的、具体的能力，那么，有些学生是无法实现这个目标的，因为他们没有这方面的实践资源。因此，高校应该给予这方面的引导和支持，在课程体系设置上做好参观调研、实习的安排，明确调研活动的主题和实习的相关要求，让学生将所学知识运用于实践中，在实践中学习新的知识，在学习中创造知识。此外，绝大多数学生长时间待在校园里，进入用人单位实习可以让他们提前适应工作岗位，开阔眼界，明白高校与工作单位运作的不同，了解用人单位对人才的要求，对学生提升自身的理论水平和实践能力具有重要意义。

在期末考核方面，需要将检验理论知识的实践考核纳入课程考核中。这里的实践考核不应局限于校园内，而应该充分发挥用人单位的作用，以更高的能力要求激发学生的潜力，为社会、涉海企事业单位输送更拔尖的优秀人才。因此，海洋经济管理的课程考核可以分为基础考核和项目考核。基础考核以理论知识为主，融合用人单位工作的基础内容，考查学生对知识的吸收能力。项目考核要求学生以团队形式参与，以企业调研为基本方法，针对在调研、实习过程中发现的涉海企业管理问题设计方案，考查学生发现、分析、解决问题的能力。高校应提供相应的资助，让学生更好地完成调研项目，让学生在海洋经济管理学习中掌握实地调研、项目策划、方案设计等技能和方法，全面提升自己的综合能力。通过调研项目，学生对企业的经营程序、管理工作有了更深的了解。根据项目考核结果，选出优秀团队和优秀个人，推荐给合作的企业单位进行重点培养，可以帮助企业甄选拔尖人才，为学生提供更多展示自我的机会，由此促进高校海洋经济管理教学的发展，实现学生、高校、企业三方共赢。

（四）加强实践教学体系建设

一是丰富实训课程内容，增强课堂实践教学效果。作为海洋经济管理实践教学活动开展的基础，海洋经济管理实验课程的重要性不言而喻。然而很多高校只注重经济管理理论教学，在实践教学方面的投入相对较少，由于不具备与课程教学相配套的实验室，学生的企业管理实践锻炼相对欠缺，难以培养出高质量的管理型人才。有些海洋经济管理授课教师缺乏该领域的实践经验，在实训课程教材编写方面存在较大的难度，有些高校安排有企业管理模拟实训课程，但是由于课程学时安排紧凑，实践教学环节所安排的学时相对较短，每周少于两次课，对实践要求相对较高的海洋经济管理学科来说，实验课的课时设置并不是非常合理，很难达到人才培养的教学目标。因此，办好海洋经济管理实践教学，迫切需要加大师资投入，适当引入在涉海企业管理工作方面具有丰富经验的企业人才，筹划海洋经济管理实训课程建设。引进先进的课程教材，组织专家、企业人才、教师对教材内容进行研究，分析学校海洋经济管理实训课程与教材内容之间的发展差距。结合学科的实验室配备条件，根据前沿发展方向和科学技术发展对人才的需求，投入资金完善实验室的设施。硬件条件的完善是实训课程开展的重要保障，有利于丰富课程内容，让学生在实操中感受海洋管理、科技的魅力。合理安排实操课的学时，提高课堂教学效率，让学生真正掌握相关流程的操作方法。

二是引进企业型导师，加强师资队伍建设。为弥补海洋经济管理教师实践经验不足的缺陷，除了选拔青年教师到企业进行挂职锻炼之外，高校还应积极引进企业型人才，这对促进教育教学模式改革与创新具有重要作用。企业型优秀人才具有丰富的企业实践经验，看事物的角度、处理问题的思维方式与长期从事教学工作的教师有所不同，引进企业人才无疑为加强师资队伍建设注入了一股活力。企业型人才具有较强的战略性、创新性思维，以企业的视角指导海洋经济管理实践课程教学设计，有利于提高实践教学体系的科学性，使课程教学内容与涉海企业管理实践要求更相符。此外，在实际教学当中，很多高校都实行导师制，但是大部分是与日常教学工作相关，并没有安排专门指导学生实践工作的导师，导致学生对实践的重要性认识不够。给每位学生分配一名企业型导师，不仅有利于指导学生有意识地学好实训课程，而且对学生的人生发展具有较大的帮助。企业型导师与高校教师各有所长，在组建高水平的海洋经济管理研究团队中发挥着重要的建设性作用。在学科发展的合作研究中，有关海洋经济的发展前沿，涉海企业管理的重点、难点、热点问题等方面的研究容易取得重大突破，有利于丰富海洋经济管理理论研究，为提升实践教学水平、增强实践教学效果提供理论支撑。

三是完善基础实践设施，与企业共建实践基地。完善的硬件设施配备是高校教学质量和教学水平的重要保证。除了辅助课程教学的校内实验室，与企业共建校外实践基地，锻炼学生的管理实践能力，是培养服务国家海洋经济的应用型、管理型人才的关键。因此，高校应加强与涉海企事业单位的沟通，争取得到企业、政府对海洋经济管理教育教学的支持，通过签订协议，与涉海企事业单位达成长期、友好的合作，通过涉海企事业单位对建设校外实践基地的资金支持，为双方开展其他项目合作奠定良好的基础。做好对实践基地的合理规划，既要做好实践基地管理团队的建设，又要做好人才培养的发展规划，为实践基地的管理运作、海洋经济管理优秀人才的培养做好充足的准备。在人员配备方面，高校要与涉海企事业单位做好沟通，共同协商制定和完善实践基地的管理制度，为学生实践操作活动的有效进行以及实践基地的有序发展提供制度保障。随着海洋经济管理教育教学改革的不断发展，实践基地的相关设备也需要进行相应的更新，助力实践教学课程的有效开展，通过定期邀请涉海企业的高层次人才、涉海事业单位的领导以及高校涉海专业教师开展经验交流和学术活动，努力培养具有较强实践能力、研究能力的管理型人才。

四是鼓励项目教学，有针对性地培养学生的实践能力。高校学生如果只注重课本知识的学习，缺乏相应的实践锻炼，如有些学生甚至连什么是项目、做一个项目有什么意义、如何开展项目等都不清楚，那么与接受过实践锻炼的学生相比，他们会很难适应将来的工作岗位，很难适应社会的发展。在人力资源竞争如此激烈的时代，缺少实践经验的学生无疑会在涉海企事业单位中处于劣势。因此，高校海洋经济管理教育教学应重点关注在校大学生这一普遍存在的问题，创新教育教学模式，找到既能促进学生理论知识学习又能锻炼学生实践能力的海洋经济管理特色教学方法，而项目教学将会是其中的重要组成部分。一方面，涉海专业教师基于自身的教学研究成果，针对课程对学生的能力要求，设计项目课程体系，每一个环节都是为学生最后的项目展示做铺垫，这个过程对学生的实践能力、学习能力、探究能力、思维能力都是很好的锻炼；另一方面，教师鼓励学生参与一些项目，甚至是自主策划项目，并给予学生有关项目方面的指导，比如，借助大学生创新训练计划项目帮助学生进一步巩固所学知识，通过学生项目训练、专业比赛推动海洋经济管理教育教学不断取得新的发展成效，有助于学生提前适应企事业单位的实践要求，积累一定的项目经验。

（五）深入推进产学研合作办学

在科学技术日新月异的时代，教学活动唯有紧跟社会经济发展的步伐，与时俱进，才能为促进国家科学技术和经济社会的发展、增强综合国力提供智力支持和人才保障。海洋经济管理教育教学不应只把目光放在学校，而应把海洋经济管理教育教学与社会发展、国家富强紧密联系起来，同时培养学生心系国家、心系社会的情怀。因此，高校应与涉海企业、政府机构、科研机构、其他涉海高校保持密切的联系，时时关注涉海企事业单位的发展动态，为海洋经济、海洋管理教育改革与教学模式创新提供更多有益的信息。深入推进产学研合作办学，有利于高校对海洋经济和海洋管理发展大局把握得更加精准，战略定位更加明确，发展思路更加清晰，发挥多方联动的整体优势，提高高校教育的办学水平，同时为学生争取更多宝贵的学习和实践机会，为国家培养更高质量的海洋管理人才。此外，深入推进产学研合作办学，有利于教师和学生在涉海实践活动与海洋经济管理科学研究活动中拓宽视野，了解生产实践活动、相关管理工作与书本理论的不同之处，从而有利于在这两者之间找到更多的关联，有利于在感受科学技术给生产活动和管理实践带来的变化中，对教研活动如何跟上经济、科技的飞速发展产生更多的思考。

1. 高校与涉海企事业单位之间

在海洋经济管理实践教学中，高校与涉海企事业单位之间的合作相当重要，也是最具有成效的合作模式之一。教学活动与一线实践有很大的不同：教学活动相对而言是比较稳定的，学生很难从课本中感受到将来工作单位的运作流程；生产活动与管理实践活动相对复杂多变，不同的企业具有不同的发展模式，发展中会面临不同的新问题、新挑战，很多是无法从课本中找到解决问题的答案的，需要在实践中摸索和检验。因此，高校应积极开拓与涉海企事业单位的合作模式，为学科建设和学生发展提供强大的动力。一是项目合作，高校涉海专业教师积极参与涉海企事业单位开展的项目，尤其是参与挂职锻炼的青年教师，深入了解涉海企事业单位的发展现状及未来的发展方向，有利于审视海洋经济管理教育教学存在的不足，改进教学方法，深化海洋综合管理、涉海企业管理教学研究。同时，涉海专业教师应积极邀请涉海企事业单位的优秀人才加入教学项目研究中来，使教研成果在质量上有更大的提升。二是人才培养，与涉海企事业单位加强人才培养的合作。一方面，学生进入实践基地或者企事业单位，能够有机会接触一线工作环境，锻炼实践应用能力，为用人单位培养更多的应用型管理人才；另一方面，高校与单位之间以讲座、比赛等形式开阔学生的视野，促进教育教学水平的提高。

2. 高校与高校之间

在海洋经济管理教育教学方面，高校与高校之间有着更为密切的交流，尤其是海洋类高校，在涉海学科建设过程中，学习、借鉴其他海洋类高校的教育教学理论、方法，是创新海洋经济管理教育教学模式的重要途径。当然，海洋类高校之间在性质、办学理念、办学宗旨上可能会有相似之处，但是高校学科建设应该结合自身学校的定位和办学条件，在学习和借鉴其他高校海洋管理的先进教学经验和方法的基础上，根据学科自身的发展特点，形成具有学校特色、学科专业特色、研究特色的海洋经管类教育教学模式，突出自身的发展优势，增强学科自身的竞争力。通过与其他海洋类高校联合举办学术论坛、学术专题讲座、研学旅行活动等，交流海洋管理教研经验，培养独具特色的学术氛围，丰富学生的学习经历，引导学生关注海洋经济、海洋经济管理领域的发展动态。关于海洋经济管理的知识结构、课程体系、课时安排等内容，应积极与其他合作院校加强交流，听取专家学者的意见和建议，不断完善教育教学模式，确保人才培养体系的科学性、合理性；与兄弟院校联合策划、开展涉海企业管理类大型专业比赛，以赛促学，提升学生的专业能力，激发他们的拼搏进取的精神。学生可以在比赛中与其他院校的优秀学子切磋交流，共同进步。同时比赛也增进了学校与合作院校之间的友谊。

3. 高校与科研机构之间

高质量的教研成果对高水平的海洋经济管理学科专业建设具有重要的作用，长期有组织地从事海洋研究以及海洋经济开发活动的科研机构，会是高校海洋经济管理教学研究的重要推动力。海洋经济和管理科研院所具有一定水平的学术带头人和一定数量、质量的研究人员，研究方向和任务较为明确，研究条件完备，研究实力比较雄厚，有关国内外项目研究经验丰富。广东海洋大学的海洋经济与管理研究中心，致力于国内外海洋经济理论与实践研究、海洋管理与政策研究、海洋资源综合开发利用与可持续发展研究，培养高层次海洋经济管理人才。此外，其他海洋类高校也建有海洋经济和管理类教研机构，比如中国海洋大学的中国海洋管理研究中心、上海海洋大学的海洋产业发展战略研究中心、浙江海洋大学的海洋经济与管理研究所、大连海洋大学的农林经济管理教研室等，对推动高校海洋经济与海洋管理教育教学研究意义重大，是海洋经济管理研究成果服务社会经济发展的重要力量。因此，高校教研机构与国家科研机构形成强大的研究合力，与企业形成良性的互动合作关系，促进产学研合作机制的确立，设立产学研合作专项基金，在资金、人才、技术等方面实现优势互补，为推进科研成果的转化提供重要保障。

（六）加强学科国际化交流

一是引进国外先进的教学资源，做好"引进来"工作。20 世纪 70 年代，海洋管理科学在美国起步，80 年代开始在欧美等沿海发达国家兴起，90 年代便在全球得到了推广。美国、英国、荷兰等海洋经济较发达的国家对海洋管理人才培养高度重视，在海洋管理人才培养方面都进行了比较系统的研究。因此，在高校海洋经济管理教育教学上，有必要加强对国外海洋经济发展进程及其海洋管理人才培养模式的研究，组织研究团队对国外海洋经济管理典型教材、著作、权威期刊等进行研读，为创新海洋经济管理理论教育和实践教学模式奠定基础。引进国外海洋经济、海洋管理、涉海企业管理研究经验丰富的优秀教师、专家学者到学校任教，在课程设置、课时安排、教学方式、教材编写方面听取国外教师、专家学者的意见和建议，借鉴国外教师先进的海洋管理教学经验和方法。与国外高校形成友好合作关系，引进优质的教学资源，通过国外高校的线上学习平台和软件，为学生的学习提供更多的帮助。在利用国内外海洋经济管理学习平台的过程中，学生可以开阔视野，培养学习兴趣；通过观看国外高校教学课程，学生可以从中感受到外国的文化和学习气氛。此外，高校在课堂教学模式、实践教学模式、课程考核等方面，应从国外高校汲取宝贵的经验。

二是合作开展国际交流项目，推动高校"走出去"。在国内扩大对外开放和国际经济全球化的时代背景下，国家与国家之间的经济、政治、文化、教育、科技交流越来越频繁。随着"21 世纪海上丝绸之路"的建设，海洋类高校涉海学科专业的国际化交流面临着前所未有的发展机遇，海洋经济管理教育教学模式创新也面临着重要的发展契机。在海洋及海洋经济为世界各国所高度重视的今天，海洋学科建设和发展变得越来越重要，对培养高层次海洋人才和服务国家海洋经济发展有着重大的意义。因此，高校应努力提高海洋经济和海洋管理学科专业的地位，突出学科特色优势，逐步推动高校海洋经济管理学科走向国际化。作为海洋经济管理教育教学的主体力量，师资队伍建设的重要性不言而喻，选派具有发展潜力的优秀青年教师到国外合作高校进行访学，进一步加大对教师的培养力度，提高教师海洋经济管理方面的教学水平。鼓励教师参与国际学术交流会议和其他国际学术交流活动，进一步提升教师的学术研究能力，争取在海洋经济和海洋管理领域有更多高质量的研究成果，提升研究团队的整体实力，扩大学科专业影响力，推动海洋经济管理学科专业建设更上一个台阶，并向一流学科方向迈进，着力打造国内外海洋类高校海洋经济管理精品课程和知名学科。

"走出去"是一个不断学习、不断提升的过程。通过海洋经济管理教育教学模式创新，打造富有特色优势、具有较强影响力的海洋管理学科，离不开教师较强的教研能力。"走出去"有助于教师学习国外先进的教学经验，提高学术研究创新能力，对海洋经济管理人才培养以及学科建设发展具有较大的推动作用。高层次海洋经济和海洋管理人才培养是教育教学的最终目标，"走出去"既是开阔学生国际视野，培养学生创新思维和能力、提升海洋经济管理综合能力的重要途径，也是实现高层次海洋管理人才培养目标的重要途径。一方面，高校要在提高外语教学水平的同时引导学生重视外语学习，为学生将来出国留学、适应外语环境打下良好的基础；合理引导学生参与国际交换生项目，加大对交换生培养的支持力度，增加国际交流学习的人数，让更多学生有机会在短期的交流学习中接触国外优秀大学的优质资源，体验不同文化的课程教学模式。另一方面，高校要加大对国外大学举办暑期夏令营活动的宣传力度，鼓励学生积极参营，提高国际交际能力，了解国外高校在海洋管理教育教学方面的特色，给予校内成绩优异、参营表现优秀的学生一定的资金支持，为学生搭建国际交流学习平台，提高学生交流学习、提升自我能力的积极性。

第七章

海洋经济管理教育教学模式创新的主要构成

第一节　海洋经济管理教育教学的基本理论构成

一、海洋经济管理的理论基础

海洋经济管理作为公共管理的一种，吸收并借鉴了公共管理理论的研究成果和经验，提高海洋经济管理水平，需要研究管理主体与客体之间的协调问题。作为当前公共管理的前沿理论，治理理论代表着未来公共管理理论的发展趋势，能够为海洋经济管理提供解决问题的有效思路及研究框架。掌握治理理论的相关知识，对海洋经济管理教育教学改革具有重要的意义。

（一）治理理论

治理理论兴起于 20 世纪 80 年代末 90 年代初，现已逐渐成为社会管理与治理的重要理念和价值追求，其理论的主要创始人之一 James N. Rosenau 将治理定义为普遍意义上活动领域的管理机制。

另一位代表性人物 R. Rhodes 认为，治理标志着政府管理含义的变化，即一种新的管理过程或者新的社会管理方式，并给出了六种关于治理的定义：最小国家的治理，指国家削减公共开支，以最小的成本取得最大的效益；公司的治理，即指导、控制、监督企业运行的组织管理体制；新公共管理的治理，指将市场激励机制和私人部门管理手段引入政府的公共服务；善治的治理，指强调效率、法治、责任的公共服务体系；作为社会控制体系的治理，指的是政府与民间、公共部门与私人部门之间的合作与互动；自组织网络的治理，指建立在信任与互利基础上的社会协调网络。

威格里·斯托克梳理了前人对治理内涵的阐述，将治理归纳为：治理意味着治理主体包括一系列来自政府但又不限于政府的社会公共机构和行为者；治理意味着在为社会和经济问题寻求解决方案的过程中存在着界限和责任方面的模糊性，社会私人部门和公民自愿团体正在承担越来越多的原先由国家承担的责任；治理明确肯定了在涉及集体行为的各个社会公共机构之间存在权力依赖，为达到目的，各个组织必须交换资源、谈判共同的目标，交换的结果由参与者、游戏规则和进行交换的环境共同决定；治理意味着最终将形成一个自主的网络，这个自主网络在某个特定的领域中拥有发号施令的权威，它与政府在特定的领域合作，分担政府的行政管理责任；治理意味着办好事情的能力并不仅限于政府的权力，也不限于政府发号施令的权威。

全球治理委员会在《我们的全球之家》研究报告中指出：治理是各种公共的或私人的机构管理公共事务的诸多方面的总和，是使相互冲突的或者不同的利益得以调和并采取联合行动的持续过程。中国学者俞可平认为，治理的最终目标是增进公共利益，其具有四个特征：治理不是一整套规则，也不是一种活动，而是一个过程；治理过程的基础不是控制，而是协调；治理涉及公共部门与私人部门；治理不是一种正式的制度，而是持续的互动。[①]

综上所述，治理理论包括以下四种要素：

1. 治理主体

治理理论认为政府并不是国家唯一的权力中心，各种机构包括公共机构和私人机构只要得到公众的认可，就可以成为社会权力的中心。因此，治理主体是可以来自政府但又不限于政府的社会公共机构和行为者。

2. 治理主体间的相互关系

治理理论模糊了公、私机构之间的界限和责任，不再坚持国家职能的专属性和排他性，而强调了国家与社会组织之间的相互依赖关系。治理强调管理对象的参与，希望在管理系统内形成一个自主自治网络。

3. 治理的对象

由于治理的权威主体既可以是政府，也可以是非政府的各种机构，甚至是跨国界的民间组织，治理所涉及的对象要宽泛得多：既可以是基层社区，也可以是现代公司；既可以是特定区域界限内的地方问题，也可以是跨界限的区域问题，甚至可以是超越国家领土界限的国际问题。这也是治理和政府统治明显的区别之一。

4. 治理的目标

治理的终极目标是善治，又称有效治理或良好的治理。其本质就是政府、公民、非政府组织对公共生活和社会事务的合作治理，促使公共利益最大化的社会管理过程。

（二）海洋经济管理的相关概念

海洋经济，是一个跨部门、跨行业的综合性产业经济，海洋经济管理

---

① 俞可平：《全球治理引论》，载《马克思主义与现实（双月刊）》2002 年第 1 期，第 22 页。

涉及多个主体，包括各级政府、涉海部门、涉海机构、涉海企业及公众等，这些特征决定了进行海洋经济管理必须依靠有效的海洋经济协调机制。

1. 海洋经济

海洋经济是开发、利用和保护海洋的各类产业活动，以及与之相关联的活动的总和。中国当前的海洋经济主要包括：海洋渔业、海洋交通运输业、海洋船舶工业、海盐业、海洋油气业、滨海旅游业及海洋服务业等。陈可文在其《中国海洋经济学》一书中，根据经济活动与海洋的关联程度的高低对海洋经济进行了划分：①狭义的海洋经济，指开发利用海洋水体和海洋空间而形成的经济；②广义的海洋经济，指为海洋开发利用提供条件的经济活动，包括狭义海洋经济产生上下接口的产业以及陆海通用设备的制造业等；③泛义的海洋经济，指与海洋经济难以分割的海岛上的陆路产业海岸带的陆域产业及河海体系中的内河经济等。

2. 海洋经济管理

海洋经济管理是指人们为了达到一定的生产目的，对海洋经济的生产和再生产活动进行的计划、组织、协调与控制，是保证海洋生态环境和资源的可持续利用，保护海洋健康，促进海洋经济可持续发展的重要手段。海洋经济管理与海洋管理既相互区别，同时也相互联系。海洋管理是国家对全部海洋活动的计划、组织、控制和监督。海洋经济管理只是海洋管理的一部分，但是，海洋经济管理涉及海洋管理的其他内容甚至全部内容。因此，从一定意义上说，它们具有同一性。从管理范围来看，海洋经济管理可分为五个层次：一是中央政府对全国海洋经济系统的管理；二是各经济区域和各沿海地方政府对本地区海洋经济活动的管理；三是各海洋产业部门对本行业的经济管理；四是各海洋企业对本单位的经营管理；五是国际社会对公海和国际海底区域经济活动的管理。

3. 海洋经济协调机制

"协"即和谐，"调"有配合协作的意思。协调的含义包括：一是协作。分工协作开发利用海洋涉及不同的主体，它们有各自的行业优势，必须进行分工协作，各主体才能得到最大的利益。二是调节。由于资源的稀缺性，不同利益主体在经济发展过程中会出现矛盾、纠纷与冲突，需要寻求解决方法。就海洋经济协调来讲，主要表现在对海洋资源油气、港口、滩涂等的争夺以及海洋经济发展外部性渔业资源衰退、海洋环境污染等问题上。要有效解决海洋经济发展矛盾，就必须有相应的法律、议事机构、规则机制等。三是和谐。和谐体现在发展观的转变上，要实现海洋经济的可持续发展。机制，即制度化了的方式和方法。具体说来，机制具有以下特点：

一是机制本身含有制度因素，要求所有相关人员遵守；二是机制是在各种有效方式、方法的基础上经过总结、提炼、加工，系统化、理论化了的方式与方法；三是机制一般要依靠多种方式、方法起作用，机制是经过实践证明的有效的、较为固定的方法。综上所述，海洋经济协调机制即制度化了的海洋经济协调发展的方式和方法，是海洋经济各要素相互作用的组织形式和运行规则的总称。

4. 海洋经济高质量发展

海洋经济高质量发展是一个多维度、系统性的概念，是指在开发、利用海洋有关的生产活动过程中，实现人们美好生活需求与海洋经济发展、海洋资源开发与利用、海洋生态环境保护、海洋科技创新、社会服务质量和效益提升、政府与市场协同等的协调、充分、可持续发展，是"创新、协调、绿色、开放、共享"五大发展理念深度融合的创新发展模式，是新时代背景下深刻总结经济发展规律、全面剖析和破解海洋经济发展难题、化解海洋经济与社会发展矛盾的重要举措。学者丁黎黎从对象、理念、层次三个维度阐述了海洋经济高质量发展的内涵，提出海洋经济高质量发展是以"海洋经济、海洋资源、海洋环境、海洋科技、海洋社会"五大关联系统为对象，以"创新、协调、绿色、开放、共享"五大发展理念为根本原则和目标导向，贯穿于海洋经济运行的"宏观、中观、微观"三个层次的质量、效率、驱动力的变革过程中。

二、中国海洋经济管理现状与存在的主要问题

（一）中国海洋经济管理现状

中国海洋经济的发展大致经历了三个阶段：

1. 初级发展阶段

新中国成立初期到改革开放前期是中国海洋经济的初级发展阶段。由于当时中国政治经济环境的影响以及海洋开发技术的有限，中国的海洋经济一直处于原始发展阶段。海洋经济活动主要采取直接利用海洋资源的初级生产方式。由于开发海洋的技术水平不高，对海洋的开发强度相对较低，海洋资源开发利用对海洋环境产生的压力较小，人与自然的矛盾尚不突出。这一时期海洋经济的阶段特征为以资源依赖型、劳动力密集型和自给自足型产业为主，海洋产业结构单一，以海洋捕捞为主的海洋渔业占有绝对优势，从总体上看，海洋环境承载能力尚未被削弱。

2. 快速发展阶段

改革开放初期到 21 世纪初期是中国海洋经济的快速发展阶段。随着对外开放水平的不断提高，沿海区位优势凸显，发达国家的产业和内陆企业不断向中国沿海地区转移，沿海经济蓬勃兴起，经济布局趋海化特征日益显现。海洋经济以高于国民经济的增长速度快速发展，"九五"期间，年均增速达到了 9.7%，主要海洋产业的三次产业结构比由初期的 51∶16∶33 转变为后期的 50∶17∶33。然而，大规模的海洋开发活动给海洋环境带来了巨大的破坏，入海污染物排量逐年递增，局部海域海水质量严重下降，赤潮等海洋灾害频发，海洋资源环境保护面临着前所未有的压力。这一时期海洋经济的阶段特征为海洋经济规模不断扩大，海洋三次产业结构不尽合理，海洋渔业仍占据半壁江山，海洋开发技术不断提高，海洋开发强度日趋增大，但仍处于粗放式发展阶段，近海资源和环境压力巨大。

3. 又好又快发展阶段

21 世纪以来，随着科学发展观的树立与实践，中国海洋经济的发展朝着又好又快的方向转变。人们逐渐认识到海洋资源过度开发带来的后果，越来越关注海洋经济发展与资源环境的关系，关注沿海地区的可持续发展。2015 年，中国海洋经济总量接近 6.5 万亿元，比"十一五"期末增长了 65.5%，海洋生产总值占国内生产总值的 9.4%，海洋经济三次产业结构比由 2010 年的 5.1∶47.7∶47.2 调整为 2015 年的 5.1∶42.5∶52.4。传统海洋产业加快转型升级，海洋油气勘探开发进一步向深远海拓展，海水养殖比重进一步提高，高端船舶和特种船舶完工量有所增加。新兴海洋产业保持较快发展，年均增速达到 19%。海洋服务业增长势头明显，滨海旅游业年均增速达 15.4%，邮轮、游艇等旅游业态快速发展，涉海金融服务业快速起步。同时，海洋环境意识得到加强，海洋环境的治理力度加大。这一阶段海洋经济的发展特征是海洋经济成为国民经济新的增长点，海洋经济继续保持快速增长，以高科技为代表的海洋新兴产业初具规模，在海洋产业中的比重不断上升，海洋产业结构得到优化，但近岸海域环境尚未根本好转，海洋环境污染形势依然严峻。

（二）中国海洋经济管理存在的主要问题

到"十二五"期末，中国海洋经济呈现出三大显著特点：一是海洋经济在国民经济中的地位日益提高。据初步核算，2015 年中国海洋生产总值达到 6.5 万亿元，海洋生产总值占国内生产总值的比重达到 9.4%，创造涉海就业岗位多达 3500 万个，海洋经济已经成为国民经济新的增长点。同时，海洋经济本身还具有产业门类多、辐射面广、带动效应强的优势。二是海洋产业结构发生积极的变化。2015 年，海洋经济三次产业结构比为 5.1：42.5：52.4，海洋经济呈现出"三二一"的结构。通过海洋科技创新，新兴海洋产业迅速崛起，同时，传统海洋产业的升级改造力度也在不断加大。三是沿海经济区域布局基本形成。随着国家"东部率先发展"等区域发展战略的深入实施，区域海洋经济发展规模不断扩大，以环渤海、长江三角洲和珠江三角洲地区为代表的区域海洋经济发展迅速，2015 年三大海洋经济区海洋生产总值之和占全国海洋生产总值近 90%。沿海区域发展规划相继上升为国家战略，由辽宁沿海经济带、天津滨海新区、黄河三角洲生态区、山东半岛蓝色经济区、江苏沿海开发区、海峡西岸经济区、广西北部湾经济区和海南国际旅游岛构成的沿海经济区域布局已经基本形成，为海洋经济发展创造了良好的条件。

在海洋经济持续快速发展的同时，我们也应清醒地认识到发展过程中存在的问题，主要是重近岸开发、轻深远海利用，重资源开发、轻海洋生态效益，重眼前利益、轻长远发展谋划的"三重"与"三轻"矛盾比较严重。从区域产业布局的情况来看，产业发展同质、产业结构雷同，传统产业多、新兴产业少，高耗能产业多、低碳型产业少的"两同、两多、两少"问题比较突出。中国与周边国家在海域划界、岛屿归属和资源开发方面还存在着诸多争议，海洋开发尚面临着巨大的风险，沿海国家重构海洋战略对中国海洋经济发展构成挑战，新一轮海洋圈地运动挤压中国海洋经济发展空间。后金融危机时代，全球经济处于缓慢复苏阶段，世界经济局势仍未稳定，海洋经济未来发展态势尚不明朗，国际海洋科技快速发展愈加拉大我国与世界的差距等因素，都会给海洋经济的平稳快速发展带来严峻挑战。

三、国外海洋经济管理理论与中国理论的融合

（一）委托代理理论

海洋经济管理体制是管理体制在海洋经济领域的延伸，是中央和地方对海洋经济活动行使管理职能的具体体现，是国家和地方海洋经济发展的重要制度保证。中国海洋经济管理发展及其体制革新可从委托代理理论（principal-agent theory）中获得宝贵的启示。

委托代理理论是 20 世纪 30 年代美国经济学家伯利（Berle）和米恩斯

（Means）洞悉解决企业所有者与经营者做法存在的弊端后提出来的，是制度经济学契约理论的主要内容之一。委托代理理论从提出到现在，已成为很多现代公司治理的逻辑起点。经过几十年的发展，国内外一些主要代表人物也对委托代理理论进行了深入的研究。

委托代理理论包含两个重要主体：一个是委托人，同时也是授权者；另外一个是代理人，属于被授权者。莫里斯（Mirrlees）开创性地建立起委托代理关系的基本模型，并在维克瑞（Vickery）的研究基础上更加完整地解决了最优所得税等经济激励机制问题。伦德纳（Radner）和罗宾斯泰英（Rubbinstein）使用重复博弈的委托代理模型证明了当委托人和代理人保持长期关系时，可以实现帕累托一阶最优风险分担以及激励。经济学家伊藤（Itoh）在其合作型模型中证明了若在成本函数中，代理人自己工作的努力和帮助同伴付出的努力相互独立，而在工作上互补，那么使用激励机制诱使"团队工作"是最优的。有关委托人与代理人之间涉及的激励问题、委托人与多个代理人的关系问题研究，对中国海洋经济管理及其体制发展具有指导意义。

学者纪玉俊从委托代理的视角出发，认为中国海洋经济管理体制存在中央政府这一个委托人和包括国家海洋局、海洋经济行业管理机构、海洋经济地方行政管理机构、海洋执法机构在内的多个代理人，中央政府作为委托人兼授权者，不仅要决定是否授权，还要处理授权之后权力如何分配的问题，通过激励与约束机制化解各主体间的利益冲突，有利于处理好开发利用海洋中各产业发展部门间的关系。通过分析代理人合作的情况与代理人不合作的情况，得出中央政府通过授权激励来调动海洋综合管理部门、地方行业管理部门管理海洋的积极性相当重要的结论，这不仅有利于海洋产业的可持续发展，而且有助于提高海洋经济管理效率，促进海洋经济管理整体发展效益的提升。①

（二）交易成本理论

交易成本理论（transaction cost theory）是1937年英国经济学家和诺贝尔经济学奖得主罗纳德·哈里·科斯（R. H. Coase）提出来的，是针对企业性质所提出的一个观点。科斯这一交易成本理论的基本思路包括两个关键词：一个是交易，另外一个是体制，即围绕节约交易费用这个中心，以交

① 纪玉俊：《资源环境约束、制度创新与海洋产业可持续发展——基于海洋经济管理体制和海洋生态补偿机制的分析》，载《中国渔业经济》2014年第4期，第20－27页。

易为分析单位，根据区分出来的不同交易的不同特征因素，具体分析什么样的交易该用什么样的体制组织来协调这一问题。这为后来一些经济学家在公共政策与制度的关系及其对追求某种特定目标的作用等方面的研究提供了巨大的启示。Dahlman 认为交易成本包含搜寻信息的成本、协商与决策成本、契约成本、监督成本、执行成本与转换成本，其中搜寻信息的成本、协商与决策成本、契约成本为事前交易成本，监督成本、执行成本与转换成本为事后交易成本。Williamson 针对交易成本发生的原因提出了以下六项来源：①有限理性；②投机主义；③不确定性和复杂性；④少数交易；⑤信息不对称；⑥气氛。交易成本理论相关的成本与制度关系对中国海洋经济管理研究具有一定的借鉴意义。

交易成本理论涉及一个特殊的对象：制度。交易费用不仅包括有形产品和无形产品，还包括制度这种特殊产品。当然，有力的制度是减少交易成本的重要手段，这为中国处理海洋经济管理体制与海洋经济发展之间的关系提供了一个重要的参考。其中，不同海洋产业跨领域、跨界限交叉融合是实现降低交易成本目标的重要表现，交易成本理论成为中国海洋产业结构转型升级、海洋经济实现高质量、高效益发展的重要研究基础。此外，交易成本理论对处理中央政府对地方行业管理部门、海洋综合管理部门等机构授权所形成的契约关系以及创新海洋经济管理体制以解决管理权限不清、职能职责分散导致的管理效率低下问题意义重大。

（三）海洋产业关联与产业结构理论

国内外学者在海洋经济方面积累了许多与海洋产业关联以及海洋产业结构相关的理论研究成果，海洋产业结构调整、海洋产业间协调发展与各海洋产业对应的管理部门密切相关。因此，海洋产业关联与产业结构研究理论有利于为地方行业管理部门间的协调工作提供指导，有利于海洋经济管理相关部门深入了解海洋产业协作的重要性，促进各行业管理部门间的工作相互协调，从而推动海洋经济管理效率的提高。

在海洋产业关联与海洋产业结构研究当中，灰色系统理论在海洋产业关联程度以及海洋经济发展趋势预测方面发挥着重要作用。作为一种新的研究方法，灰色系统理论成为很多学者进行海洋经济发展研究的重要切入点。灰色系统理论是中国控制论专家邓聚龙教授于 1981 年提出来的，它包括灰色关联分析、灰色聚类和灰色统计评估等主要内容，在包括海洋经济管理在内的众多学科领域中都得到了成功的应用。20 世纪 80 年代以来，中国有数百个市、县和省级区域在灰色系统理论的方法、模型和技术指导下，研究区域社会、经济和科技发展问题，编制综合发展规划，对区域经济的健康发展起到极大的促进作用。邓聚龙教授关于灰色系统理论的第一篇文章在北荷兰出版公司的《系统与控制通讯》杂志上发表后，就受到国内外学术界和广大实际工作者的积极关注，之后的 IEEE 灰色系统与智能服务国际会议收到了来自中国、美国、英国、俄罗斯、日本、荷兰、马来西亚等国家和地区的学者的投稿，灰色系统理论为更多学者所熟知。

借助灰色关联度的分析方法，可分析影响海洋产业发展的相关因素，动态分析海洋产业间的关系，为协调区域经济发展、优化海洋产业政策等提供重要依据。对海洋产业经济发展走向的预测、对海洋产业与海洋生产总值间关联度的把握以及对海洋产业间关系的把握，也是海洋经济战略管理实施的重要表现。根据环境变化做好海洋经济战略规划，做好应急调控策划，提高涉海实践活动和海洋经济管理的预见性，推动海洋经济的可持续发展，有利于实现海洋经济管理的发展目标，促进国家海洋事业的发展。

四、中国海洋经济管理的发展特征与趋势

（一）中国海洋经济管理的发展特征

随着海洋经济的快速发展，海洋经济在国民经济中的地位日益提升，海洋经济的发展越来越得到国家的高度重视，海洋经济管理工作也逐步被纳入政府的工作日程，并逐步成为国家宏观调控的组成部分。

1. 海洋经济管理中的政府职能进一步明确

1990 年以前，海洋经济管理尚未被列入政府部门职能，也没有开展任何实质性的工作，海洋经济管理尚处于概念的理论探讨和研究阶段。1990 年国务院批准的国家海洋局"三定"方案规定国家海洋局负责全国海洋统计工作，这标志着海洋经济管理工作正式起步。2008 年 7 月国务院批准的国家海洋局新"三定"方案明确指出，国家海洋局承担海洋经济运行监测、评估及信息发布的责任，并承担会同有关部门提出优化海洋经济结构、调整产业布局的建议等职能。这意味着国家首次将海洋经济管理工作当作一个整体，加强统筹协调，纳入政府部门职能，标志着海洋经济管理工作已经从以经济统计等基础性工作为主的初始阶段迈向参与指导、协调、调控的宏观管理阶段。

2. 海洋经济管理的基础工作不断完善

为了更好地协调指导海洋经济健康发展，作为海洋行政主管部门，国

家海洋局在履行职责的过程中，不断加强海洋经济管理与服务的制度化、标准化建设，先后建立了一个网络［即国家海洋局、国家发改委和国家统计局联合建立的"全国海洋经济信息网"，成员单位包括国务院涉海部门（集团公司、协会）和 11 个沿海省（直辖市、自治区）的地方海洋行政主管部门］，制定了三项标准（即国家标准《海洋及相关产业分类》，行业标准《沿海行政区域分类与代码》和《海洋高技术产业分类》），建立了一个体系（即海洋经济核算体系，目前已完成海洋经济主体核算即海洋生产总值核算部分），建立了两项制度（即《海洋统计报表制度》和《海洋生产总值核算制度》，并都纳入了国家统计局的统计制度），完成了两项调查（即世纪初全国涉海就业情况调查和全国海岛经济调查），发布了多项成果（目前国家海洋局向社会发布了 8 期《中国海洋经济统计公报》、4 期《中国海洋经济统计半年报》、17 期《中国海洋统计年鉴》以及多项海洋经济研究分析报告）。

3. 海洋经济规划的作用日益凸显

2003 年，国务院印发了《全国海洋经济发展规划纲要》，这是中国制定的第一个指导全国海洋经济发展的纲领性文件，在海洋经济发展进程中具有里程碑意义。随后，11 个沿海各省的省级海洋经济发展规划相继出台，初步形成了全国海洋经济发展规划体系。2008 年 2 月 7 日，国务院批准印发了《国家海洋事业发展规划纲要》。该纲要作为指导全国海洋事业发展的纲领性文件，明确提出要加强对海洋经济发展的调控、指导和服务。上述国家级规划的相继出台，为中国海洋经济工作指明了方向、思路和目标。

为进一步促进海洋产业的健康发展，特别是海洋新兴产业的发展壮大，2015 年 10 月，国家发改委、国家海洋局、财政部联合发布了《海水利用专项规划》，2017 年国家发布了《可再生能源中长期规划》和《"十三五"生物产业发展规划》，为中国海洋新兴产业的快速发展创造了良好的环境。渔业、交通运输业、旅游业也相继出台了相关规划。早在 2009 年，面对金融危机对中国海洋经济的影响与冲击，国务院审慎、果断地出台了《船舶工业调整和振兴规划》《石化产业调整和振兴规划》等十大振兴规划，为促进海洋产业的优化升级和健康发展发挥了积极作用。

（二）中国海洋经济管理的发展趋势

从中国海洋经济发展进程来看，中国海洋经济已经由快速发展阶段迈入"又好又快"的转型期，海洋经济管理也将进入一个加快适应的调整期。管理模式的转变必定要以发展理念的转变为前提，因此，审视、思考海洋经济发展和科学发展观之间的关系，从科学发展的角度对中国海洋经济管理所面临的新形势、新阶段做出总结概括和基本判断，具有十分重要的现实意义。

1. 规避风险，提高海洋科技创新能力

海洋经济高风险、高投入、高技术的基本特征决定了在海洋经济发展进程中要考虑如何规避风险，提高海洋科技创新能力。高风险是导致海洋经济大起大落的主要原因，因此我们需要全面、及时地了解海洋经济的运行状况，尽早预测到海洋经济运行过程中的各种威胁，做到早发现、早预防、早解决，将海洋经济发展中的风险降到最低。要提高海洋科技创新能力，不仅需要国家的重视，还需要在海洋经济管理工作中，着力研究和解决海洋经济发展中有关技术创新的体制机制和政策扶持问题，把技术创新视为海洋经济的第一生产力，为海洋经济又好又快发展提供技术保障。

2. 遵循市场规律，强化市场监督与经济调控等手段

中国社会主义市场经济的基本特征决定了海洋经济管理工作要以市场监管、经济调控为主基调。海洋经济管理作为全国经济管理的重要组成部分，必须尊重市场规律，强调市场的手段和市场配置海洋资源的基础性作用。海洋经济调节方式要与国家宏观调控的手段相适应。海洋经济有其鲜明的不同于陆地经济的特征，需要准确了解海洋经济动态，把握海洋经济发展规律，引导海洋经济发展，加强海洋经济运行监测与评估。

3. 实现科学发展，改革管理理念、模式及手段

中国海洋经济要实现科学发展，海洋经济管理理念、管理模式和管理手段必要要进行相应的改革。改革要与"十八大"提出的生态文明建设目标相契合。海洋经济管理要在引导产业结构调整、优化布局、落实节能减排指标、发展海洋循环经济、实施海洋功能区划等方面下大力气，引导海洋经济的健康持续发展。

4. 强化服务引导功能，规范开发秩序

中国海洋经济发展处于高速增长期和矛盾凸显期，决定了海洋经济管理要以加强服务引导功能，规范开发秩序为核心。目前中国海洋经济发展正处于区域一体化、全球化和国内经济结构转型的关键时期，海洋经济领域地区之间、产业之间和企业之间的竞争日趋激烈，各种关系日益复杂；产业结构、布局结构趋同，海洋资源垄断性和破坏性开发等问题都十分突出。海洋经济管理工作必须要认清海洋经济所处的历史时期和基本矛盾，加强对海洋经济的指导和调节，制定和完善相应的法规。

第二节 海洋经济管理教育教学改革的基本实践构成

一、国外海洋经济管理实践演变

(一) 美国的海洋经济管理

美国是一个典型的对海洋经济实行相对集中管理的国家。美国拥有22680 千米的海岸线，972 万平方千米的专属经济区。3 海里范围内的海域由沿海各州管辖，3 海里以外的海域的管辖由联邦制定法规，各行政机构执行。在联邦级的海洋行政管理中，主要职能部门是隶属于商务部的国家海洋大气管理局和和隶属于国土安全部的海岸警卫队。

国家海洋大气管理局行使全国海洋事务的综合管理职能，还负责管理美国海洋资源和海洋科研工作，并参与主要的国际海洋活动，下设六个局，分别为国家海洋局、国家渔业局、国家气象局、国家卫星资料局、国家海洋与大气局、国家研究局。美国国家海洋大气管理局的职能涵盖了中国的国家海洋局、农业农村部渔业局、国家气象局的职能。

海岸警卫队是美国海上唯一的综合执法部门，负责在美国管辖海域执行国内相关法律和有关国际公约、条约，主要包括禁毒、禁止非法移民、海洋资源保护、执行渔业法，还包括海上安全管理和海上交通管理，担负了大量的海上执法活动。从美国海岸警卫队的管理任务可以看出，其职能覆盖了相当于中国海军、海警、海监、海事、渔政、海关、环境保护等部门的大部分业务，它既是军队，又拥有广泛的国内法执法权，不但可以执行本部门相关法律，还可以执行其他部门的法律法规，是一支海上综合执法队伍。

美国政府中有 2/3 的部门其职责涉及海洋，包括总统科技办公厅、国务院、国防部、内政部、海军、能源部、国家科学基金会、环境保护局、国家航空与航天局、卫生教育与福利部等等。美国在海洋经济综合管理实践中，一直重视协调机制对于美国海洋经济政策的重要性，通过加强协调机制建设，保证有关各方采取协调一致的方式履行自己的职责。2004 年，美国成立了新的海洋协调机构——内阁级海洋政策委员会，以协调美国各部门的海洋活动，全面负责美国海洋政策的实施，并与国家安全委员会政策统筹委员会的全球环境委员会、海洋研究顾问小组扩展委员会保持密切联系。其职责分工见表7-1。

表7-1　美国海洋政策委员会附属机构职责分工

附属机构	联合主席成员	人员组成	职责
海洋科学和资源综合管理跨部门委员会	科学技术政策局（OSTP）科学副局长、环境质量理事会副理事长	政府各部副部长、部长助理等	1. 协调联邦涉海部门的活动 2. 为国家和地方的利益制定战略和政策 3. 发展并支持政府部门、非政府组织、私营部门、科研机构和公众之间的伙伴关系 4. 定期评价全国海洋和海岸带现状，衡量实现国家海洋目标的成就 5. 向新海洋政策委员会提出政策和建议
海洋资源管理跨部门工作组	环境质量理事会副理事长和部门代表	部长副助理	1. 促进和协调现有涉海部门的工作 2. 协调环境和自然资源的管理工作 3. 促进海洋科技在实施海洋管理和政策中的应用 4. 提出评估和分析的建议 5. 确定机遇，阐述提高海洋教育、宣传和能力建设的优先重点、促进国际合作的机会
NTAC海洋科学技术联合小组委员会	科技政策局和部门代表	部长副助理	主要负责政府行政部门海洋科学技术问题的协调工作

由上表可以看出，美国海洋政策委员会是美国政府涉海部门的综合组织协调机构，层次很高，可直接向总统提出建议和咨询，既可充分发挥美国政府高层的领导和协调作用，还可发挥对各级地方政府海洋管理的指导作用。

（二）英国的海洋经济管理

英国是一个典型的海洋经济分散型管理的国家。英国是欧洲最大的岛国，但它没有专门负责海洋开发和海洋管理的统筹组织或机构，其海洋事务分别由各政府部门担当，主要职责分工如表 7 - 2 所示。

表 7 - 2 英国涉海管理部门及其职能分工

涉海管理部门	主要行政职能
农业、渔业和粮食部	负责 200 海里专属经济区内海洋渔业资源的保护与管理
能源部	负责管理大陆架的油气开发
外交部	负责政府各部门有关海洋政策和法律性质的对外交涉
交通部	承担较多的海洋行政管理职责，主管海上人命救生、海上交通安全、海上船舶污染和石油污染处理
科学教育部	主要负责海底资源的科学调查工作
贸易工业部	负责海上石油开采区域的规划、统管招标、许可证发放，负责安全区的环境跟踪监督等
环境部	负责海洋环境方面的各种调查研究
国防部	主要开展舰船与潜艇、潜器以及图像特征处理、海床、海洋卫星系统及通信工程等的研究
自然环境研究委员会	负责协调政府资助的海洋科技活动
工程和物理研究委员会	负责民间企业的海洋研究开发活动

在这种情况下，为了有效协调各部委之间、政府部门和企业公司之间、管理部门和研究机构之间的有关海洋事务的矛盾，英国成立了海洋管理协调机构海洋科学技术委员会和皇家地产管理委员会，前者负责协调政府资助的有关海洋科技活动，后者主要负责海域的使用管理。英国的分散管理模式与英国特殊的政治体制、自由经济制度及普通法系是相适应的，由于各部门分工明确、协调有力，证明了能有效协调的分散管理制不失为海洋经济管理的一种有效制度。

（三）韩国的海洋经济管理

韩国是一个典型的实行海洋经济集中统一管理的国家，其特点是高度集中统一的、高效的海洋管理职能部门，高规格的海洋综合管理法，统一的海上执法机构以及对海岸带两部分实行统一的综合管理。韩国的海洋水产部于1996年8月成立，在新的管理体制下，韩国海洋水产部把原来松散型的海洋经济管理转变为高度集中型，综合了原水产厅、海运港湾厅、科学技术处、农林水产部、产业资源部、环境部、建设交通部等各涉海行业部门分担的海洋管理职能，由计划管理室、海洋政策局、海运分配局、港湾局、水产政策局、渔业资源局、安全管理局、国际合作局各司其职，分工负责海洋的开发与协调，实现海洋经济综合管理。同时，韩国的海上执法力量——海洋警察厅也归属海洋水产部领导。此外，海洋水产部还设立了研究机构和业务指导所，在全国各地方还设立了12个地方海洋厅。各部门具体职能分工如表7-3所示。

表7-3 韩国海洋水产部各部门主要职能

内设部门	主要行政职能
计划管理室	制订工作计划，编定预算，编写法规，构建海洋部信息、系统等
海洋政策局	海洋资源和能源的开发利用、海洋科技、海洋环保、海洋管理、海洋教育和海洋文化的振兴等
海运分配局	制定并调整海运政策、国际及沿岸海运管理、船员管理、港口营运及管理等
港湾局	制订并调整港口基本计划和建设计划、港口建设管理、港口设备安全管理等
水产政策局	水产政策资金利用，水产政策综合调整，水产流通与加工，安全管理，渔村、渔民、渔港相关事宜等
渔业资源局	捕捞业及养殖业管理，渔业资源管理，水产资源调整，韩日、韩中渔业协定签订及运用
安全管理局	海洋安全管理及海洋交通业务、船舶检查等
国际合作局	有关海洋的国际公约应用、远洋渔场开发等
海洋警察厅	海上治安、警备救难、海上交通管理、海洋污染防除等
下属部门	主要事业职能
国立水产科学院	水产业的调查、试验、研究开发，对海洋水产公务员与从业者提供教育培训

续表7-3

下属部门	主要事业职能
国立海洋调查院	海洋调查测量及观测资料的收集、分析和评价，航海安全资料收集分析
国立水产品质量检察院	水产品的品质认证和管理
渔业指导事务所	渔业指导船的营运管理、通信管理、船员培训等
中央海洋安全审判院	海上事故的调查及审判
地方海洋水产厅	地方海洋及水产事务管理

二、国外海洋经济管理实践对中国的启示

不同国家的海洋经济管理模式都有自己的特点，都受各个国家的海洋国情、海洋实践传统，尤其是政治体制等多种因素的影响，难以简单评论哪种模式更加先进，但是综合分析各种模式，可以找出一些共性与规律，对中国的海洋经济管理具有一定的借鉴意义。

（一）加强海洋综合与协调管理

随着海洋经济的高速发展，世界各国政府都把目光投向海洋，关注海洋经济发展。特别是海洋经济大国，在20世纪后期开始便纷纷对本国的海洋经济管理体制进行调整或改革，重新审视本国海洋政策，制定新的海洋开发战略，加强海洋综合管理。上文提到的美、英、韩三国的海洋经济管理模式，分别代表了海洋经济综合管理的三大模式，三个国家都走出了一条符合本国国情的海洋综合管理之路。

（二）强化政府在海洋活动中的领导与协调作用

通过加强政府在海洋活动中的领导与协调能力，成立国家级的高层次的统领海洋经济发展的协调机构。发挥政府在协调海洋经济中的主导作用，同时注重发挥政府部门、非政府组织、私营部门、科研机构和公众之间的伙伴关系。

（三）统一执法，确保海洋经济综合管理的实施

充分运用强有力的统一执法的手段，确保海洋经济综合管理的实施。

统一执法可以大幅度精简机构和人员，节约执法成本，消除多部门下政出多门、职责交叉、相互掣肘的弊端，避免无谓协调，提高行政效率。

总而言之，加强政府对海洋经济的管理，建立多部门合作、社会各界参与的海洋经济综合管理制度是大势所趋，中国应积极、慎重推进海洋经济综合管理体制与协调机制的构建，探求最佳方案迎合世界海洋发展的潮流。中国现行海洋经济管理体制与美、韩之前的海洋经济管理体制有许多类似之处，都经历着由于分散的管理架构和非综合的海洋政策导致的海洋经济管理的种种问题。

美国的委员会模式、韩国的海洋水产部模式作为海洋经济管理模式中的两大主流，都取得了一定的成功并积累了一定的经验，可以为我们提供借鉴。但我们认为，如参照韩国模式将原先分立的管理机构进行统一这一过程将会非常艰辛。回顾中国行政机构改革历史，涉及如此多部门的机构整合还未有过，其可行性值得商榷。此外，韩国的海洋水产部成立 20 多年来虽然取得了很大成绩，但是该模式仍然存在部分职能重叠和权限模糊问题，直到现在还存在一些未能完全移交的事宜，造成海洋水产部与其他相关部门职能相冲突的现象。相比较而言，国际上推荐的美国的委员会模式，制度变迁成本相对较低，也较符合中国国情，值得我们进一步借鉴。

第三节　海洋经济管理教育教学改革的基本模式构成

通过对现代海洋经济管理理论知识的学习，以及对国内外海洋经济管理实践的分析，我们不难看出，为解决中国海洋经济管理中出现的种种问题，促进中国海洋经济又好又快可持续发展，不仅需要建立有效的海洋经济综合管理与协调机制，还需要制订科学合理的海洋经济发展规划，制定完善的产业政策，以及合理的海洋产业布局。

一、加强海洋行政主管部门的自身建设

目前，国家海洋局下设三个海区管理分局，沿海各省、市、县也基本设立了地方海洋行政管理机构，中国基本形成了自上而下中央和地方相结合的海洋管理体系。国家海洋局虽然是代表国家管理海洋事务的职能部门，但是行政级别偏低，隶属于自然资源部，其行政级别甚至低于海洋经济产

业中的行业管理部门，地方海洋行政管理机构通常也是政府的直属部门，行政级别也低于一些属于政府组成部门的海洋经济行业管理部门，造成海洋行政主管部门在综合协调中缺少行政权威，无法完全避免海洋管理与海洋规划中的利益切割与人为干预。加之中国又没有综合性海洋基本法律制度的支撑，海洋综合执法能力严重不足。要使这种现状得以改善，首先需要提升海洋行政主管部门海洋综合管理的管理层次。其次，需要建立统一的海上执法队伍，保障综合管理职能的履行，避免不同行业管理部门多头执法、各自为政引起的不同行业管理部门之间的矛盾。在内部，要明确划分中央与地方海洋行政管理部门，上级地方海洋行政管理部门与下级海洋行政管理部门，同级海洋行政管理部门之间的权责，有效协调海洋管理系统之间的各种关系，保证海洋管理系统的正常协调运行。

二、构建以政府为主导的多主体协调机构

海洋经济发展过程中出现的不协调，究其本质主要还是因为各海洋经济主体追求利益最大化造成利益不协调乃至冲突引起的。为了有效解决此问题，有必要引入委员会式的协调机构，政府主导的委员会模式可以在不同行业的横向管理与政府的纵向管理的基础上，通过对纵向和横向管理人员及其职能的重组，形成一个具有一定法定职能，充分实现不同利益主体间信息交流从而达到利益均衡的组织结构和管理模式。其优势主要表现在以下三个方面：一是能够实现信息共享。它通过海洋经济不同主体的共同参与，实现真正的信息共享，共同管理一定区域内海洋经济事务，协调处理跨部门、跨行业矛盾，如海洋污染矛盾、不同海洋产业规划矛盾等，从而达到利益的协调与均衡。二是制度变迁成本较低。委员会式的协调组织模式，因为各主体的广泛参与，又有政府的主导，为各主体实现自身利益最大化提供了条件，减少了制度变迁的阻力。三是组织形式较为灵活。根据主要协调事项的需要，委员会可下设各专门委员会，吸收有关主体参与，并可以根据海洋经济发展过程中一定时期出现的特定问题，相关主体组成临时委员会，事毕解散。

考虑到中国海洋经济管理实践并借鉴国外的经验，我们设想，可以成立海洋经济协调委员会，由区域内的政府负责，海洋行政主管部门牵头（前提是海洋行政主管部门地位得到提高），其成员包括：涉海行业部门代表、下级政府代表、下级海洋行政主管部门代表、涉海企业、海洋科研部门、公众代表等。根据区域内的海洋经济发展实际，合理设置委员会规模，

海洋经济发达的地区，委员会组成可以复杂些。委员会根据需要可下设分委员会，如海洋经济政策分委员会、海洋产业规划分委员会、海洋科技分委员会等。

海洋经济委员会的主要职责，应包括研究和制定不同区域内海洋经济发展政策和规划，协调各主体关系，以达成一致的海洋开发和利用意见，实现与其他区域海洋经济委员会的交流与信息共享。其重点是海洋经济发展政策的制定，必须保证是一个公开、协调的过程，确保有利益关系的主体的意见，无论是政府的还是公众的都能得到充分吸收与体现。

三、设立与海洋经济管理相适应的运行规则

（一）决策规则

西蒙作为决策管理学派的主要代表人物，非常强调决策在组织中的重要作用，认为管理就是决策。海洋经济综合管理与协调机制运行也必然涉及决策，需要构建与协调机制建设相应的决策系统。第一，改变决策范围，打破单一行政主体参与，在各主体广泛参与的前提下进行决策。第二，改进决策程序，提高决策的科学性。在海洋经济综合管理与协调机制决策过程中，作为领导者身份的政府一方面应当增加投入，加强对海洋的研究，掌握更多的知识并与其他主体分享，另一方面，要打破各涉海行业的信息壁垒，共享海洋经济相关数据和研究成果，在信息充分的基础上做出科学合理的协调决策。第三，改变决策思维，站在国家海洋经济可持续发展的高度进行决策。中国海洋经济管理各自为政的现象严重，各行业部门和各地方政府在进行决策的时候，都把实现本部门利益最大化作为决策目标，从而忽视了海洋的可持续发展与利用，要实现科学合理的决策，一定要改变决策者的思维。

（二）主体间的协商规则

协商指海洋经济各主体间以协调机制为平台，相互沟通与交流，通过涉海特定主体间的对话谈判，来化解矛盾，解决冲突，取得共识，达成一致，从而实现多赢。区别于传统的行政管理运作模式，海洋经济综合管理协调机制的协商参与者不仅包括各级政府与部门，还包括涉海企业、科研人员、社会团体及民众等。沟通协商的模式既可以以官方的名义组织实施，也可以通过非官方行为以非正式形式组织实施。目前，第一种方式比较常

见，实践中比较成熟的如各级海洋行政主管部门在审批海域使用权前，会召集相关利益者举行用海项目听证会。第二种方式由于目前中国公共参与机制并不完善，因此相对弱化。

（三）利益协调规则

利益关系是海洋经济综合管理各类关系中最根本的关系，也是海洋经济协调发展的核心问题。涉海权益冲突、用海冲突、海洋经济的地方保护主义等问题归根结底就是利益问题。利益协调要本着服从海洋经济发展大局和兼顾互惠的原则进行。

一方面，通过事前利益协调，创造同等的发展机会和分享海洋权益等实现利益分享；另一方面，通过事后利益补偿，对部分涉海主体的利益损失给予补偿，如对利益受损地区给予资金、技术、人才、政策上的支持，使各方主体共享海洋经济发展成果。

（四）冲突解决规则

治理理论的核心观点就是主张通过主体间的协商、合作，确定共同的目标，从而实现对公共事务的管理。运用该理论，协调机制运行中的冲突解决指的是依靠主体间的相互协调协商，在不借助或者尽量少地借助公权力的情况下解决冲突。

海洋经济中的涉海主体多样复杂，单一靠政府的制度安排难以满足各个主体多样化的需求，有必要引入冲突解决机制作为正式制度的有益补充，且在公民意识日益提高的社会背景下，这点对海洋经济的综合管理也越来越具有借鉴意义。

四、完善海洋经济管理相关制度

（一）会议协调制度

会议协调制度作为最经常使用的协调手段，制定会议协同制度应注意以下两个方面：一是规范运行，防止效率低下。合理规定会议召开的时间、内容、范围等，尽量缩小会议规模，减少不必要的人力、物力、财力的损耗。如省长、部长联席会议由于层次较高，人员较多，一年内可举行一次，着重讨论与制定中国海洋经济发展元政策，协调各省、各行业的海洋经济发展规划层面上的矛盾与冲突。二是要强化民主参与机制，提高公众参与度。明确规定代表比例，保障民众、涉海科研人员、涉海企业代表的参与，给予他们决策发言权，充分照顾他们的利益。

（二）信息共享制度

由于海洋所涉领域的多面性，海洋活动的复杂性及海洋开发的高难度等问题的存在，涉海部门往往具有较强的专业性与技术性，涉海主体各有各的知识与信息优势，容易形成信息壁垒，难以实现信息的共享与互换，给协调机制的发挥造成了困难。因此，要建立海洋信息共享制度，健全海洋信息资源管理体制，协调涉海部门、行业、企业的信息管理过程中的行为，实现信息的高效流通和共享，使各涉海主体的海洋信息服务和技术深入到海洋经济和社会发展的实践中去。

（三）临时协调机构设立制度

省、市层面上的海洋经济委员会，有时在特定时间、特定区域会出现某一具体问题，这时需要设立临时性的协调组织机构。若没有制度的规范，容易造成临时协调机构设立易，撤销难，临时委员会固化，机构臃肿等负面作用。因此，要对临时协调机构的设立加以制度规范，规定设立的条件、职责、时限，人员的构成与去向等，既保证协调的有效运作，又避免产生不良后果。

（四）督查评估制度

为确保协调的有效性，应设立相应的督查与评估制度，对协调机构各个部门的主要工作及一段时间内主要协调事项进展情况进行督查，评估协调的效果，总结其中的问题，分析产生的原因，促使协调工作不流于形式。

五、制定科学合理的海洋经济发展规划

中国海洋经济产业可分为传统产业和新型产业两种。其中，传统产业包括渔业、交通运输业等，而新型产业则包括养殖业、旅游业、油气开发、制药等。另外，海洋经济的发展呈现区域化发展特点，不同区域的海洋经济产业结构和布局是不相同的。提升海洋经济的管理水平，制订科学合理的海洋经济发展规划，促进中国海洋经济的协调发展应注意以下几点：

（一）以海洋经济发展为核心

在进行各项海洋工作时，应当以海洋经济发展为核心来规划，这样才能加快海洋经济的发展。另外，在制定海洋发展规划时还应重点加强新海洋资源的开发。以创新、协调、绿色、开放、共享的发展理念为指导，以海洋经济的高质量发展、可持续发展为重点，根据地方海洋经济发展条件与现状，因地制宜发展海洋经济，做好区域海洋经济发展规划，以充分发挥地方海洋经济发展的特色优势，提高海洋经济整体发展水平，缩小区域海洋经济发展差距。

（二）坚持海陆经济一体化原则

海洋经济与陆域经济在产业、技术等方面有着密切联系，海陆资源能否合理配置事关海陆经济的综合效益，应当运用系统论和协同论的思想制订海洋经济发展规划，指导海洋经济建设，解决海陆联动发展的资源配置、结构优化、产业集群等影响海洋产业经济的现实问题。尤其是政府应当通过调控政策，在推进海陆经济在联动和耦合中发挥整体效应。

（三）合理布局海洋经济产业

由于海洋经济产业涉及诸多的行业，因而应当从宏观角度出发，制订海洋经济发展规划，解决影响海洋经济发展的主要问题。尤其是国家应创建良好的海洋经济管理政策，保证海洋资源的适度开发，加快海洋产业结构转型升级，优化海洋产业的区域布局，发挥区域特色优势，实现海洋资源的合理配置。

（四）加强对海洋经济的宏观调控

由于中国市场经济体制的不断变化和经济全球化，政府应当从宏观角度出发，制定合理的海洋经济管理政策，以维护海洋经济市场的平衡。同时各省市地方政府应结合本地区的经济发展情况，制定适合本地区情况的海洋经济发展战略，提高区域经济整体发展水平。此外，还应当培育大型的海洋经济发展企业，建设具有区域特色、中国特色的海洋经济产业，打造海洋产业的核心竞争力，加快构建现代海洋产业体系。

（五）重视特色海洋经济区建设

沿海地区应当结合本地经济发展状况和海洋资源优势，形成具有产业优势的海洋经济产业，如港口经济、海洋水产品生产基地等。例如，湛江市制定的硇洲岛海洋发展规划，其中指出将硇洲岛发展定位为具有原生态海岛特色的海洋经济示范区，环北部湾以及粤西著名休闲度假海岛，湛江市新兴的以生态海岛休闲旅游以及现代渔业为特色的海上度假中心。鲎沙岛的发展定位是以海景风光为特色，集商务会议、康体娱乐、高端休闲为一体，发展成为环北部湾以及粤西高端滨海休闲度假旅游目的地。

六、合理布局海洋产业

规范、合理的海洋产业布局直接影响到海洋经济的发展。只有合理布局海洋产业，才能够实现海洋经济效益、生态效益、产业效益的最大化，才能实现海洋经济的可持续发展。尤其是在新型海洋产业种类不断增加的背景下，合理布局对于海洋区域经济的发展尤为重要。

协调海洋经济与地区特色的关系，优化配置生产力。在海洋经济的范围内，最大限度地体现海洋经济的社会效益。

突出区域特色。海洋区域的发展是独立于整体海洋经济发展之外，应当具有明显的区域特色。尤其是沿海地区更应当结合当地资源优势、经济特点，实现海洋经济的社会资源的最佳配置。

结合劳动生产力特点。传统的海洋经济比较依赖于人力资源，而新兴的海洋经济则需要专业的海洋人才。

遵循市场规律和经济规律。由于市场是在不断变化的，因而合理布局海洋产业也应当遵循市场经济变化的内在规律。

合理布局海洋产业时，应在开发近岸海洋资源基础上，不断拓展深远海资源开发利用，拓展发展空间；区域布局优化，避免同质化竞争带来的产能过剩，实现区域间协调发展；统筹海洋资源开发利用与生态环境保护，实现可持续发展；统筹开发强度与利用时序，通盘考虑空间资源、岸线资源、生物资源、油气矿产资源和海洋旅游资源等；统筹提升总量与发展质量，转变发展方式，抢占科技制高点，发展战略性新兴海洋产业，重点发展海洋生物医药、功能食品、海洋精细化工、海水淡化利用等。

七、制定完善的海洋产业政策

海洋经济政策是影响海洋经济发展的重要组成部分，海洋经济产业是促进海洋经济发展的基础，因此，建立健全海洋产业政策的任务越来越紧迫。尤其是在现代化经济背景下，新型海洋经济产业的发展越来越快，为了真正促进海洋产业结构的调整和优化，促进海洋经济发展，国家和地方政府应当制定完善的海洋产业政策，以引导海洋产业发展。

（一）重视可持续发展

海洋资源既包括可再生资源，也包括不可再生资源。在倡导平衡的背景下，也应该重视维持海洋的生态平衡。尤其是要合理利用海洋资源避免资源浪费、盲目开发等问题，重视海洋环境保护问题，促进海洋经济与海洋环境协调发展。对海洋资源开发、利用要做好长远的规划与科学的管理，结合海洋经济发展、海洋资源利用、海洋环境工作等现状，及时调整海洋方面的政策和法规，确保制度和政府发挥可持续性作用以及海洋环境保护工作的可持续发展。

（二）理论联系实际

应当根据当地的生态环境和经济发展状况，从实际出发制定海洋产业政策，以达到合理调配人力、物力等资源的目的。另外，还应当遵循海洋经济发展的客观规律，制定符合当地经济发展的海洋产业政策。只有当区域海洋产业、海洋经济发展起来，才能更好地辐射带动其他产业、其他区域的海洋经济实现跨越式发展，推动区域海洋经济扩规模、提质量，不断取得新的发展成效。

（三）以市场经济为指导，完善优化海洋产业结构

政府应当发挥出其应有的职能，进行市场宏观调控，为海洋产业经济的发展奠定良好的基础。针对不同的海洋产业灵活制定差异化的产业政策，最大限度地发挥产业优势。政府要加大对新型高技术海洋产业的支持力度，充分调动海洋产业上市公司加强研发投入和优化内部经营管理的积极性，增强海洋产业的竞争力。

（四）积极引进先进的海洋经济产业

应当加强招商引资，拓宽海洋产业经济的发展渠道。

天津市推出的七大海洋经济政策，其中提到在产业政策领域，提出将示范区建设相关内容纳入天津市贯彻落实京津冀协同发展和天津市参与"一带一路"建设国家重大战略实施方案，积极争取国家发展改革委、财政部、国家海洋局等有关部委的专项资金，市级各类相关专项资金以及政策

性银行贷款支持，推进海洋产业项目建设。经过努力，天津市打造了现代海洋渔业、海水综合利用、海洋工程装备制造、海洋石油化工、现代港航物流、海洋旅游六条核心产业链，构筑了现代海洋产业体系。由此可见，为了促进海洋经济发展，提升海洋经济管理水平，国家及地方政府应当从实际出发制定海洋产业政策。

第八章

坚持海洋经济管理教学内容与教学方法的统一

第一节　坚持教学内容与教学方法统一的必要性

一、海洋经济管理教学必须结合交叉学科特点

海洋经济管理是一门涵盖管理科学、海洋科学、经济学等学科知识的综合学科，其中的知识内容相互交叉融合、相辅相成，具有很强的联系性。因此，在传授海洋经济管理学科知识时，必须考虑其交叉学科的特点，对教学形式和内容做出"因地制宜"的改变。

随着海洋强国建设的进程不断推进，综合性、多层次的海洋管理工作也在逐渐增加，海洋知识的综合性和专业性显著增强。为了适应新的趋势变化，各涉海院校和相关专业的教师急需更新有关海洋管理人才教育的内容，按照海洋强国的要求和标准提升自身教学质量和水平，努力传授海洋管理人才更多相关知识、技能，使其素质达到海洋强国的要求。① 三大沿海经济区涉海人才培养情况见表 8-1。

表 8-1　三大沿海经济区涉海人才培养情况比较②

名称项目	优势	劣势
山东半岛蓝色经济区	1. 海洋科研实力全国首位 2. 海洋科研贡献率高 3. 涉海专业有 26 个本科专业，有 7 所涉海院校 4. 中国海洋大学综合实力强等	1. 与涉海高端产业相关的专业空白点多 2. 学科分布点过于集中 3. 人才培养层次不合理等
广东海洋经济综合试验区	1. 海洋大省，海洋产业是省优势产业 2. 具有很多实力雄厚的研究机构和高等学校 3. 有一批高水平的学科带头人等	1. 海洋专业人才总量不足 2. 学科分布和专业结构不合理等

---

① 蓝茜：《海洋强国目标下的海洋管理人才素质研究》，大连海事大学硕士学位论文，2015年，第 50 页。

② 朱琳、方守湖：《海洋经济背景下的涉海人才培养研究》，载《黑龙江高教研究》2012 年第 10 期，第 137 页。

续表 8 - 1

名称项目	优势	劣势
浙江海洋经济发展示范区	1. 近十年海洋高等教育发展迅速 2. 全省有涉海高校 19 所，省部级涉海重点学科 9 个 3. 海洋本科、专科专业点数据全国第二位 4. 海洋教育结构不断优化，布局日趋合理等	1. 缺少优势鲜明的综合性海洋大学 2. 涉海专业分布面较窄，人才培养层次较低 3. 海洋新兴专业缺乏等

突破传统教学模式，将海洋经济相关知识融入教学。海洋知识领域涉及的学科面多而广，海洋经济发展需要的高技能应用型人才，不但要具备扎实而丰富的海洋开发专业知识和专业技能，还需要具备人文、社科、自然科学等基础知识和提出问题、研究问题和解决问题的创新能力和创新精神。因此，在培养现代海洋人才的过程中，需要突破传统教学模式的束缚，在教学内容和体系中融入海洋经济的相关知识；在课程设置中增加海洋文化的内容；在教学过程中拓展涉海专业的教学实践平台。将海洋经济领域涉及的知识填充到学校的人才培养方案中去，改变单一的人才培养模式，打造具有学校特色和高水平的涉海专业人才培养模式。

二、海洋经济管理学科的交叉性决定了学习的困难度和复杂度

海洋经济管理学科涵盖了海洋科学知识、经济学知识、管理学知识三个大类以及其下的许多具体分支，它们相互交融、相互结合，构成了海洋经济管理这一综合学科。其中知识的交叉与融合，给学习者的学习带来了一定的困难和压力。

海洋经济管理是指管理者为了达到一定目的，对海洋领域的生产和再生产活动进行的以协调各当事者的行为为核心的计划、组织、推动、控制、调整等活动。在此，有必要将海洋经济管理与海洋管理进行区分与比较。海洋管理是国家对全部海洋活动的计划、组织、控制和监督。海洋经济管理只是海洋管理的一部分内容。但是，由于海洋经济管理涉及海洋管理的其他内容甚至全部内容，因此，从某种意义上说，它们具有同一性。[1]

---

[1] 黄艳：《我国海洋经济综合管理与协调机制研究》，复旦大学硕士学位论文，2010 年，第 12 - 13 页。

海洋是一个具有巨大时空特性的开放性的复杂系统，海洋工作涵盖了海洋资源、环境、生态、经济、权益和安全等方面的综合管理和公共服务活动，这就决定了海洋事业的发展，不仅需要各类专业海洋人才，更需要大批既懂海洋专业知识，又懂政治、经济、法律、管理及外语的复合型海洋人才。传统的条块分割的人才专业结构已经不能适应当前海洋工作发展的需要。在一定程度上，海洋事业对复合型人才的要求要比其他行业更高，复合型海洋人才在知识结构上不仅需要理科与理科、理科与工科的交叉，还迫切需要文科与理科交叉。[①]

第二节　海洋经济管理学科需要融入完备的教学内容及科学的教学方法

一、严密的知识逻辑是海洋经济管理教学的必然要求

一切行之有效的教学方法，都要求教学者拥有丰富的知识储备和严密清晰的知识逻辑，使学习者在获取知识的同时，结合自身经历和自我思维，对知识进行自我消化和逻辑建构。知识逻辑结构对任何教学者和学习者而言都是不可或缺的。它能使我们所学的知识更具条理性、规范性，更易于被理解和记忆。

海洋经济管理以其学科知识的复杂性和内容的广泛性，对教学者以及学习者的知识逻辑转化能力提出了更高的要求。作为教学者，认识知识逻辑结构的内涵和本质，灵活运用知识逻辑法进行教学和知识的输出传递，具有十分重要的意义。

知识的逻辑结构不是指逻辑学意义上的结构，而是指思维进行逻辑运算的结构，即对对象的因果关系、秩序关系、转换关系等进行思维所形成的知识形式，它是我们大脑思维和运算的操作平台。所以，我们是在心理结构层面上使用逻辑结构，主要用来区别知识在主体身上存在的不同内容和形式，逻辑结构是区别于非逻辑的情感意义结构和机体结构的概念。皮亚杰认为，一切有效的教育应该是引导学生通过同化、顺应与平衡的方式，建构一个良好的认知结构。只要学习者形成了一个良好的认知图式或逻辑

---

① 王璇：《我国海洋人才有效供给分析》，中国海洋大学硕士学位论文，2013年，第36页。

结构，知识的学习对于他就只是一个量的问题。只要愿意，学习者可以进入任何知识领域，学习任何知识。

宏观的人类知识作为反映客观世界的形式是一种结构，微观的个人的知识积累、增长也是以结构的形式来展开的。这是从知识对客观对象的反映形式来分析的，它所反映的是客观存在的关系和主体自我按照反映客观关系的组织方式的结构。人类存在的客观知识结构需要进行教育的转化才会成为个体知识结构发展的有效材料，这一转化就是布鲁纳所说的各个学科的知识结构，它是人类对某一领域知识进行教育式系统化、结构化分类的表现。个人对世界的掌握达到一定程度也会自觉进行某些分类，形成一定的储存、提取方式。随着所学知识量增多，以及所学知识越来越丰富，学校教学也开始进行分科教学，这种学科知识的分类是按照所反映的世界对象及其性质的不同来进行的，它所使用的是逻辑标准，即思维方式的不同，所反映的客观对象及其性质的不同。因此，在其本质上，教学的任务就是要教给学生一个学科的知识结构，而不是繁琐而又碎片化的点滴形式存在的知识。[①]

知识的逻辑结构反映的是知识点之间的联系及其规律，在其背后却是事件之间的秩序性、整体性、连续性。"科学里的大量理论也许比我们所料想的还要近似于故事。""科学中所谓的资料素材，其实都是取自心灵之某种观点所涉及而成的建构观察。"因此，"科学建构的过程本身就是叙事法"，始终伴随着科学工作者或学习者的在场，并由其意欲状态所支配，带有他（她）的价值和意义。当科学知识转化为学校的课程知识，"从开端过渡到完全掌握一个概念，就是要靠课程设计者把那些概念具体转化成故事的形式"。这样，课程就成为一种"交谈，加上边讲边演，再加上孵育幼小的情怀"。学习者在故事性的课程中深入叙事之中，形成一种知识场域，在心灵的互动场域中各自期待心灵的理解与沟通，实现与对象的真正遭遇。这一教育过程本身既是叙事的理解和重构，同时又是学习者实现自我唤醒和文化认同的过程。"教育系统必须使文化中的成长者在该文化中寻得一套认同。如果没有的话，那些成长者就会在追寻意义的途中绊跌。人类只能在叙事的模式中建构认同，并在文化中找到它的位置。"[②]

应用"知识逻辑结构与思维形式注记教学法"，能够解决结构课程"难

---

① 陈理宣、黄英杰：《机体、意义和逻辑——论知识的三种结构及其教学策略》，载《内江师范学院学报》2014年第11期，第128－129页。

② 转引自陈理宣、黄英杰《机体、意义和逻辑——论知识的三种结构及其教学策略》，载《内江师范学院学报》2014年第11期，第131－132页。

度高、容量大、课时少"的难题，能够较好地提高教学质量。但是若想取得实效，关键是要制作出"知识逻辑结构呈现式"课件（使知识逻辑结构图时刻显示在教学屏幕上，而不是在教师的脑子里，才能实际地帮助学生快速认识和掌握知识结构），并合理结合"启发式教学法"；要坚持"先搭架、后填充、再诱导"和"少而精"的原则。①

在知识学习中，基于知识本体上位的知识逻辑结构，在教学与学习中位于核心地位。知识逻辑结构是深入理论体系内部的产物，能促使学习者在短时间内从总体上把握知识、持久记忆、灵活运用。

二、对学生做到有的放矢

不同的学生因其家庭背景、教育经历、个性思维等因素的不同而产生不同的学习态度和方法，对知识的接受能力也不一样。因此，了解并认识到每一个学生的特点，并据此采取不同的教学方法，才能使教学具有针对性，提高教学成效，使每一个学生得到成长和发展。教育应该因材施教、有的放矢，针对每个学生不同的天赋和特长，使用不同的教学方法和内容，使兴趣特长与专业学习有效结合，培养智慧性人才。

在海洋强国目标下，海洋管理人才需要掌握的知识日益多样化、复合化、更新化、交叉化，而他们已有的专业素质已不能满足新的客观实际的要求。对此，应意识到海洋管理人才的专业素质也是动态的、变化的，并且重视对于海洋管理人才专业化素质的提升工作。重视对于海洋管理人才进行频繁、持续、长期的知识技能更新与培训工作，有利于全面提升海洋管理人才管理工作的科学性与艺术性，从而在新的建设海洋强国的客观实际下，保障海洋管理工作科学、健康、有序、有力地进行。应对各类别海洋管理人才工作内容进行区分，并进行有针对性的传授。做好素质培育内容的完善工作，就能充分发挥涉海院校的功能和潜力，较好地使今后海洋事业发展的需求与当前海洋管理人才的培养结合起来。长此以往，将有利于中国海洋事业的核心竞争力进一步的增强。②

毋庸置疑，人才问题一直是关系国家事业发展的关键问题，特别是当今世界，人才质量问题更成为一个国家最为关心的问题之一。在国家发展

---

① 孟祥军、石瑾、杨静等：《应用"知识逻辑结构教学法"提高结构化学教学质量》，载《广州化工》2013 年第 1 期，第 195 页。

② 蓝茜：《海洋强国目标下的海洋管理人才素质研究》，大连海事大学硕士学位论文，2015 年，第 47 - 48、50 - 51 页。

过程中，人才不可替代的重要地位越来越得到人们的普遍认同。如何培养人才？人才的标准是什么？都是值得深入思考的问题。

社会的进步和发展需要智慧性人才。智慧性人才集智慧于一身，他们往往具有渊博的知识和解决实际问题的能力，有全局发展理念和超前思维，不受本本主义和教条主义思想束缚，具有高层次的生活状态和精神境界。而且，他们也能够认识到自己所肩负的重任，总是怀有一种时不我待的紧迫感，保持一种奋发向上、坚韧不拔的良好精神状态。智慧性人才也常常具有高度的自主性和独立性，旺盛的求知欲，刻苦的钻研精神，强烈的好奇心，较强的观察力，广泛的兴趣等。

学校理应是启迪智慧的殿堂，教师理应是智慧的化身，教学理应是智慧的活动，学生理应是智慧的学习者。古希腊，人们称教师为"智者"，中国古代，教师必须具备"智"和"仁"，教师是人类智慧的师者、智慧的化身。雅斯贝尔斯说，教育本身就意味着一棵树摇动另一棵树，一朵云推动另一朵云，一个灵魂唤醒另一个灵魂。只有智慧性的教师才能培养出智慧性人才。社会的发展、民族的振兴、科学的进步都离不开智慧性人才，学校课堂是中国人才培养主阵地，教师的教学智慧至关重要。

学生智慧的发展，无论对个人，还是对社会都非常重要。朝朝夕夕生活在课堂里的学生们，如果教师缺乏教学智慧，冷冰冰的缺乏情趣的教学就不会真正激发学生学习的兴趣与热情，学生的求知欲便会退化，本应是人才成长的摇篮却成为扼杀人才的牢笼。只有教师的教学智慧才能真正唤起智慧性课堂，营造智慧性环境，培养智慧性人才。

三、在教学上做到方法与艺术的统一

教学方法是理性的、规范化的科学教学程序，它保证了教学的科学性、严谨性以及在普遍范围内的可推广性，能够最大限度地使学生学习效果得到保障。教学艺术则是相对感性的，它是教学者在具体教学实践中形成的独特的教学手段，是师生间情感的传递、思维的碰撞、灵魂的交流，是具有生命力的教学活动。感性与理性、科学与艺术在教学上是相辅相成、相互促进的，实现两者的融合统一，是一个优秀的海洋经济管理乃至于所有学科教学工作者所必须具备的能力。

对于教师专业发展，佩里（Perry）指出，一是就其中性意义来说，它意味着教师个人在专业生活中的成长，包括信心增强、知识增多、技能提高，对所任教学科的知识结构不断更新、深化与拓宽，以及在课堂上为何

如此做的原因意识的强化；二是就其最积极意义来说，教师专业发展包含着更为丰富的内容，它意味着教师已经成长为一个超出了技能的范围，而表现出了艺术化的工作者，他们把工作提升为专业，努力将专业知识和能力转化为权威。[①]

教学艺术以追求"美"为主。对于教学艺术，有研究指出，它是指教师按照教学规律，娴熟地、综合地运用教学的技能与技巧，按照美的规律而进行的独创性的教学实践活动。课堂教学中的教学艺术，是教师在遵照教学原理和美学原理，充分发挥教学情感的功能的基础上，灵活运用语言、动作、表情、图像组织、心理活动、认知调控等方法或手段，发挥个性、创造性，实施独具风格的教学活动。教学艺术表现为审美性，如教学设计美、教学语言美、教学姿态美、教学意境美、教学过程美、教师人格美、教学个性美等；教学艺术具有创造性，教学过程是一种独具特色的艺术创作过程；教学艺术也具有情感性，它注重师生双方教学活动的情感交流与心灵碰撞。同时，教学艺术还具有新颖性、灵活性等特点。艺术的本质表现为"创造"品性，它具有创造性特点。教学艺术的本质也是审美的，因此，审美性是教学艺术的又一特点。

教学艺术是教学实践的艺术，结合教学活动的具体特点来考虑，具有以下几个要素：师生交互作用、紧密合作，遵循教学规律，创造性地利用各种教学变项，取得最佳教学效果。在这个定义中，"师生交互作用、紧密合作，遵循教学规律"是教学艺术存在和发展的前提和基础，而"创造性地利用各种教学变项，取得最佳教学效果"则是教学艺术的最高境界和结构内核。教学是一种综合艺术，包括组织艺术、管理艺术、讲授艺术、演示艺术、提问艺术、答疑艺术、批评艺术、评价艺术等。[②]

教学方法是教师为了完成教学任务，采用的教的方式与教师指导下学生所采用的学的方式之综合。在教学论中所探讨的教学方法，从其基本概念到各种具体教法，都可以说是"规矩"之谈，是"成方圆"之先决条件。但是仅仅掌握了教学方法，还不能算是拥有了教学方法的艺术，只有出神入化地综合运用各种教学方法，达到"从心所欲，不逾矩"的境地，才算是拥有了教学方法的艺术。

目前，学术界基本上趋向于认为，教学兼有科学性和艺术性两种特征，是两者的辩证统一。我们认为，教学的艺术特性是教学的科学性特性的升华，

① 王萍：《教学智慧生成研究》，山东师范大学博士学位论文，2015年，第26页。
② 王坦：《谈教学方法和教学艺术》，载《教育探索》1994年第1期，第35页。

是以教学的科学性特性为前提和基础的。艺术活动是一种创造性活动，旨在追求美，较多地依赖直觉和灵感，其作用机制复杂，其境界有时神妙难测，也难以解释。教学活动不可被看成是不可捉摸的一种纯艺术活动。科学活动是追求真理的活动，是有系统的、客观的、企求预测与控制的活动，它是有规律可循的。例如，化学家利用现有的科学知识去做实验，只要他遵守科学的定律和规律，就能使其结果符合预先的期望。我们希望教学活动在某个层面上，也能够像这位化学家这样有规律或程序可循，而不是朦朦胧胧，无所凭借，单凭直觉，只依赖感性。但是，我们不得不看到教学活动的另一个侧面，教学之所以自古以来令人难忘，就在于它是师生双方互感互动的过程，单单一方是不能决定教学过程的性质的。吉尔伯特·海特在《教学的艺术》一书中精辟地论述了教学不应是冷若冰霜的，只要教师和学生还是人的话，那么只有科学的教学，即使对理科而言，也是不恰当的。因为"教学包括感情和人的价值。而感情是不能被系统地评价和运用的，人的价值也远远超出科学的范畴"。从这个层面看，说教学仅仅是一种可预测、可控制的纯科学的活动也不恰当。因此，教学活动应是感情与理智的和弦，热忱与智慧的统一。

美国斯坦福大学教授葛杰对教学的科学性与艺术性的认识十分中肯。他认为教学的最高境界可进入艺术之境，但必须有其坚实的科学基础，而想真正了解教学或成功地从事教学的人，必须精通教学的理论和规律。其主张可以从他的专著《教学艺术的科学基础》的名称中意会出来。其用意在于告诉教师，要达到教学的最高境界，必须先致力于教学理论的学习与研究，奠定达成教学艺术的基础。

教学艺术是教学方法的升华，是综合运用教学方法体系的艺术。从教学方法对于教学艺术的作用看，作为教学理论的重要内容的教学方法，是教学艺术赖以达成的重要基础，没有教学方法理论的指导，也就没有教学艺术可言。

如何让学生掌握知识点，课堂教学是非常重要的。不管课堂以什么样的形式组织，低层次的要求可能是想让学生掌握相关知识。而高层次的要求是通过这门课的学习，让学生知道怎样去学习，学会了什么样的方法可以指导以后的生活和工作。[1]

只有掌握了学习方法，才能不断地掌握新技术。同时在课堂上教师的一言一行时刻影响着学生，教师讲课的思路直接影响学生的学习方法。试想如果一个教师照本宣科、几乎全部采用灌输式的教学方法，这门课将达

---

[1]　万春锋：《浅谈高校教师的教学方法与教学艺术》，载《职业技术》2013 年第 1 期，第 54 页。

不到预期的效果，从另一个侧面也反映了这个教师的不负责任，没有因材施教，不会灵活地运用科学的教学手段。

在课堂上教师不但给学生传授知识，更重要的是潜移默化地影响学生，让他们形成正确的看世界、看人生的方法。所以教师要针对自己的授课对象，合理地组织课堂教学。如果只是简单地讲解知识，学生指定会瞌睡。因此在课堂上常常需要采用一些特殊的案例，从哲学的角度为学生讲解专业知识。

总之，教师在教书育人的过程中，要有自己的风格，用自己的风格影响学生、感染学生，最终使学生成为有知识、有头脑、有思想，高素质的新时代人才。

教学既是一门科学，也是一门艺术。教学的科学性和艺术性是建立在教师具有广博深厚的专业知识和熟练的教学技能基础之上的。一个教师如果没有广博深厚的专业知识，他的教学只能是照本宣科、生搬硬套；没有熟练的教学技能，也就谈不上教学的艺术。

教学方法本身就是教学理论的组成部分，它是科学的。教学方法中蕴含着教学艺术，教学艺术是在综合利用各种教学方法的过程中，在日常的教学工作实践中，感悟、提炼和升华出来的。教学艺术体现在各种教学方法和教学手段之中，是教学方法的灵活而巧妙的运用。换句话说，教学的艺术性是教学科学性的升华，是以教学的科学性为前提和基础的。

教学既是一门科学，又是一种艺术，是科学性和艺术性的辩证统一。教学方法是教师在向学生传授知识的过程中所利用的教学手段和技巧，是传授知识的媒介和有效载体，体现着教学的科学性。而教学艺术是师生相互作用，紧密合作，创造性地利用各种教学方法，以最佳效果完成教学任务的活动。高校教师作为向社会培养高素质、创新型人才的主体，应当科学运用教学方法，形成自身良好的教学艺术，才能实现优良的教学效果。[①]

四、让学生做到学以致用

21 世纪是综合型人才的世纪，是实践型人才的世纪，一切的理论都是以服务于实践为最终目的，一种创意或一种技术只有充分转化为生产力，能落地实施，为社会创造价值，才能真正落到实处。教学只有让学生做到

---

① 赵明辉：《高校教师教学方法和教学艺术浅析》，载《成功（教育）》2012 年第 9 期，第 213 -214 页。

学以致用，让学生成为国家社会所需要的人才，在实干中成就自我价值、在实干中强国兴邦，此种教学才是有价值、有意义的。

加强校企合作，构建优质人才培养实训平台。首先，与有关企业达成合作协议，一方面为学生到企业参观调研、实习就业拓宽渠道，增进学生就业、创业意识和能力；另一方面可选派教研团队优秀青年教师到涉海企业挂职锻炼，推动教师不断完善教研工作。其次，联合企业举办案例分析大赛、涉海企业经营管理模拟大赛等专业性强的精品活动和比赛，并为表现优秀的学生提供实习培训机会，鼓舞更多学生学好本领、提升专业水平。①

应用型人才的培养是一种专业性的通才教育。在应用型人才培养的过程中，既要使学生掌握系统的理论知识，更要强化其职业能力的训练。这样，传统的以理论教学为主的教学模式就难以满足应用型人才培养对教学提出的要求，加强实践教学成为提高应用型人才培养质量的重要环节。为此，必须明确从事理论教学和实践教学的教师在教学中的角色定位，弄清从事理论教学和实践教学的教师应该具备的能力。对于教师而言，其所从事的不管是理论教学还是实践教学都要有悟性。悟性，是指对事物理解、分析、感悟、觉悟的能力，是一个人对某种事情或境界的领悟能力。悟性的关键在于是否悟、如何悟，悟性高的人通常都是将自己的体会和感受融合其中，获得属于自己的东西。教师只有在自己所从事的领域想办法去悟，那么应用型人才培养目标的实现就指日可待。②

不管是理论教学还是实践教学，要将教学内容综合起来，教学方法要灵活，教学手段要多样，都需要教师对课程精心设计，即明确教学目标、合理安排教学内容、选择匹配的教学方法和教学手段，这就要求教师应该是理论教学和实践教学的组织者。因为学生还处于学习阶段，不管是对基础理论的掌握还是在实践中的操作技能都有不懂或不会之处，所以需要教师的指导或示范；不管是在理论课堂上还是在实践操作中，都会有许多因素导致学生不遵守课堂纪律或不遵守实践教学的操作规则，需要教师对整个理论教学或实践过程进行监督，确保学生能严格按照规则去操作；学生对于理论知识的学习或实践操作的结果，需要老师公正地予以评价。

总之，在应用型人才培养的过程中，高校教师不仅要具有广博的理论

① 叶嘉敏、周珊珊：《基于理论、历史、现实三维度的涉海企业管理教育教学模式创新》，载《现代商贸工业》2020年第15期，第175页。

② 王瑞：《应用型培养目标下教育教学的几点感悟——基于高校青年教师教学方法与教学艺术研修》，载《教书育人》2014年第5期，第78页。

知识，相应的技术操作能力、组织协调能力和综合分析能力，而且在教育教学过程中要有师德之悟、教学理念之悟、教学方法和教学艺术之悟、创新之悟，这样我们的应用型人才培养目标就能早日实现。

实践教学是高校教学体系的重要组成部分，是创新创业人才培养的重要途径。大学生面临就业难题的同时，社会劳动力却普遍短缺，这种矛盾的迹象表明，中国高校人才培养机制与实际人才需求存在一定的偏差。具备实践能力、创新能力和创业潜能的人才是社会急需的，培养这种创新创业人才最重要途径之一就是实践教学。[①]

在中国现有教育体制下，高校人才培养质量同社会经济发展对人才需求之间存在较大的差距。大学生在入学时，就被强调以理论教学为主，忽视了实践教学环节，这导致其在工作时缺乏实践经验，不能解决工作中遇到的实际问题，做不到理论联系实际。当代中国社会需求的是具备较高理论知识水平，又具有实践能力、创新能力和创业潜能的复合型人才。高校应该从企业人才需求出发，构建科学的实践教学体系，着力培养大学生的创新创业能力，提高大学生的综合素质。高校实践教学体系的构建是创新创业人才培养过程中贯穿始终的、不可或缺的重要组成部分，也是解决大学生就业难问题的重要对策。

2002 年中国高等教育由精英教育向大众化教育转型发展，与之相适应的教育教学体系也应做出相应调整。大众化教育更加突出普通劳动者的培养，更加注重应用型、复合型人才的培养，这是时代赋予高等教育的历史使命。应用型、复合型人才指的就是具有实践能力、创新能力和创业潜能的人。近年来，实践教学在高校人才培养中的重要程度得到不断提升。《中国共产党十八届三中全会全面深化改革决定》提出：要创新高校人才培养机制，增强学生社会责任感、创新精神、实践能力。《国家中长期教育改革和发展规划纲要（2010—2020 年）》指出：要强化实践教学环节，深化教学改革，支持学生参与科学研究。《教育部等部门关于进一步加强高校实践育人工作的若干意见》中，把实践育人工作作为对高校办学质量和水平评估考核的重要指标之一。构建实践教学体系对创新高校人才培养机制具有决定性作用，是未来高校培养创新创业人才的关键之所在。

实践教学在创新创业人才培养过程中居于主体地位，培养创新创业人才不应是缓解毕业生就业压力的权宜之计，我们应该认识到发展创新创业

①　欧阳泓杰：《面向创新创业能力培养的高校实践教学体系研究》，华中师范大学硕士学位论文，2014 年，中文摘要。

教育，需要进一步解放思想，更新观念，树立正确的创新创业人才培养观念，通过实践教学体系构建，系统地促进学生素质的全面提高和能力的全面发展。

目前学术界较为重视高等教育中基础教学、科研培养等方面的研究，而实践教学这种培养大学生创新创业能力的教育模式的研究则较为薄弱。总体来看，无论是研究广度、研究宽度方面还是研究深度方面，都比较欠缺。多数研究显得零散、单一，局限于传统的视角和领域，一般性、普遍性问题研究较多，缺乏系统性、普适性的探讨。

顾明远编著的《教育大辞典》中，对实践教学有一个明确的解释："实践教学是相对于理论教学的各种教学活动的总称。包括实验、实习、设计、工程测绘、社会调查等。旨在使学生获得感性知识，掌握技能、技巧，养成理论联系实际的作风和独立工作的能力。"这种对实践教学的定义，是从其内涵和外延来理解的。实践教学体系是一个有机的整体，大部分学者都认为其涵义有狭义和广义之分。总的来说，由目标、内容、管理、评估体系等要素构成实践教学体系整体是按照其广义层面来描述的。狭义的实践教学体系是指实践教学的内容体系。实践教学体系是以实践教学人才培养目标为核心前提，以实践教学活动为主体内容，并以相应环境资源作为支持条件的一个有机联系的整体。

高校通过实践教学，培养的是学生实践动手能力和发现问题、解决问题的能力，在创新创业人才培养的要求中，学生创新创业能力的核心就是创新能力，创业能力是在具备一定程度创新能力的基础上升华得到的。实践能力是创新能力发展的基石，高校构建面向创新创业能力培养的实践教学体系是符合现代教育要求和社会人才需求的。

构建实践教学体系是连接学生理论知识和实践能力的重要手段。学以致用是从古至今都崇尚的知识获取和使用的目标，其是通过实践教学实现的。实践教学可以培养学生运用知识、创造知识的能力，使学生能真正发挥理论指导实践的作用，为学生毕业后进入社会工作创造必要条件。

实践教学体系是本科教学体系的重要组成部分。高校本科教学的培养目标和专业人才的培养目标的实现，都离不开实践教学这一举足轻重的关键环节。实践教学培养的是学生实践能力、创新能力和创业潜能，而只有通过实践教学体系才能更加系统化地实现实践教学的作用，是学生能力发展的必要条件。

实践教学是学生创新能力培养的基石。学生创业潜能的激发离不开创新能力的积累，创新能力的积累离不开实践能力的提升。没有实践能力，创新能力是不可能得到发展的。学生在实践中不断积累自己的实践能力，形成良好的创新意识，无形中就会使自己的创新能力得到逐步提升。

实践教学更深远的意义在于学生个体的全面发展。21世纪，国家的发展靠人才，人才综合素质的提升是一个国家综合国力提升的表现。学生的综合素质，正是靠教学实践来逐步提升的。

第三节　海洋经济管理学科教学内容与方法的创新

一、坚持教学逻辑与教学内容相统一

在一个优秀的教学活动中，教学逻辑和教学内容是相互联系、相辅相成的。空有丰富的教学内容而没有教学逻辑，就会使教学活动缺乏条理性，使所授知识不能清晰地传达给学习者；而空有严谨清晰的教学逻辑而缺乏丰富翔实的教学内容，就会使授课空洞无物，缺乏"营养"。因此，教学者应坚持教学逻辑与教学内容的统一，坚持教学进程推进的动态逻辑和所授知识内容的静态逻辑的统一，通过方法和内容的不断创新完善，推动授课的逻辑化、丰富化，达到提高教学效果的目的。如图8-1所示。

图8-1　教学过程中的教学逻辑

教学逻辑是思维型课堂的基本要素。教学逻辑涉及的是课堂教学过程中的"内在思维"问题，伴随课堂教学过程的进行和发展，是由教学活动的逻辑发展而引起的师生内在思维活动或思维发展。当然，它体现在外在的行为组织、行为发展的清晰、科学、合理上。具体来说，教师常用"内容组织合理""教学思路清晰""训练学生思维方法""严密的逻辑思路""考虑学生如何获得、用学生可以接受的方式表达知识"等表达对课堂教学逻辑性的诉求。教学逻辑清晰是有效课堂的核心指标之一，教学逻辑科学、

合理是深度教学的基本要求。①

　　逻辑的缺失或被忽视，往往导致课堂教学内容肤浅，课堂教学过程缺乏条理性，课堂教学活动缺乏思维的引导，最终导致知识的深度教学难以实现，不利于学生思维能力的培养。我们不仅需要关注课堂教学逻辑的设计、反思和评价，还要注意不能停留在学者或教师的直觉经验层面，我们需要一个科学的理论支架和可参考的原则标准。

　　教师的课堂教学推进符合教学内容的内在逻辑性对于培养学生接受知识的思维规律是十分重要的，这就是课堂的教学逻辑。它包含两个方面：一是内容的内在逻辑性。这一方面的问题，通过学科本身及教学内容分析去解决。二是使教学推进符合教学内容的顺序、层次、系统和学生接受知识的思维规律。

　　理想状态是，教师的课堂教学推进符合教学内容的内在组织性，符合知识的顺序、层次及系统，符合学生接受知识的思维规律和思维习惯。教学过程受教的逻辑、学的逻辑、学科逻辑的共同制约。而学科逻辑是三维度教学逻辑转化的起点，符合学科逻辑的课堂教学内容与课堂教学活动的推进顺序是教学逻辑清晰有效的前提。

　　三维逻辑是对课堂教学逻辑的横向分解，最终三者要综合并体现在真实的课堂教学过程中，如图8-2所示。

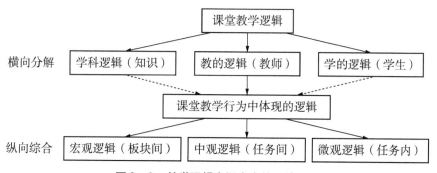

图8-2　教学逻辑在课堂中的系统呈现

　　教（学）什么、如何教（学）是课堂教学过程的两个核心要素，教（学）什么体现于教学内容上，如何教（学）体现于教学活动中。而逻辑是教学活动背后的思维过程，是教学内容之间的内在联系，内容与活动也同

―――――――――
　　①　历晶：《CPUP模型视角下化学优质课堂中逻辑性和参与性特征研究》，东北师范大学博士学位论文，2015年，第22-23页。

样是教学逻辑的载体。课堂教学内容与教学活动的层级结构决定了课堂教学逻辑的层次性。借助课堂教学过程的层级结构，就可以梳理出教学逻辑在课堂中的具体体现。

第一步，备课时按理论知识的内在联系和内在逻辑性来确立逻辑结构和知识框架，构造知识逻辑结构图。在知识框架的基础上，沿着各个"脉络"去发展延伸，将各相应部分加入全部细节，从而扩充并上升到知识的总体状态。这时已不是对原来教材中知识内容的简单重复和罗列，而是高视角的、有牢固支撑的知识概型。这样的知识是成串、成套的，是具有"空间"结构的，而不是"平面"结构的简单展现。

第二步，选用先进的课件制作软件（如 Authorware），制作"知识逻辑结构呈现式"课件，为落实知识逻辑结构图的功能奠定必要的基础。

第三步，课堂上以知识逻辑结构图为大纲（课件展示，要让学生看见），再结合"启发式教学法"对重点、难点与关键点进行精讲，余者可自学。

采用"知识逻辑结构呈现式"课件既能帮助学生厘清知识点之间的关系，快速记忆并形成知识结构，也有助于学生对知识的长久保持，可以显著提高教学效果。[①]

单纯的文字、简单的知识复述已经很难适应知识大爆炸的信息时代，更难满足新时代的教育需求。人类从外部世界获取信息的主要方式是通过视觉，知识可视化技术，使视觉成为表征手段，用图解的方式清晰地呈现知识，促进了知识的吸收与传播。知识可视化技术的发展和应用将对社会的发展，人类的生活、学习产生极其重大的影响。随着新一轮课程改革的到来，更加强调了教与学中教学方法的改变。在知识学习中，基于知识本体上位的知识逻辑结构，在教学与学习中位于核心地位。知识逻辑结构是深入理论体系内部的产物，能促使学习者在短时间内从总体上把握知识、持久记忆、灵活运用。[②]

我们将研究正确思维的形式及其规律的学科，称为逻辑。在课堂教学的各个环节中，教学者会提出涉及教学思想、教学原理、教学内容、教学方法等带有变革思想的新观念，这就被称为知识逻辑结构核心教学观。

知识的逻辑性在每一门学科中都占有很重要的位置。任何一门课程的学习大致都要经过这么一个过程，从初学到精学，最后到实践。教学中知

①　孟祥军、石瑾、杨静等：《应用"知识逻辑结构教学法"提高结构化学教学质量》，载《广州化工》2013 年第 1 期，第 195－196 页。

②　尹芝：《知识可视化下 KM 教学法的研究和应用》，沈阳师范大学硕士学位论文，2011 年，中文摘要。

识逻辑的合理运用能有效地促进教学活动，达成教与学的共识。教学中常用的教学方法有两种：一是说明性理解水平的教学，指的是在理解的基础上，把学科知识或者理论予以条分缕析地论证、说明的教学。二是探究性理解水平的教学，指的是带有启发性和科研性质的教学。

知识逻辑结构（knowledge logic structure）教学法简称 K 教学法，是以瑞士心理学家琼·皮亚杰的认识结构学说和美国教育心理学家杰罗姆·S. 布鲁纳的学科"结构理论"和"学科理论"为理论基础，按教材内容的内在逻辑联系组织起来的具有一定结构的知识整体的教学方法。2006 年北京科技大学信息工程学院杨炳儒教授首次提出了知识逻辑结构教学法与思维形式注记（learning in mind form）教学法。在此基础上，2010 年他提出了知识逻辑结构教学观。知识逻辑结构教学观是指在教学过程中按照知识的内在逻辑性建立逻辑框架、理论结构和内在联系的教育理念。知识逻辑结构的构建是通过对知识进行归纳、推理、发现、修正和补充新的知识而实现的。知识逻辑结构教学法以知识的内在联系和内在逻辑性为基础来确立逻辑结构和知识框架，构造知识逻辑结构图。[①]

因而，知识的逻辑性通过知识逻辑结构图的形式得以展现（参见图 8-3、图 8-4）。笔者认为，知识逻辑结构教学法是通过教师探寻知识的内在联系性，从而构建知识的逻辑框架，使零散的知识碎片串联起来。首先提炼出知识的主干，然后通过推理达到知识的延伸，最后形成面、线、点的知识逻辑结构式思维。知识逻辑结构式思维的展现可以通过适当的教学手段，如板书、课件、案例等实现。

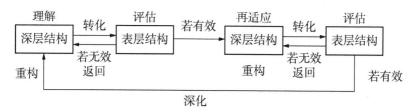

图 8-3　教学逻辑的运行过程

（资料来源：董静、于海波《教学逻辑的价值追求与二维结构的运演》，载《中国教育学刊》2015 年第 8 期）

---

① 张雨薇、王艳杰、刘宏等：《基于创新思维培养的生理学知识逻辑结构教学模式的构建研究》，载《中医教育》2019 年第 6 期，第 19 页。

学生面对厚厚的一本教材，会感觉到迷茫，无从下手。如何才能够点燃他们的学习热情呢？最好的方法就是教师梳理整本书各章节教学内容、安排合理的教学顺序，构建知识的整体体系。对知识结构进行梳理可帮助学生理清知识的脉络，引导学生一步一步把握知识的内容，然后由粗到细，由浅入深，提高其学习的有效性。

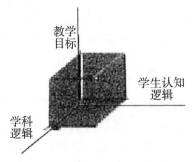

图8-4 教学逻辑的深层结构

（资料来源：董静、于海波《教学逻辑的价值追求与二维结构的运演》，载《中国教育学刊》2015年第8期）

二、因材施教，有的放矢，根据不同学生实际情况进行有针对性的教学

"世界上没有两片完全相同的树叶"，每个学生都因其生活经历和家庭背景的不同而具有很大的差异性，在教育"以人为本、尊重个性"的理念不断深化的今天，因材施教，有的放矢地对学生实行"差异化教学"甚至"个性化、定制化教学"已成为教学精细化的重要手段。

素质教育作为一种新的教学理念，它的提出无疑给现代教学注入了新的活力。素质教育以提高国民的整体素质为目标，以促进每一个人的全面发展为宗旨，使每个学生都得到"最优发展"，但是这个目标并不是使所有的学生都达到一个统一的标准。素质教育虽然要求面向学生，全面提高学生素质，但是并不否认学生存在差异的客观实际，以注重学生个性的发展为出发点，促使每个学生的个性得到充分的张扬，而如何才能做到这些呢？因材施教不失为一种好的办法，只有尊重、承认这些差异，因材施教，才能更有效地促进每一个个体的更好的发展。因此，从某种程度上讲，因材施教可以说是现代教学实施素质教育的重要策略。[①]

柳斌把因材施教称为实现素质教育的"总法则",原因在于它在实施素质教育的今天,已经被赋予全新的含义。我们都知道,因材施教是中国古代传承下来的一条重要的教育教学原则,距今已有两千五百多年的历史。因材施教历经风霜,没有被吞没,反而在教育改革的今天散发新的活力,不得不说,无论是在理论研究还是在教学实践上,因材施教都凸显了经典且不朽的魅力。

位于教育教学的"第一阵线"的教师,是落实因材施教的关键。教师对学生的影响可以说是全方位、多角度的。作为主导教学过程的关键因素,教师的作用极其重要。特别是在现实的教育环境下,通常是一名教师面对一个班级四五十名学生,师生比例悬殊。因此,一名合格的教师就需要具备全面的素质,担负起教育的重任。因材施教作为教学过程的一个重要方面,它对教师的要求层次更高,也更加细致。所以,真正落实因材施教,还需要全方位地提升教师的自身素质。

(一)强化识"材"、辨"材"的意识

实施因材施教,第一步要做的就是识"材"和辨"材"。识"材"和辨"材"是实施因材施教的先决条件。每一名学生都是生动、丰富的生命体,他们出生于不同的环境,有着各异的家庭背景,形成了不同的生活习性、兴趣爱好、性格特质、行为方式等,如果教师忽视了这些差异性的存在,没有充分考虑到学生之间的差异,施以"大一统"的教育教学方式,造成的结果往往是抹杀了学生的"个性特质"。不能照顾差异性存在的原因在于教师对识"材"、辨"材"的意识太过薄弱,没有意识就不可能有行动。因此,教师能够识"材"、辨"材"成了贯彻因材施教的先决条件。每一位教师应该将每一位学生的全面发展作为其教学的支撑,要有"差异"的意识,而不是"一刀切",或者戴"有色眼镜"来看所谓的"差生"。每一个学生都是平等的个体,他们不仅需要一致对待,更加需要个性的张扬与发展,教师应该从桎梏中解放出来,寻求差异对待、因材施教的新天地。

(二)提升因"材"而教的教学能力

有了"差别对待"的意识,还需要教师根据不同受教育者的差异,采

---

①　赵晓悦:《素质教育背景下"因材施教"的价值与创新》,华东师范大学硕士学位论文,2011年,中文摘要。

取不同的教学手段，这就需要教育者不断提升自己的教学能力。教师的教学能力主要由五部分组成：①教师的基本素养；②学科的知识背景；③对学科知识结构的认知；④对学生认知发展的认知；⑤学科教学的各项能力。因此，教师要圆满完成新课程标准下的学科教学，就必须在素质教育课程教学理念的前提下，深入钻研教材，准确理解和掌握学科专业知识，要在整体把握教材知识框架的前提下精心备课，做到心中不仅有知识，还有教学内容的框架结构，有了知识框架，教学才能有条理。教师不仅要备教材，更要备学生，要了解学生的认知发展水平，因为学生是教学的主体，他们不仅是知识的接受者，更是教学过程的参与者，只有使全班学生参与整个教学过程，教学才有质量，才能使学生在掌握知识的同时，不断培养和提高理解能力、分析能力及创新思维能力等多种能力。随着教师教学水平的提高，教师驾驭课堂的能力将大大增强，在了解每位学生特质的基础上，整个课堂教学在教师的主导之下，显得轻松、活泼。学生的参与性强，学生的学习兴趣浓厚，学生的潜能得到较大程度的发挥，教学的质量就高。

（三）适应多变的教学策略

教师在长期的教学实践中形成了符合自身特点的教学方式、教学技巧等，整合在一起就形成了我们所说的教学风格。一般来说，教学风格具有相对稳定性，在一定时期不会随着教育对象、教学环境的改变而变化。教学策略是教师在实施教学过程中教学思想、教学方式、教学手段的具体化。教学策略对教学行为具有导向性，在应用实施过程中具有灵活性，且使具体的教学方法更具操作性和层次性。教师的教学能不能做到有效且有针对性，同教师采取的教学策略有直接的联系。这样来看，能够适应多变的教学环境的教学策略是落实因材施教的有效手段。具体的操作是对不同层次的学生提出不同的要求，按照学生的能力和学习的风格，以课本为基础，搜集相关信息，建立一个具有层次的教学信息库，这样一来教学就更加具有针对性。研究教学策略和确立多元化的教学策略是教师必备的能力之一，也是能否落实因材施教的关键。

（四）适时转变和调整教师角色

教师作为一名"施教者"，本身就具备了系统化的角色定位。"师者，传道授业解惑也。"这是对传统教师角色最好的概括，传统的教育环境下，教师的权威地位牢不可破，教师是教学信息的主要来源，教师的角色相对单一。到了现代，随着信息技术的高速发展，教师的权威地位遭受越来越多的挑战，师生之间不再是单纯的传递与接收的关系，教师的角色呈现多元化发展趋势。特别是近年来，我国提出的"以人为本"的科学发展理念，逐渐渗透到校园，走进了课堂，发挥学生的主体作用的呼声日益响亮，适时调整教师角色成了必要选择。调整教师角色主要依靠教师转变教育者始终主导课堂的理念，更新为"以教师为主导，学生为主体"的思想，需要教师从传统的角色中走出来，实现"德、知、观、能"四个方面的转变，教师不再是高高在上的施教者，学生也不再是被动的受教者。新的角色定位，易形成新的教育教学行为，从而促进教师自身和教育对象的和谐发展。

其中必须注意的一点是，调整教师角色并不是要完全否定教师的权威，"师道尊严"的存在具有合理性。教师的角色定位要调整而不是重整，整个过程是动态的以及多层次的。教师角色的调整首先是在"师道"得以延续的基础上，转变和调整那些不适应教育教学的因素，使教师发展成为学习者、研究者、引导者、创造者、合作者、开发者、促进者和参与者的有机结合体。这才是我们努力的方向。

因材施教是教育者的主动行为，在这方面教师应有更多的作为。

首先我们要更新人才观，要按《国家中长期教育改革和发展规划纲要（2010—2020 年）》的要求树立人人成才的观念和多样化的人才观念。面向全体学生，促进学生成长、成才。尊重个人选择，鼓励个性发展。国家与社会需要的人才是多种多样的。接受高等教育的学生根据自身的特点和条件，在教师指导下，打好基础，发挥自身优势走上成才道路，再经过社会实践的磨炼最终成为某个方面或领域的专门人才。

当前高等教育已进入大众化教育阶段，在学大学生人数大大增加，学生的平均水平下降而且个体差距拉大，这是一个必然出现的正常现象。在大众化教育时期，沿袭精英教育阶段的模式和要求进行教学显然是不合理的。我们必须从学生的实际出发，实行差异化教学，为学生提供多元化的选择，允许学生在教师指导下根据自身的特点发展个性，对于平均水平较低的学生要从实际出发适当降低基本要求。为了落实因材施教，在当前实行完全意义下学分制条件尚不具备的情况下，同一课程可以实行分层次教学，既可在同一专业大类中分层次，也可跨专业大类分层次。

现在有些高校对大众化教育阶段出现的新情况、新问题认识不足，对大学课程仍力图维持原有的统一要求，甚至为"高攀"而采用过高层次的教材，以致造成学生成绩大面积的不及格。然后又用非正常手段来"补救"。这些做法影响了教学效果而且助长了不正学风，危害甚大。一定要从学生的实际水平出发，掌握适当难度，让学生真正学有所获，同时又要严格要求，促使学生自觉成才。

承认差异，鼓励个性发展，推行个性化教学是因材施教的另一个重要方面。学生来自不同家庭、不同地区，加上学生本身的个性不同，差异实在是千差万别。而教师课堂教学则必须照顾大多数学生。而对于少数基础较差、学习有困难的学生以及智力超群的尖子生则主要靠课外辅导去发掘他们的潜能，这就需要教师具有高度的责任感，并愿意将大量的时间、精力投入教学中。

《国家中长期教育改革和发展规划纲要（2010—2020 年）》还提出要探索拔尖学生的培养模式。笔者认为最重要的是要尊重人才成长的规律，重在营造良好的成才环境。严格来讲，尖子人才不是教出来的而是冒出来的。我们的责任是及早地发现他们，并为他们提供发展的空间，营造良好的环境。不要磨去他们的棱角，钝化他们的洞察力。要营造浓厚的学术空气和平等宽松的氛围，鼓励他们自由表达，相互切磋。再加上名师指引，这些尖子人才就一定会冒出来。就眼下的教育教学现状而言，营造这样的学术环境任重道远。①

三、海洋经济管理教学方法的创新

我们应该看到，在国家及社会对海洋人才需求量和水平逐渐增加的今天，由于海洋经济管理以其自身学科的特殊性和综合性，对人才的要求也逐渐向复合型、创新型、实践型转化，对综合素质和能力有了更高的要求。因此，我们的海洋经济管理教学方法和内容也应该及时创新，面向现代化、面向世界、面向未来，增加实践在课程教学中的比重，更加重视知识的复合和联系，积极运用现代互联网技术，从而培养学生的实践能力、创新能力，培养高素质人才。

经济的发展对人才素质提出了新的要求，要求我们培养的人才应具备较高的思想政治素质、健康的心理素质、较高的科技文化素质、必备的管理素质和外交素质。但海洋科学研究又是一项十分艰苦的工作，因此，在海洋科学和管理人才的培养过程中，应教育学生热爱海洋事业，发扬老一辈海洋科学家艰苦奋斗的敬业精神，全面提高学生的综合素质，造就一批

---

① 侯自新：《注重学思结合　注重知行统一　注重因材施教——人才培养模式改革创新中的数学课程建设与改革》，载《中国大学教学》2012 年第 3 期，第 7 页。

志在献身海洋事业的高层次人才。①

　　在全球一体化的新时代，要求海洋管理人才具有国际意识、终身学习意识和创业能力。首先，要在进一步加强爱国主义教育的同时，注重培养学生的国际理解、国际竞争与国际合作的意识，在继承中国优秀传统文化的同时，注重多元文化的吸收，使我们的学生具有开阔的眼界，在未来能善于进行国际合作，积极主动地参与国际竞争。其次，随着经济的全球化，劳动力跨行业流动将会越来越频繁。不同行业间的流动要求劳动者不断地学习新的知识、新的技能。终身学习意识与学习能力的高低将是决定劳动者能否适应社会快速变动的主要因素。最后，面向世界的中国高等教育还要赋予 21 世纪人才蓬勃的创业能力。这种能力应该由多种素质复合并提炼而成。所谓素质复合，包括三个方面。其一是知识复合。未来人才以专业知识为学术基点，吸纳人文科学、社会科学、自然科学等诸多领域的知识，予以有机整合，使自身的知识结构既有很高的融合度，又有强烈的辐射性。其二是技能复合。即一专多能，触类旁通。其三是思维方法的复合。即要求具有发现和化解现实与理论问题的特殊能力。

　　从国际化培养目标要求出发，中国海洋管理教育还应加强跨国、跨民族、跨文化的交流、合作和竞争，更多地利用国际教育资源。海洋管理专业在课程体系和教学内容方面借鉴高等教育面向 21 世纪教学内容和课程体系改革成果，进行调整和改革。尤其要强化和改善外语教学或实施双语教育。甚至可以从国外引进精选的教材或教学参考书。在课程体系设计过程中应注意以下几条原则：一是课程体系改革，不要过分追求系统性、完整性。二是课程设置要有利于课程内容的沟通，形成整体性课程体系。三是课程体系的改革整体设计要有利于实施素质教育，全面提高学生的综合能力。四是重新组合课程结构，培养基础宽厚、具有创新精神和适应社会环境能力的复合型人才。五是增加课程体系内容的实践性、应用性。

　　随着时代的发展，海洋管理类教育的传统教学思路、理念、模式已无法适应时代的发展需求，可结合当前海洋人才综合素质教育、"互联网＋"融合教育、创新创业教育等新型教育理念，转变创新当前教育教学模式，实现应用型、技术型、创新型海洋管理和企业管理人才培养目标。②

　　以人为本，贯彻海洋人才综合素质教育理念。海洋人才综合素质培养

① 全永波：《加强海洋管理人才的培养》，载《中国水运》2008 年第 9 期，第 71 页。

② 叶嘉敏、周珊珊：《基于理论、历史、现实三维度的涉海企业管理教育教学模式创新》，载《现代商贸工业》2020 年第 15 期，第 175 页。

既有大学教育对学生能力要求的普遍性，又有对海洋教育素质要求的特殊性。因此，教师在强化海洋经济和涉海企业管理知识重要性的同时应普及计算机、英语等学科的重要性，鼓励学生全面发展。结合创新创业教育，在理论教学中引领学生认识就业创业，积累专业实习实践经验。

融合"互联网＋"教育，科学规划课程教学体系"互联网＋"与涉海企业管理教育教学融合，可从以下三方面进行实践。其一，对涉海企业管理发展现状、教师教研成果、课程教学亮点、就业前景等进行视频宣传，引起学生的兴趣。其二，相关课程内容以网络课视频形式进行线上教学，期末考核适当增加线下课堂考核比重，并将剩余学时用于实践教学。其三，改革教学评价形式和标准，相比期末标准模式化的评价体系，线上平台的课堂自评和教学意见反馈会更有成效。

四、以社会需求为导向，紧跟时代潮流和实时动态

在当今社会背景下，任何人的发展都不能脱离他所处的环境，每个人都被时代的潮流裹挟着前进。同时，海洋经济管理作为一门近年来飞速发展的新兴学科，知识的内容和体系都处于日新月异的变化中，但相关方面的海洋管理人才仍十分缺乏。因此，在这种种因素下，在教学中，教学工作者必须不断更新知识内容和体系，并使教学内容和方法也随之与时俱进、不断创新，培养国家、社会所需要的人才，从而为实现"海洋强国"战略提供人才保障，使学生的个人成长与国家前途命运和未来发展方向紧密相连，在民族复兴的进程中更好地实现个人的成长和发展。

随着海洋经济的快速发展，海洋经济在国民经济中的地位日益提升，海洋经济的发展越来越得到国家的高度重视，海洋经济管理工作也逐步被纳入政府的工作日程，并逐步成为国家宏观调控的组成部分。从中国海洋经济发展进程来看，中国海洋经济已经进入由快速发展阶段向"又好又快"迈进的转型期，海洋经济管理也将进入一个加快适应的调整期。管理模式的转变必定以发展理念的转变为前提，因此，审视、思考海洋经济发展和科学发展观之间的关系，从科学发展的角度对中国海洋经济管理所面临的新形势、新阶段做出总结概括和基本判断，具有十分重要的现实意义。①

中国深潜、勘察等技术在世界上都处于领先地位，但是海洋社会科学

---

① 王宏：《我国海洋经济及其管理的发展特征分析》，载《海洋经济》2011 年第 1 期，第 2 - 3 页。

人才的需求却供不应求。因为海洋经济的发展需要懂管理、懂国际法的人来维护中国的海洋权益，解决各种海洋发展所面临的问题。因此，中国迫切需要海洋管理类人才，对海洋的合理开发利用加以保护。①

海兴则国强，海衰则国弱。海洋在政治、经济、科技、能源等领域发挥着不可或缺的作用。而海洋管理人才的培养也是国家海洋事业发展的重要环节。在中共十八大报告中曾提出："提高海洋资源开发能力，发展海洋经济，保护海洋生态环境，坚决维护国家海洋权益，建设海洋强国。"建设海洋强国离不开人才的支撑。科学家认为，海洋能解决人类所面临的人口问题、资源问题和环境问题。而中国作为一个海洋大国，加强海洋管理，合理开发利用海洋资源，培养高素质的海洋管理人才，保证海洋事业的健康发展，才是未来发展的目标所在。

五、推动知识可视化

海洋经济管理因其交叉学科和新兴学科的特点，研究历史较短，知识内容体系还不甚完善，具有抽象化、理论化的特点，给学生的学习理解带来了一定的困难。因此，教学者应该充分认识到学生理解学习知识方面存在的这一问题和困难，结合自己的教学实践经历，推动教学内容和方法形式的创新，将知识可视化、直观化地向学生呈现，从而降低知识接收的门槛和理解难度。

单纯的文字、简单的知识复述已经很难适应知识大爆炸的信息时代，更难满足新时代的教育需求。人类主要通过从外部世界获取信息。知识可视化技术即用视觉表征手段，用图解方式清晰地呈现知识，促进了知识的吸收与传播。同时，知识可视化除了可以传达事实信息之外，还可以传输见解、经验、态度、价值观、期望、观点、意见和预测等。因此，知识可视化技术的发展和应用将对社会的发展，人类的生活、学习产生极其重大的影响。② 这一点，从对学术研究成果的统计中也可管窥一二。如表 8 - 2、表 8 - 3 所示。

---

① 官玮玮：《浅析海洋管理人才的培养与开发》，载《人才资源开发》2017 年第 2 期，第 41 页。

② 尹芝：《知识可视化下 KM 教学法的研究和应用》，沈阳师范大学硕士学位论文，2011 年，中文摘要。

表8-2　知识可视化及思维导图文献统计表

单位：篇

关键词	学术期刊
knowledge visualization（知识可视化）	407000（2004 年起）
Mind Map（思维导图）	556000

表8-3　知网文献统计

单位：篇

关键字	期刊、会议、报纸	硕博论文（1999 年起）
知识可视化	28	9
思维导图	119	35
知识逻辑	35	5
KM 教学法	5（主题搜索）	0

在人类探索知识、探索世界的过程中，可以看到、摸到、闻到的事物是最容易被大脑认识和接受的，这种外在呈现方式对知识的理解和传播具有很重要的影响。"可视化"来源于英语单词 visual，我们将其翻译成"视觉的，形象的"，通过视觉器官得以看见，因而被认为是形象的。中国上下五千年的历史中有很多可视化的先例，古人用以记事的绳结、算盘等都是可视化的思维工具，还有在幼儿教学中，常常会用实物进行加减法以及拼音的教学，这些都是人们利用视觉、触觉等感官进行知识外显的学习方法，为的就是更好地去理解、掌握知识。

知识可视化的方法有很多种，从小学的看图学数字、高中几何画的草稿图，到地理中的色彩表示法、多媒体教学等，都是知识可视化的表现形式和方法，只要使用恰当，都能促进对知识的学习和理解。现有的知识可视化工具有概念地图、思维导图、认知地图、语义网络、思维地图等。在这些工具中，比较常用的知识可视化工具是托尼·巴赞创造的一种笔记方法——思维导图，被称为瑞士军刀般的思维工具。

KM 教学法是将知识的逻辑结构和托尼·巴赞的思维导图相融合的创新性教学法，K 是指知识逻辑结构，M 则是指思维导图。KM 教学法的基本模式是搭粗框架—展开填充—诱发引导—章—跨章。

首先，按章呈现出总体的粗框架，框架要展现出各节的分布与联系。其次，依据少而精的原则，按节展开重点、难点、关键内容，通过思维导图进行诱导启发，然后通过章的知识逻辑结构图展现丰富生动的知识点及其复杂的内在联系，逐步提升为总体精架构。最后，将有内在逻辑联系的不同章之间进行对比和关联，这可以通过跨章的知识逻辑结构图的扩展来实现。

KM教学法可以解释成"薄—厚—薄"的基本教学模式。首先给予学生"薄"的信息感知，确立一个基本的整体形象，接着通过展开扩充，启发指导形成"厚"的、涵盖核心知识的信息载体，最后引导学生从厚重的载体中抽出富含内在联系的"薄"的总体架构，实现认识螺旋式上升。

KM教学法的教学思想可以通过剖析理论结构内在层次的方法来实现，利用思维导图融入内部联系的子系统中，进行逻辑演绎，形成"薄—厚—薄"的教学过程，从教学角度概括的具体方法如下：

抽点是逐节—逐单元—逐章—逐篇地、从个别到一般地对理论体系进行剖析，理论的知识要点被抽出保留，暂时舍弃那些次要的内容。

连线是在内容上，要寻求并抓住两个要素：一是从本质上将各知识点中的概念、定理、法则的内在联系明确并区分开；二是贯穿于各部分理论间的一根主线，即知识链。在知识点经过局部分析后，在主线的引导下扩大成片，再从全局总体的角度进行分析。

成网是以形成覆盖广、面积大的"知识网络"为目的，通过对知识理论的不断发展和加深，同时结合知识横向和纵向的联系，由浅到深、从具体到抽象、环环相扣的发展过程。

扩展是将知识进行拓展并上升到总体之中。这个步骤要以先前形成的知识框架为基础，在各个知识脉络中逐渐加入细节，沿着各个知识脉络的方向去延伸发展、不断充实。经过扩展这个过程后，学习者掌握的知识具有很好的空间层次结构，而非平面结构、孤立的存在。从认识论的角度讲，经过上述步骤，认识不再是简单展现的知识，而且螺旋式上升的知识。

在抽点、连线、成网的整个过程中，教学者首先对教学内容进行逻辑加工，剥离后构建出知识的整体框架，经过这一加工步骤后，施教内容被用最简单、形象的概括进行描述，也就是"薄"。扩展的过程是结合思维导图、逻辑统一等方法，弄清楚框架中的各个部分的具体细节，以及在整体中的地位和作用，逐步蚕食出"厚"。概型不仅仅是再次呈现"基本框架"，实际上是将包含丰富知识细节的"本质框架"进行螺旋上升，进而引导学习者思考所学全部内容，亦即"薄"。①

---

① 尹芝：《知识可视化下 KM 教学法的研究和应用》，沈阳师范大学硕士学位论文，2011 年，第 17 – 18 页。

第四节　海洋经济管理教学创新方法的应用

一、科学教学方法的合理使用在海洋经济管理教学方面的重要性

科学的教学方法是知识传授质量得到保障的必然要求，在海洋经济管理教学中缺乏科学教学方法的合理运用将可能导致教学效果大打折扣。因此，合理运用科学的教学方法，汲取先进、科学的教学经验是十分必要的。

教学方法是实施教学活动的具体措施，是提高教学质量的重要手段，不同的教学方法可导致不同的教学效果。总体上讲，教学方法主要涉及教学组织形式、教学具体方法以及教学媒体利用三个方面的问题。

大学教师所从事的教学活动不是企业生产流程，而是一门科学与艺术，是一种异常复杂的创造性活动。在教学活动中，教师需要意识到并不断地革新自己的教学观念，修正和调整自己的教学方式，促使学生的学习向更有效、更高级的方向发展，寻求个人对教学内容的真切理解和感受，培养学生的"深层学习方法"（deep approach），而不是为了完成既定的学习任务，运用"浅层学习方法"（surface approach）记忆大量的材料以接受检查。哈佛大学前校长德里克·博克指出，学习结束后，学生能记住多少知识，会形成什么样的思维习惯，较少取决于他们选择了哪些课程，而较多地取决于他们是怎么被教的，以及他们被教得有多好。人们常说："授人以鱼莫如授之以渔。"叶圣陶先生也说："先生的责任不在教，而在教学，教学生学。"牛津大学还有一句妙语："导师对学生喷烟，直到点燃学生心中的火苗。"这些教学理念都强调对学生学法进行指导的重要性，学生学习能力的高低与教师教学水平密切相关。[1]

（一）教学方法是联结教师教与学生学的重要纽带

通过有效的教学方法将教师的教学活动与学生的学习活动有机地联系起来，使教学成为师生共同实现教学目的的活动。

---

[1] 郑延福：《本科高校教师教学质量评价研究》，中国矿业大学博士学位论文，2012 年，第 54 页。

（二）教学方法是实现教学任务的必要条件

在教学中，不解决教学方法的问题，教学任务的实现就要落空。为此，只有采取适应教学需要的教学方法，才能保证培养目标和教学任务的实现。

（三）教学方法是提高教学质量和教学效率的重要保证

因为良好的方法可以使人们避免走弯路，并节省在错误方向上浪费的无法计算的时间和劳动。

（四）教学方法是影响教师威信和师生关系的重要原因

《学记》中指出：善学者师逸而功倍，又从而庸之；不善学者师勤而功半，又从而怨之。学生善学不善学与教师善教不善教有着密切联系，那些因采用优良教学方法而使教学效果不断提高的"善教者"，容易在学生中赢得较高威信，师生关系也比较融洽。

（五）教学方法影响到学生的身心发展

皮亚杰认为：良好的教学方法可以增进学生的效能，乃至加速他们的心理成长而无所损害；而不好的教学方法则可能会使学校成为"才智的屠宰场"。

二、将教学艺术寓于教学方法中，通过教学方法来展现教学艺术，促进教学艺术与教学方法的统一

教学方法是教师和学生为了实现共同的教学目标，完成共同的教学任务，在教学过程中运用的方式与手段的总称。它包括教师的教法、学生的学法、教与学的方法。教学艺术就是教师在课堂上遵照教学法则和美学尺度的要求，灵活运用语言、表情、动作、心理活动、组织、调控等手段，充分发挥教学情感的功能，为取得最佳教学效果而施行的一套独具风格的创造性教学活动。

教学方法和教学艺术是辩证统一的关系，二者相辅相成共同构成教学模式体系。优秀的教学活动应该兼具科学方法与温度情怀，教学者应该致力于在实际教学中实现二者的融合与统一，将感性与理性、理论与实际相结合，以达到更好的教学效果。

熟练地运用教学方法，形成技能技巧，是教学艺术的一个重要方面。

教师能否形成教学技巧，直接关系着教学的质量和效果。一个教师若不掌握教学技巧，虽可以阐述教材，教给学生知识，但他的教学一定是缺乏吸引力的，不会使学生在获取知识的过程中得到精神上的享受。而能娴熟地运用教学方法的教师，不论何时讲课，都能举重若轻，立得要领，切扣学生的心弦，启迪学生的智慧，让知识的暖流、思想的乳汁汩汩流入学生的心田，达到"润物细无声"的效果。要提高教学技巧，主要通过教师的职前教育与职后教育两个阶段进行。传统教育往往把职前教育当作理论学习阶段，而把职后教育看作实践阶段，也即教学技能技巧的形成阶段。这样便形成了教学理论性学习与实践两者之间的时空阻隔，理论与实践不能连贯起来，效果不好。

我们认为，理想的状况应当是将理论与实践相统一，在学习中实践，在实践中学习。要熟练地运用教学技巧，除了正规的教育训练外，教师还应加强自身的修养，注重自我提高。具体言之，教师应通过以下几个方面的努力来掌握教学技巧：

1. 勤于学习

虽说教学艺术有着高深难测、出神入化的一面，但它还有着实实在在、按"规矩""成方圆"的一面。再高深的教学艺术也不能离开科学基础而独立存在，它只能是对科学规律的创造性的发挥和运用。教学是一门艺术，但它首先是一门科学，是两者的统一。因此，教师要提高运用教学方法的技能技巧，就必须首先学习和掌握教学方法的基本知识，懂得教学方法的原理和规律，自觉地用教学的规律去指导自己的实践活动。一些优秀教师之所以能够形成高超的教学技巧，其重要原因就在于他们非常精通教学的规律和要求，并能够在实践中予以灵活运用，体现出教学方法的艺术特性，因而教学得心应手。其次，教师应不断借鉴和学习他人的教学经验，丰富和提高自身的教学艺术修养。古人云："海不辞水，故能成其大；山不辞土石，故能成其高……士不厌学，故能成其圣。""是故江河之水，非一源之水也；千镒之裘，非一狐之白也。"教师教学艺术素养的提高亦同此理，需要博采众长，虚心学习。教师之间要互相观摩，互相切磋，依据本人的特点，将他人的经验加以改造利用，但不可流于模仿。艺术大师齐白石先生说得好："学我者活，似我者死。"这就要求我们教师既要虚心学习，又要勇于创新。要博采众长，使别人的经验为我所用，要根据自己的特点，独辟蹊径，独树一帜，切忌邯郸学步，固步自封。再次，教师还要善用"他山之石"。各级各类学校的教师，都应从政治活动家、演说家和话剧演员那里学习讲话艺术；从书法家、美术家那里学习板书和板画艺术；从文学家那里学习语言艺术；从管理学家那里学习组织、领导艺术；等等。"他山之石，可以攻玉"，通过广泛学习使教学技巧不断完善和提高。

2. 敏于实践

技能技巧的形成离不开实践，要提高教学的技巧，自然也必须经由实践。一位教学工作者从他开始教学的第一天起就必须孜孜以求，学习和掌握教学原理，并以之为指导，刻苦实践，才可能成为教学艺术家。各种教学方法，都需要在平时反复练习，在练中求进，在练中求巧。只有在平时练好基本功，到讲课时方能得心应手，运用自如。所谓"台上一分钟，台下千日功"，正是这个意思。实践证明，人类的实践活动不断地向前发展，其认识世界和改造世界的能力就会愈来愈高强。教学艺术也是如此，它必须凭借教学实践才能形成和发展，两者互相促进。因此，教师要拥有良好的教学技巧，不下一番苦功夫，不勤学苦练是难以如愿的。

3. 勇于创新

教育家第斯多惠说过："教师必须有创造性。"实践证明，创造性是教学艺术的重要品质。因为艺术的生命力就在于创新。因此，每一位教师都应当具有创新意识，使自己的教学艺术具有独特的风格。要求教师在运用教学技巧上具有创新意识，并不否定教师的教学过程具有一般的或普遍的规律。这里的关键是，要在教学过程中，因人、因时、因地灵活地运用这些规律。这就是所谓的"教学有法，而无定法"，其"运用之妙，存乎一心"。或像齐白石先生所言："无法之法乃为至法。"我们认为，讲求运用教学方法的创造性，应当成为每一个教师有意识的追求。世界著名植物学家季米良捷夫曾说过："教师不是传声筒，把书本的东西由口头传达出来；也不是照相机，把现实复呈出来，而是艺术家、创造者。"所以，教师在教学中应注意培养自己的创新意识，科学地运用教学方法，形成高超的技能技巧，取得优良的教学效果。①

提高教学方法、实践教学艺术的有效途径首先是注重自我的学习。要不断提高自身的知识能力素养，具有对专业知识的深入研究和把握，这是上好课的前提。而要提高运用教学方法的技能技巧，也必须首先学习和掌握教学方法的基本知识和基本理论，自觉地用教学规律去指导自己的教学实践。

其次，教师还应不断学习和借鉴他人成功的教学方法和教学经验，丰富和提高自身的教学艺术修养。要知道"他山之石，可以攻玉"，博采众

① 王坦：《谈教学方法和教学艺术》，载《教育探索》1994年第1期，第37-38页。

长，为我所用，方可得到提高。教师之间相互学习、相互切磋，将对自己有用的好的教学方法运用到自己的教学过程当中，并不断改革创新，形成自身独特的教学风格。

再次，不断实践。实践出真知，实践也是提高教学方法和教学技巧，形成教学艺术的必由之路。各种教学方法都必须在平时反复练习，练中求进，练中求巧。也只有练好了基本功，才能在课堂上得心应手、运用自如。

最后，具有创新意识并敢于创新。创新是教学艺术生命力的源泉，也是教学艺术的重要品质。教师的作用在于激发学生自我学习能力和学习潜力，如果教师缺乏创新意识，那么何来激发学生的创新思维？如果教师都不敢于创新，那么学生何来创新的动力？教师不是传声筒，也不是照相机，而应该是创造者，是艺术家。因此，每一位教师都应该具有创新意识，敢于创新，使自己运用教学方法的艺术具有独特的风格。①

运用教学方法展现教学艺术，主要是要把握课程的精髓——"活"。苏联教育家斯卡特金将教学过程看成是学生认知发展的过程，把教学方法分为五类，即图例讲解法、复现法、问题叙述法、局部探求法和研究法。高校教师不能一味地按照一种方法或照搬多媒体课件上的内容来讲课，而应该用不同的方法，灵活应用表情、语言等激发学生的学习兴趣，以期达到最佳的教学效果。中山大学生命科学学院的王金发教授能把课程中的一小节内容（细胞生物学发展简史）用四种不同的简图讲述，这才是真正把握住了讲课的精髓。②

三、鼓励社会实践，将实践融入学生的理论学习当中，通过实践来反映证实真理

实践是检验真理的唯一标准，唯有通过实践才能使知识得到印证，才能进一步巩固和加深学生对知识的理解和记忆，增加认同感。同时，通过社会实践也能培养学生的实践能力，使学生在运用所学知识解决实际问题的过程中提升综合素质。

在海洋管理专业人才的培养中，高校要不断地进行爱国主义教育教学的同时，不断培养学生的国际化意识，打开学生的眼界，培养他们的终身

① 赵明辉：《高校教师教学方法和教学艺术浅析》，载《成功（教育）》2012 年第 9 期，第214 页。

② 王瑞：《应用型培养目标下教育教学的几点感悟——基于高校青年教师教学方法与教学艺术研修》，载《教书育人》2014 年第 5 期，第 79 页。

学习意识和创新创业能力。因为随着社会经济的不断发展，学生必须有终身学习的意识，不断提高自己适应社会发展现状的能力。现今教育教学的目的是不断培养"双创"人才，符合"大众创业，万众创新"的要求。①

特别是在现今经济全球化的情况下，海洋经济的发展将带动中国经济发展方向。所以，对于海洋管理人才的需求也会随着社会的发展变得越来越迫切。在人才的培养上，不仅要培养学生的国际化意识，还要培养学生的实践能力、应用能力和创新能力。

开展校企合作，为涉海专业人才提供实践平台。要紧贴市场需求培育技能型、应用型人才。市场对人才的需求主要来源于企业对人才的需求情况。要积极开展校企合作，工学结合，建立一批涉海类专业的校内外实训实习基地，形成开放性、专业性的技术服务平台。要以涉海企业为主体，以海洋经济发展为导向，构建起产学研相结合的海洋人才培养平台。

同时，要积极参与海洋经济示范区建设，加大与政府部门及企业的对接力度，与涉海类企业开展重大科研和产业项目的合作，加强科技研发和成果转化力度，积极建设海洋科研基地和创新服务平台，为海洋经济发展提供技术支持和社会服务。随着海洋经济的发展，如何开发、利用、管理好海洋是一项很重大的工程。积极与国内一流的海洋教育资源、海洋科研基地合作，拟在海岸工程、海洋测绘、港口物流、海水处理、海洋防震减灾、滨海旅游、海洋动力、港口自动化等方面开展科研与技术服务。②

涉海专业人才的培养是海洋经济示范区建设的人才保障和智力支持。推动海洋经济发展，要求院校进一步加强涉海专业建设，合理分布涉海专业，加大教育扶持力度，为海洋经济示范区建设提供更多更好的高素质人才。

实践教学的首要任务就是要求学生将理论知识与实践动手能力相结合，将课堂教育与社会实践相结合。这样，在学生进入社会以后，能够学会理论联系实际，充分利用理论知识，解决实际工作中遇到的现实问题。在用人单位看来，现在的大学生发现问题、解决问题的能力并不理想。因为实践经验的缺乏，在工作中很难发挥高学历的优势。通过实践教学，积极调动学生的观察力、理解力和思考力。③

---

①　官玮玮：《浅析海洋管理人才的培养与开发》，载《人才资源开发》2017 年第 2 期，第 41 页。

②　朱琳、方守湖：《海洋经济背景下的涉海人才培养研究》，载《黑龙江高教研究》2012 年第 10 期，第 138 页。

③　欧阳泓杰：《面向创新创业能力培养的高校实践教学体系研究》，华中师范大学硕士学位论文，2014 年，第 17 - 18 页。

如实践教学体系结构图（如图 8 - 5 所示），按照不同的教学目标，遵循实战内容深度的递进、实践技能层次的递进、综合应用水平的递进原则，实践教学活动主要包括基础实践、专业实践和综合实践三个阶段。通过这三个实践阶段，教师可以合理地、循序渐进地安排实践教学活动，将创新创业人才培养目标和实践教学内容具体落实到各个阶段中，达到学生实践能力、创新能力的培养要求。

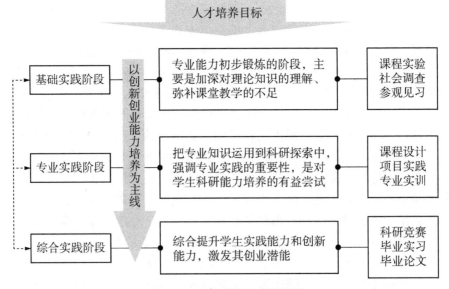

图 8 - 5　实践教学体系结构图

基础实践阶段是专业能力得到初步锻炼的阶段，对加深理论知识的理解、弥补课堂教学的不足起着重要作用，是专业实践阶段的前提。基础实践阶段主要包括课程实验、社会调查和参观见习三个部分，重点培养学生基本技能和基础实验能力。课程实验的教学目标是以理论知识为支撑，使学生具备以操作能力为主的基础实践能力，通过实际操作和应用来发现和解决问题；社会调查通过实地调查研究，促使学生去验证和解决课程中遇到的理论性问题；参观见习的目的是增长学生自身专业知识的见识，主要通过老师带团参观与专业相关的校外单位等方式进行。

专业实践阶段是经过系统学习专业知识之后，开始把所学知识运用到科研探索中的阶段。该阶段对学生科研能力的培养具有关键作用。专业实践阶段主要包括课程设计、项目实践和专业实训三个部分。课程设计对培养学生提出、分析和解决问题以及初步形成科学研究的专业综合能力起着重要的作用，是巩固所学理论知识的重要途径。学生在课堂上的学习时间有限，不可能完全掌握学科专业知识，所以项目实践环节可以使学生根据自己的特长，选择感兴趣的某一专业项目，在教师的指导下，以项目小组的形式一起学习和研究，通过互帮互学，培养团队精神和融合多学科知识的能力，培养设计实验的能力。专业实训主要采用校企结合的形式，由学校老师带队，到实际的工作环境中去，让学生亲身体会真实的工作状态，帮助学生及早地适应工作环境，使其满足行业需求。专业实训是连接校内学习和企业需求的桥梁，是对毕业实习的提前模拟。

综合实践阶段主要包括科研竞赛、毕业实习和毕业设计（论文）三个部分，重点培养学生的综合实践能力和创新能力。在科研竞赛中，学生在学校指导教师的辅导下，既参与老师的课题研究、科研立项和大学生创新性实验项目等学术活动，也可以参加本专业的各项竞赛活动等，锻炼理论知识与实践能力相结合的能力。毕业实习是为了能让学生在毕业后尽快进入工作状态，适应真实的工作环境。毕业实习时，没有教师从旁指导，学生需要参与到相关企业部门中去，真正地投入到实际工作中，发挥自己的综合能力，解决问题，给企业创造经济效益。学生通过毕业实习，积累工作经验，为就业做准备。毕业设计（论文）是和毕业实习相辅相成的一个实际活动，毕业设计（论文）的主题来自学生对毕业实习过程中专业知识的总结和升华，体现出学生的科研能力和创新能力。

实践教学体系是一个完整的系统构架。在学生实践能力、创新能力和创业潜能的培养过程中，除了要充分发挥学生的主观能动性外，还需要专业实验课程体系设置、高水准"双师型"教师引导、学校为实践教学创造全方位的支持条件。在实践教学改革的大背景下，我们仍需要不断改进，不断完善，力图为培养学生的实践能力、创新能力做出更大的努力，为激发学生的创业潜能做出更新、更大的尝试。

老师和学生对专业实践教学具有正确认识是保证实践教学活动顺利开展的前提条件。老师需要从实践教学本质层面去研究专业实践教学活动的内涵，在借鉴国外实践教学方法和模式的成功经验的同时，改革创新适合学生发展的实践教学模式。学校可以通过奖励政策鼓励实践教学教师开展科研工作，不断创新和完善实践教学理念，探索实践教学新方法。对于学生，应通过相应的政策文件，告知其实践教学环节的重要性，切实把实践活动做好，从而提升自己的实践能力。

四、学习国外经济管理教学经验，将国外经验与本国实际相结合

中国海洋经济管理学科研究起步较晚、底子相对较薄，而西方国家因为历史和技术因素，海洋管理学科研究较我们发展更早，总结出了许多丰富的教学经验和先进前沿的方法。除此之外，海洋经济管理学科因其研究主题和内容，本身就具有国际性的特点。所以我们必须面向国际，虚心学习国外优秀经验，取其精华去其糟粕，在与中国特色社会主义的本土环境结合及实践中不断改造调整，使之更好地指导中国海洋经济管理教育教学工作。

根据《2010年全国海洋人才资源统计调查报告》，2010年中国海洋人才总共有201万人，海洋管理人才只有5.1万人，只占2.5%。从这个数据就可以看出，中国海洋管理方面的人才缺口非常大。从中国地图上可以看到，山东、江苏、福建、广东等省份都是临海地区。所以必须利用海洋资源，发展海洋经济，建立一个海洋强国，这也是未来努力的方向。因为海洋管理人才的缺失，参与国际法构建方面的人才寥寥无几，在国际层面能代表中国发声的人更是少之又少。目前中国有六所海洋大学，虽然设立了很多海洋方面的专业，但是其所培养的人才还是无法满足需求。①

随着经济全球化发展，国内人才的缺失越来越严重。无论哪个领域的高素质专业人才都是国家的财富。无论国家之间还是企业之间，竞争的主要支柱都来源于优秀的人才。因为不同国家的教育体系的差异，很多优秀的学生会选择留学，学成后留在当地发展，从而造成很多优秀人才流失。所以中国须在海洋教育上加大投入力度，不断根据社会经济发展的需求进行教育改革。从知识结构和思维模式上都要不断与发达国家的教育体系接轨。

海洋管理专业教学模式改革。中国在海洋管理教育方向上要从国际化角度出发，在教学中要更多地利用国际教育资源，不断借鉴其他院校的实践改革成果，并且根据自己的情况进行调整和改革教学方案。可以借鉴国外高校的教材，进行课程内容上的改革。在海洋管理专业教学模式上要掌握教学模式的系统性和完整性。要以提高学生的综合素质为主，不断培养学生的创新能力和适应社会的能力，培养学生的实践能力和应用能力。

① 官玮玮：《浅析海洋管理人才的培养与开发》，载《人才资源开发》2017年第2期，第41页。

丰富国内外教学理论研究，借鉴先进的教学模式和方法。一是加强与国内其他海洋类高校海洋专业学科的学术交流，结合涉海企业管理研究成果，听取更多专家学者的观点。二是教师参加其他海洋类高校课程教学观摩活动，借鉴海洋类课程先进高效的教学方法。三是通过交流项目与国外海洋大学开展长期友好合作，教师可在扎实的理论研究基础上增强对实践教学模式的对比研究和创新能力。①

---

① 叶嘉敏、周珊珊：《基于理论、历史、现实三维度的涉海企业管理教育教学模式创新》，载《现代商贸工业》2020年第15期，第175页。

第九章

海洋经济管理教育教学模式创新的政策配置

第一节 建立促进海洋经济管理教育 教学模式创新的理念与体系

一、创新海洋经济管理教育教学新理念

理念创新是指对中国海洋经济管理教育教学实践模式关键与根本的创新，是推动海洋经济管理教育教学改革的强劲动力，是海洋经济管理教程、管理机制创新的重要前提。创新教程新理念，意在破除长久不变的旧观念，探寻教学实践新模式，与时俱进，坚持以"创新、协调、绿色、开放、共享"五大发展新理念为引导，以创新理念为根本，推动海洋经济管理教育教学改革，转变其教程实践模式，为适应现代社会的新趋势、新需求不断做出调整和优化。

（一）转变海洋特色高校办学理念

转变办学理念是建设特色学校的根本，教育要适应现代化社会经济发展的新需求和新要求。在现在乃至以后中国海洋经济平稳发展阶段，创新办学理念、转变办学模式、打造海洋特色，是海洋特色类高等院校谋求长远稳定发展的重要方式。在海洋特色高校重新定义自己的办学理念时，既要把握好高等院校的办学规律和发展趋势，又不脱离自身的办学历史和特色办学传统，综合考虑自身的办学条件和办学实力，达到既有所追求也量力而行。同时联合产、学、研机构创造更多具有针对性的学生实践锻炼平台和实习基地，致力于推动行业科技创新和应用型、技能型人才的培养。

（二）转变高校教学计划与课程设置理念

教学计划以及课程设置决定着学生的学习和发展方向。目前中国高等院校实行的教学计划和课程设置存在过于统一、缺乏灵活性的弊端。传统高校教学计划未能完全摆脱计划经济时代形成的行政指令模式，教学大纲的高度统一使得机制固化，难以实现根本上的创新。在计划执行上过于强调强制性，高校教育教学模式多数为行政型管理模式，强调权威以及服从，授课模式局限于老师讲授、学生听讲，师生之间缺乏必要的交流，从而导致教学质量的下降。在课程设置方面，高校普遍存在高度统一的问题，固

定的课程设置难以结合学生自身的特点来使学生的优势最大化，难以培育新时代高素质创新人才。在转变高校教学计划与课程设置理念中要坚持以人为本的思想，以广大师生作为教育教学主体，以师生的发展作为教学宗旨和办学理念的前提，保障师生的根本利益，将培养人才作为学校工作的出发点和落脚点，高度重视师生综合素质的提高，用灵活的教学计划和课程设置来促进学生的可持续发展。

（三）转变教育教学管理理念

受传统的教育教学管理模式影响，很多高校在对学生进行教育管理时，没有树立正确的教育教学管理观念，在教育教学的过程中将重点放在管理上，而没有将服务放在管理的首位，缺乏合理性。硬性的教育教学管理制度容易导致学生产生逆反心理以及减少自主思考和创新的能力，学生在学习中处于被动状态，使得学生不能灵活学习知识，对学科学习的兴趣减弱，导致学生的潜力发挥受到很大的限制。在教学管理中学校应把学生看作主要对象，以学生的具体需求作为出发点，在课程设置中结合学生的专业以及学生所关心的事情，激发学生的学习兴趣。在课堂和校园生活中，加入锻炼学生思考判断的游戏，尽可能地挖掘学生的创新和创造能力。

（四）转变教师的教学理念

教师是高校教学活动的主导，转变教师的观念是深化教学改革、提高教学质量的关键。破除教师以往因循守旧、照本宣科、蜻蜓点水式的教育观念、方式和方法，不但要求教师的专业要有针对性，还要求教师采取有效的教学实践方式和模式培养学生。目前广东海洋大学虽没有海洋经济相关专业的教师，但经济学、管理学和与海洋相关的其他专业课程的老师在海洋经济和管理方面积累了较丰富的专业研究经历并获得了显著成果，能在海洋经济管理教育教学实践教学过程中对学生给予有效指导和培养。教师秉持先进的教学理念，应以学生发展为中心，运用精良的教学技能，培养学生的道德品质、终身受益的核心素养以及学习能力。

（五）转变学生的受教育观念

海洋经济管理专业是新兴专业，以保守观念理解，新专业意味着就业前景黯淡、前途渺茫。在科学技术、知识经济、信息时代高速发展阶段，高科技含量经济发展显著，而中国海洋经济管理课程改革的"新"体现在中国海洋经济发展趋势显著但人才却极其缺乏上，若能因应人才发展需求态势变化来提高自身能力，就业前景实属广阔。调查研究发现，由于高中阶段学生长期处于学习压力下，普遍存在考上大学便能得到解放的思想，因大学相对自由的学习环境使得许多学生放飞自我，忽视了学习，导致学习效率过低，学习积极性不高。且因为大学环境的改变，学习方式和学习氛围与高中差别巨大，导致许多学生感到迷茫，新的环境对学生的自控能力和自学能力提出了更高的要求。学生应该注重提升自主学习的意识，摒弃"上了大学就轻松了"的错误思想，制定明确的学习目标，养成科学的学习习惯，充分利用课余时间来实现自主学习；并积极参与社会实践，在实践中提高阅历，督促自己在实践过程中逐步掌握自主学习的技巧。作为学生，还要意识到对知识的学习是认知事物本质、锻炼思维和掌握学习方法等的一种手段，而不是目的，要明白知识发现是个人能力补充和素质提高的过程，而不是寻求答案的结果，要转变以往消极被动的接受观念为主动求索，为适应新时代的发展要求，在个人知识丰富、能力提高的基础上还要重视二者与素质的协调发展。

二、建立海洋经济管理教学体系

强化海洋学科特色，逐步完善实践教学体系。实践教学在本科教育教学中越来越受到重视。2015 年，《教育部 国家发展改革委 财政部关于引导部分地方普通本科高校向应用型转变的指导意见》明确指出：随着经济发展进入新常态，人才供给与需求关系发生深刻变化，各地各高校要从适应和引领经济发展新常态、服务创新驱动发展的大局出发，切实增强对转型发展工作重要性、紧迫性的认识，将其摆在当前工作的重要位置，以改革创新的精神推动部分普通本科高校转型发展。建立以提高实践能力为引领的人才培养流程，统筹各类实践教学资源，构建功能集约、资源共享、开放充分、运作高效的专业类或跨专业类实践教学平台。[①] 2018 年，《教育部关于加快建设高水平本科教育全面提高人才培养能力的意见》明确提出："鼓励学生通过参加社会实践、科学研究、创新创业、竞赛活动等获取学分。支持有条件的高校探索为优秀毕业生颁发荣誉学位，增强学生学习的荣誉感和主动性。""健全教师队伍协同机制，统筹专兼职教师队伍建设，

---

① 《教育部 国家发展改革委 财政部关于引导部分地方普通本科高校向应用型转变的指导意见》，见中华人民共和国教育部网站（http://www.moe.gov.cn/srcsite/A03/moe_1892/moe_630/201511/t20151113_218942.html）2015 年 10 月 23 日。

促进双向交流，提高实践教学水平。""综合运用校内外资源，建设满足实践教学需要的实验实习实训平台。""进一步提高实践教学的比重，大力推动与行业部门、企业共同建设实践教育基地。"① 这体现了国家对高校实践教学的高度重视。实践教学体系构建将成为中国涉海高等院校教育教学改革研究的重要领域，也是广东海洋大学海洋经济管理教育教学改革研究的重要领域。

加强全国海洋经济管理高等教育教学的交流与合作。可联合各涉海高等院校，鼓励和引导全国性的涉海学会、协会等组织以及图书馆和博物馆等开展海洋知识普及，传播海洋科学文化。通过组织海洋人才论坛、暑（假）期海洋课程培训、海洋夏令营和海洋知识竞赛等活动，营造有利于海洋人才发展的良好社会环境，吸引优秀青少年走近海洋、了解海洋、立志为海洋发展做贡献。关注欠发达地区海洋人才的培养，实施海洋志愿者计划，定期选派一批业务能力强、海洋知识丰富的青年志愿者重点深入边远海岛和欠发达地区学校、社区、村镇开展海洋科学文化知识普及和技术培训指导。

广东海洋大学作为中国南海重要的涉海高等院校，要不断强化涉海高等院校的办学特色，完善海洋经济管理教程实践体系，设立配套完整的多种实践项目，采用丰富的实践方式，为学生提供全面、系统的教育教学训练，让学生根据自身需求和能力做出选择。

健全海洋特色学科实践教学的教学体制是提高实践教学质量的有效方法。良好的体制机制能保证实践教学的顺利开展。在健全实践教学体制中，要让教学体制紧跟时代发展的步伐，将理论知识与社会实践相结合，在有效提升学生理论知识学习中增加所学专业的实用性。

创新实践教学方法，提高实践教学在教学过程中的比重。创新教学方法，例如依靠先进的教学设备对学生进行实践教学，增强学生对所学专业的兴趣，提高学生对所学专业的认识。在传统教学中，老师主要以讲授理论知识为主，学生因缺乏课堂的参与度导致学习效率不高。在课堂上，老师可依靠多媒体设备，进行情景模拟，努力使每一个学生都参与到实践教学中来，运用实际案例让学生切身理解所学的理论知识并加以利用。

建立暑期社会实践平台，通过资金资助鼓励更多本科生、硕士生、博

---

① 《教育部关于加快建设高水平本科教育全面提高人才培养能力的意见》，见中华人民共和国教育部网站（http://www.moe.gov.cn/srcsite/A08/s7056/201810/t20181017_351887.html）2018年10月8日。

士生根据自己的能力和专业特色组织团队申报参加，通过专业领导班子的各级评分和筛选，根据各团队实践项目的开展难度、研究前景、研究意义和研究地点等来规定项目的不同梯度和资助额度。还可设立专项资金支持寒假或其他社会实践平台，给予学生更多的实践锻炼机会，打造与海洋相关的各类型专业实践训练氛围与环境，以教学手段引导学生投入实践教程当中，在培养专业高技术人才的基础上，不断加强综合型管理人才的培养。

引导和资助大学生建立涉海社团组织或协会，鼓励相关专业学生以及对海洋感兴趣的学生积极加入该社团组织或协会，定期给社团或协会安排相关社会实践活动，让更多的涉海专业学生和兴趣爱好者在实践过程中了解海洋，增长见识。同时安排校园媒体跟踪报道与宣传，在校园内、图书馆内开展海洋知识普及宣传。

开展海洋经济管理专业学科竞赛活动。高校大学生学科竞赛是跟高校学科专业紧密结合的一种大学生课外科技经济活动，是培养大学生综合素质和创新能力的有效手段和载体。学科竞赛对大学生的动手、沟通、表达以及写作等综合实践能力要求较高。参加竞赛活动，可激发他们的好奇心与积极性，开启他们的智慧与创新思维，使他们在锻炼中成长和收获知识。同时建立一支责任心强、水平较高的优秀教师团队，以"因人制宜、因材施教、以人为本"的教学理念为根本，根据海洋经济管理教育教学特色和学生特点开展教学实践活动。聘任与海洋经济管理有关的企业、研究机构优秀人才兼任教师，寻求更为专业的学习环境和实践锻炼平台。

第二节　构建有利于海洋经济管理教育教学模式创新的体制机制

一、构建完善的海洋经济管理实践教学体制机制

现阶段，随着中国教育水平的不断提高以及社会对综合性人才需求的不断增加，对经济管理类专业学生的实践能力和创新能力提出了更高的要求。如今农林经济管理的课程内容多数重理论，轻实践，具有一定的抽象性，这容易造成教学内容的乏味，以理论教学为主的教学模式使得部分学生对学习的投入不够，缺乏实践也使得学生难以深刻理解理论知识，从而

影响了学生专业素质和能力的有效培养。海洋经济管理作为农林经济管理专业的一种，现正处于转型发展的关键时期，这对海洋特色高校的教育教学模式提出了新要求。

（一）不断完善体制机制

体制健全、机制完善，是教学活动顺利开展的重要保障。要加强政、产、学、研联合发展，构建完善的以政府为主导，产、学、研及社会为辅助的人才培养体制，根据各涉海企业、科研单位、涉海高校、政府机构等对海洋经济管理人才需求做出合理的定向、不定向人才培养规划，规范各人才培养责任主体的行为和职责权限，做出妥善的分工协作和资源优势互补，让学生在不同实践基地获取不同的知识，增强其综合能力。构建以人才为导向的实践教育机制体制，制定理论与实践教学并重的教学大纲，着力培养学生的综合素质，改变传统的理论教学模式和实践教学方法，运用模拟平台让学生更科学地掌握理论研究和实践动手相结合来解决企业问题的方法。同时海洋经济管理专业实践教学应围绕企业的实际需求展开，在教学内容中应融入现如今涉海企业发展所遇到的问题，让学生立足于企业的实际需求，鼓励学生结合理论知识参与讨论，以此提高实践教学的现实意义。

（二）健全海洋经济管理实践教学相关配套机制

完善激励机制，鼓励教师到国内高等院校继续学习深造，支持教师到企业挂职锻炼，不断更新现有知识架构和教学思路，锻炼实践教学中的授课技能，与企业合作开发科研项目。同时鼓励教师积极开展实践教学课程，参与实验室的建设和实践课程的开发，申报有关实践教学改革课程项目。鼓励学生积极参加专业实践调研项目，加大引进海洋经济管理学科领军人物等的资金投入。学校制定优惠政策吸引企业实践人员入校教学，打造实践能力强的教师队伍，保障实践教学内容的实施。完善海洋经济管理教学实践活动的运行机制和沟通协调机制，促进调研项目、实践活动顺利开展，加强与各涉海企事业单位、科研机构之间的沟通协调和分工协作，委派专业教师到各机构协助管理经营，做到各方兼任，充分发挥各方的管理优势和人才培养优势。完善教学实践活动的监督和保障机制，加强对各方工作的绩效考核与评估，以学生实践收获评价满意度和专门的评估团队考核结果作为该实践基地、单位的绩效考核标准，对不符合标准的要求进行整改。

（三）构建以学生为主体、教师为主导、学校提供后勤为条件、社会提供实践场地为支持的实践教学保障机制

以海洋经济管理专业理论基础指导学生的社会实践活动，教师亲力亲为教给学生开展社会实践调查、撰写社会实践报告的技巧和方法，提高学生的适应能力。学校在对学生进行专业实践教学时，应尽量满足学生对实践教学操作的要求，建立与之相适应的运行机制，保障实践操作的完善运行。但由于学校内部因素及外部因素的限制，学校难以为学生提供大量的真实实践教学场地，因此学校需要建立仿真实践教学操作环境，建立校内实训基地，还可以联合校内外资源联合开发实验软件，成立相关实践教学部门来承担实践教学、培训等工作，以此提升实践的真实性，激发调动学生的学习兴趣。

（四）完善实践教学评价管理机制

教学评价机制是对学生学习效率和成果的考核，现如今高校多以理论教学评价考核为主，实践教学只占一小部分。主要以卷面成绩作为学生理论知识掌握的考核依据，学生在规定时间内完成相同理论知识题目作答，后通过统一的考核评价机制对学生理论知识掌握情况进行评价。这种考核方法虽然有利于体现公平、公正性，能有效地对学生的理论知识掌握情况实现系统评估，但此类评价机制却无法实现对学生具体实践的考核，学生过度重视书面成绩而忽略实践能力的锻炼，会导致以后无法将学习到的理论知识系统地运用到工作之中。在构建新型教学评价管理机制中，学校不可将评价内容仅局限于书面考试，还应重视对学生的具体实践过程予以考核。在期末成绩结算中扩大实践考核的占比，让学生树立理论知识和实践能力并重的观念，制定完善的实践评价指标体系，将学生的学习态度及学习方法、学习内容、实践成果纳入评价体制之中，同时可制定实践加分制度，鼓励学生积极投入实践，提升学生的创新能力和实践能力。

（五）完善学生职业定位教育

在自身职业定位不明确的情况下，学生在学习的过程中会出现对所学知识感到迷茫、不清楚所学内容的意义等问题，学生缺乏对学习和职业的规划也容易导致教师教学缺乏目的性，进而导致教学质量不佳。海洋经济管理专业作为新兴学科，普及率较低，学生对将来的就业方向不明确，这就需要学校开展帮助学生进行职业定位的相关课程。在海洋经济管理的实

践教学中，有了明确的职业定位后，明确相关企业以及社会需求，学生的学习和思考也就更具针对性，学生可以结合自身发展期望将所学的理论知识和实践知识转换为技能，将技能付诸于行动，进而提高实践教学的质量。

二、积极引导海洋经济管理实践教程项目推广应用

制定优惠政策，引导实践教程项目顺利开展。引导海洋经济管理教育教学实践项目顺利开展，少不了学校及当地政府的相关优惠政策支持和制度保障。在政府层面，高校培养人才对促进地方经济发展做出了重大贡献，届时政府的政策支援、资金支持和制度保障都应当符合高校人才培养的需求。根据当地对涉海管理人才的需求，拟定政府机构、涉海企业、科研单位以及高校人才培养定向计划，以政府为主导，借政府机构、涉海企业、科研单位、涉海高校和社会作为学生实践的锻炼平台，加强政、产、学、研之间联合发展，为培养大量涉海人才共同注入大笔资金，加快建设实践基地、完善基础设施和出台相关配套管理规章制度等，联合各所高校、涉海企业、社会人员、志愿者等举办特色海洋展览、涉海会议、海洋经济讲座，建设海洋文化馆等，保障海洋经济管理教育教学改革实践与人才培养教程项目顺利开展。

在涉海高校层面，广东海洋大学海洋办学特色显著，培养海洋经济管理人才责任重大，而教师是广东海洋大学人才培养的责任主体，教师资历、资格层次是影响人才培养质量的关键。学校要提高对相关规章制度建设的重视程度，出台相应的优惠政策，既鼓励教师到国内外知名高校继续学习深造，也可鼓励教师到企业挂职锻炼。可设立专项资金，引进高层次的教学科研领头人，可建立完善的教学工作制度和行为准则，为加强教育教学实践活动的管理、评估、考核以及规范教师职业道德和学生行为提供制度规范。这为强化教学管理、维护教学秩序、确保教学质量等提供了强有力的政策支持和制度保障，有利于引导教学实践活动项目的顺利开展。

在校外企业层面，学校与政府应积极与企业进行合作，为学生争取更多的实践教学平台。在课程设置上，学校不局限于理论课程，还可联系校外企业为学生提供参观学习的机会，让学生切身体会企业管理的运作流程。校外企业可举办寒暑假学生实习活动，给予学生将所学知识运用到实际情况中的机会。同时校外企业应积极支持学校实践教学的开展，联合校方举办实践创新赛事，设立奖学金奖励获奖学生，激励学生开拓思维，积极投身到实践活动中来。

三、构建产、学、研合作机制，打造海洋经济管理实践教学基地

随着高等教育的不断发展普及，一些问题也随之出现，例如，校内实训场地缺乏，实训资源无法合理分配，许多学生没有足够的机会参与到实践教学中来，这使得学生无法将所学的理论知识与实务操作有效结合，从而造成学生实践能力弱、专业复合能力不强等问题。以广东海洋大学为例，海洋经济管理作为新兴专业，为本专业学生提供的实践场地与实践资源较为缺乏，无法满足学生将所学理论知识运用到具体实践的需求，学生能接触到的实训机会较少且集中。

学校通过深化产、学、研合作机制、校企合作平台，构建人才培养的协同创新机制，为社会提供所需的人才，为地方经济发展提供智力及人才保障。2011 年国家海洋局发布的《全国海洋人才发展中长期规划纲要（2010—2020 年）》中明确指出，要在行政管理部门的指导下，建立以涉海企业、科研院所和高等院校为主体的产、学、研人才培养合作机制，形成海洋科技成果转化、产业发展和人才培养协调发展的一体化模式，进一步把人力资源开发培养与重大海洋专项、重点海洋工程有机结合起来，以应用实践带动海洋人才的发展。[①]

广东海洋大学作为一所独具特色的涉海高等院校，要充分利用本校、涉海企业和科研单位之间人才培养优势和资源优势，融合不同的教育环境和教育资源，开拓独具特色的教学实践氛围和实习基地，将课程知识与生产实践、科学研究相结合，以实际锻炼来加强培养应用型海洋管理人才，增强学生的社会适应能力和社会竞争力。学生可以在老师的带领下采取组队合作的形式参与完成实践教学任务，在运用专业知识分析问题、解决问题的过程中积累丰富的实践经验。在实践基地建设方面，实践教学基地建设作为高校教育改革的重要内容，应以培养应用型人才为目标，在理论教学过程中，要结合课外实践教学的任务要求，注重学生实践能力的训练与提高。可采取校内实训基地和校外实践基地相结合的方式，在实践场地与实践资源不足的情况下，采取实地实践与构建网络模拟实践的做法，对学生的实践技能和创新实践能力进行系统的锻炼和培养。

---

① 《全国海洋人才发展中长期规划纲要（2010—2020 年）》，载《中国海洋年鉴》编纂委员会编《中国海洋年鉴2012》，海洋出版社2012 年版，第 55 – 61 页。

同时要注重实践成果的反馈与评价，建立完善的实践评价机制体制，确保实践效果满意与实践项目顺利完成。加强广东海洋大学与各涉海科研院所、企业的高层次人才交流，聘任高层次人才兼任该校涉海专业的讲师、导师和观摩师，打造强大的优秀教师团队，引领学生到实践基地参加专家学术讲座、校内外学习研讨交流会、师生教学管理座谈会等，共同商讨和推行产、学、研相结合的教育教学创新方式。

第三节　建设有利于海洋经济管理教育教学模式创新的平台与队伍

一、融合网络教学模式、打造"互联网＋教育"平台

在当前的信息化时代，"互联网＋教育"模式正在研究开发探索，且日臻成熟，并逐渐应用到高等院校的教育教学改革实践中。"互联网＋"的宗旨，就是实现资源共享，积极探索网络化的教学模式，可加快数字教育资源及教育服务的优化配置，变革教育服务模式，实现高校教育的公平化发展。

随着中国教育信息化步伐加快，广东海洋大学也应紧追数字网络发展趋势，主动适应发展要求，以加强海洋经济管理教育教学改革为导向，把握中国海洋经济发展与管理的特征，结合自身教学经验，融合传统教学和多媒体教学，以"互联网＋教育"为教学实践模式，借用移动互联网大数据、云计算以及多媒体平台等高新技术，开发特定专业教学产品和学习平台，创造海洋经济管理专业实践教学新生态，全力培养适应现代海洋经济开发管理与市场经济发展趋势的优秀人才。将互联网有效地融合到海洋经济管理专业当中，建设一批关于海洋经济与管理方面的网络公共选修课程，将其融入人才培养计划的全过程，并纳入学分管理。学生可充分运用互联网平台自主学习知识、共同探讨问题并定期完成作业，最后通过线下集体考试来获得相应的学分。学校应在线上做好学习的监控与记录，线下做好考试的监督与管理。

在"互联网＋"大背景下，随着慕课、微课及翻转课堂的普及，线上与线下相结合的混合教学方式将在实际教学中逐步常态化，并应用于教学的各个环节中，将教学地点从课堂延伸到课外，突破了传统教学的单一性和局限性，在授课时间、人数和地点及方式等方面具有明显的优势。

以广东海洋大学线上教学为例，广东海洋大学管理类专业课程教学采用超星学习通、腾讯课堂、腾讯会议、慕课等多平台联合教学的模式，其成效显著。主要表现在以下几个方面：①多平台教学模式为学生提供了更加自由的学习空间。传统课堂上多采用"先教后学"的教学模式，完全由教师来主导学生学习，而网络平台的教学模式则使学生拥有了更加自由的学习空间，比如在课前老师会在超星学习通平台上开通所学内容方便学生进行预习，更加丰富的教学资料以及各名校的网课视频有利于学生更好地理解所学知识。②营造了活跃的课堂氛围。网络平台为学生提供了自主提问的功能。在传统课堂上，许多学生羞于向老师提出问题，而此功能正好帮助了这些"有问而不敢问"的学生。学生可通过发布问题讨论，邀请其他同学积极参与回答；同时教师也可以在平台上为学生解答疑难，极大地营造了积极活跃的课堂学习氛围。③融合网络教学模式有利于建立友好的师生关系。传统教学模式下，教师对课堂教学起着主导作用，教师的绝对权威造成了学生与教师之间存在极大的距离感；而在网络教学模式下，师生间的交流明显增多，学生在课上可通过聊天窗口提出自己的见解与问题，老师在网络教学中也更加愿意与学生讨论学生所喜爱的话题，这种新型网络教学社交形式拉近了师生之间的距离，提升了学生对教师的好感，同时也增添了学习的乐趣。④在融合网络教学模式下对学生的成绩考核与评价也更加科学。网络平台提供的学生成绩考核方式打破了以往传统教学模式下主要通过课堂考试和期末统一测试进行考核的方式，在网络平台的考核机制中将学生的日常学习过程和表现、出勤率与期末测试成绩相结合，更加科学全面地给出考核成绩。

但网络教学实践也暴露出许多问题。例如，部分教师对教学平台的操作不熟悉、网络环境的不稳定、教学平台的技术故障影响课程顺利进行；部分学生因在家中上课无人监督而使网络教学流于形式，造成缺勤和不认真上课等问题。故为教师提供网络教学上的技术支持，强化学生自主学习和自我管理的观念是推进新型教学模式的必要之举。高校在融合网络教学模式，打造"互联网＋教育"平台时应坚持以学生为中心的教学理念，充分利用线上与线下的教学资源，发展新型教育模式，培养出更加先进、更符合时代发展理念的综合性人才。

二、增加投入、拓宽路子、强化专业实践技能训练

学校要加大投入，加大对校内外实习实训基地的建设，创造良好的教

学环境来培养学生的职业能力。学校要把教学活动与生产实践、社会服务、技术推广和技术开发等结合起来，切实保证实践教学时间，在教学实践活动中培养学生的职业能力。可从以下几方面具体着手：

（一）增大对校内教学设备的投入，充实和改善教学手段，加强实验室和校外实习基地的建设

实训基地建设上要加大人、财、物资源的投入，从高标准、高水平、高层次的要求出发，根据"三个面向"的指导思想，下放实验室和管理的自主权，实行建设目标责任制，以提高专业实验、实习建设的质量，使学生有机会进入生产实际领域，从而获得真正的职业训练和工作体验。校方可联合校外企业，设置寒暑假校外实践班，以导师带领学生的形式，开展企业调研与实习任务，让学生深入企业生产和商业流程，通过实习基本胜任相应的工作岗位，并在真实工作环境中培养从业应具备的心理、应变能力、创新意识等方面的素质。

（二）强化实践教学意识，全面更新观念

从思想观念上树立专业的现代意识、质量意识、改革意识、开放意识、发展意识、国际意识和特色意识，重视实践教学，真正把实践教学落实到行动上，提倡多样化、全方程、多层次办学，打破传统的全日制统一的办学模式，以增强专业办学活力。主动适应发展需要，拓宽服务面向。建设校园实践教学文化氛围，鼓励学生创办实践组织，为实践组织提供资金支持，鼓励学生自主举办实践活动。

（三）主动适应海洋产业结构调整和可持续发展的需要，探索招生分配制度的改革

海洋经济管理教育教学体系建设是一个宏大的系统工程，要主动适应经济发展的需要，为海洋综合管理、海洋产业经济、区域经济发展培养人才，要主动适应市场经济发展的需要，切实加强高等教育的实践教学，解放思想，更新观念，开拓创新，进一步拓宽服务对象，瞄准农村经济大环境，实行多层次、多渠道、多形式的综合办学模式。

（四）开展职业素质教育

2019年1月24日《国务院关于印发关于国家职业教育改革实施方案的通知》中明确提出要把职业教育摆在教育改革创新和经济社会发展中更加

突出的位置。牢固树立新发展理念，服务建设现代化经济体系和实现更高质量、更充分就业的需要，对接科技发展趋势和市场需求，完善职业教育和培训体系，优化学校、专业布局，深化办学体制改革和育人机制改革，以促进就业和适应产业发展需求为导向，鼓励和支持社会各界特别是企业积极支持职业教育，着力培养高素质技术技能人才。

职业素质教育是提升学生职业能力和开展个性化培养不可或缺的一部分。国际著名的管理咨询公司 Roland Berger 的 CEO 常博逸认为，未来的毕业生不再会一辈子被锁定在某一个行业或者某一个岗位，而是要在不同行业和岗位之间自由切换。耶鲁大学校长 Peter Salovey 称耶鲁大学所提供的教育是为目前并不存在的工作机会和挑战所准备的，并且要塑造那些具有普遍技能的终身学习者。

高校在职业素质教育课程中，不可局限于传统教学模式下的老师讲授、学生听讲的知识本位的教学方式。例如，现广东海洋大学管理学院已开设学生职业规划课程，向学生传授科学的职业规划理论等，但课程实际内容过于抽象，学生难以真正理解及无法真正做出合理的职业规划。职业教育更应该注重学生的亲身体验，注重学生能力和素养的培养，学生通过体验来感知和反思，从体验中获取知识和技能。例如学校可开展职业心理素质沙盘训练课程，通过相关模拟活动以及直观的教学活动，让学生直面职业心理与行为问题，直面自身长处和缺陷，通过自己的耳闻目睹和亲身经历，产生对一定职业心理与行为或人生问题的切身体会和感受。通过此课程引导学生正确对待自我，学会沟通交往，学习沟通的技巧，从而培养学生的领导能力和团队协作能力，培养正确的学习心态，激发学生对学习和工作的热情。

学校在开展职业素质教育的同时要注重学生对课程的教学反馈，以问卷调查的形式了解学生的实际学习状况。在职业素质教育中坚持力学笃行，以知识实际应用为导向，同时为学生开展专业的职业倾向测试，为学生做出职业指导，帮助学生找好职业定位，发掘学生的自身潜力和价值，为学生个性发展提供技术支持，培养学生的综合职业素养。

（五）加强学生职业意识教育、促进职业道德培养

新时代下加强大学生职业道德教育是落实社会主义道德建设的重要举措和必要行动。高校通过对大学生进行职业教育可以引导大学生将职业道德规范内化于心、外化于行，促进大学生形成正确的职业价值观念，使大学生树立崇高的职业理想。职业道德教育也是培育学生践行社会主义核心价值观的必要之举。

高校思想政治理论课教师应在培养新时代大学生职业道德素养中发挥主渠道作用，在思想道德修养和法律基础课堂中融入贴近职业生活以及相关职业道德的教育教学素材，在思想政治理论和实践教学中加强高校诚信文化建设，引导学生树立积极的职业道德。同时，高校需要引导学生树立正确的劳动价值取向，坚持开设劳动教育课程，在劳动中加强大学生的榜样教育，通过表彰先进、树立榜样、宣传事迹等方式弘扬新时代奋斗精神，引导学生树立劳动光荣、为人民服务的人生价值观。

三、转变教师教育观念、抓好师资队伍培训工作

中青年教师在经济管理类专业中是教学工作的骨干和主力，提高中青年教师的实践动手能力已成为学校教育事业发展的当务之急，学校应从战略的高度给予应有的重视，并积极采取各种措施鼓励中青年教师参加社会实践活动，提高其专业实践动手能力。2015 年国务院办公厅印发《关于深化高等学校创新创业教育改革的实施意见》中指出，要求高校创新创业教育"面向全体、分类施教、结合专业、强化实践"，为高校提出完善人才培养质量标准、创新人才培养机制等要求，指出深化高等学校创新创业教育改革，是国家实施创新驱动发展战略、促进经济提质增效升级的迫切需要，是推进高等教育综合改革、促进高校毕业生更高质量创业就业的重要举措。这给中国高校师资队伍的建设提出了更高的要求。

目前中国高校师资队伍建设已经初见成效，但仍然存在教师观念落后、教师数量不足、教师专业能力不强等问题。海洋经济管理专业作为一门专业性与实践性强的学科，需要一支专业能力过硬、教学观念与时俱进的教师队伍，高校在师资队伍建设时需要以人才培养为核心，与时俱进。

（一）强化"双师双能型"教学队伍建设

结合"五名"（名校、名师、名专业、名学生、名产业）工程建设过程，加快"双师型"教师队伍的培养，采取送出去、请进来等方式，提高专业教师的理论水平和实践动手能力。

实验教学教师队伍是为实施人才培养和落实实验教学任务而存在的。它是一支不可或缺的教学力量。应当采取一系列师资队伍建设举措，例如，成立专门的教师发展中心，实施教学骨干培养和培育计划，中青年教师教学能力提升计划；选派骨干教师及管理人员参加海洋人才专题研修班学习，选拔骨干教师到海洋局等共建单位研修或挂职培养；引进涉海高校或学科

专业教师和人才；建设兼顾理论教学、实践教学和职业发展的教师职业发展机制，引进企业家和行业专家到学校任教，派出本校教师到企业参与产、学、研协作，带动和培养一大批优秀的"双师双能型"教师。

在师资队伍建设中要采取分层次的培训工作，对新入职的教师、中老年教师、辅助管理人员采取分层次、分类别的教育。例如对新入职教师可实施"青年教师培育计划"，制定长期的职业培养方案，帮助新入职的青年教师制订职业生涯规划，促进其实现专业成长，提升其教学能力。

同时，在"互联网+"的时代下，高校要充分利用信息化技术培养现代化的师资队伍。高校应运用先进的信息技术，建立网络教师培训平台，为教师提供多样化的学习资源，鼓励教师使用互联网设备进行自主学习，形成线上与线下融合的教师培训体系。以广东海洋大学的线上教学为例，存在部分教师对网络教学平台操作吃力、无法适应网络教学的现象，故高校也应重视中老年教师的信息化教学培训，鼓励中老年教师转变教学方式。

（二）促进教师教育观念的转变

教师应该认识到，教育不应该仅仅是训练和灌输的工具，更应该是发展认知的手段。素质教育的实施，将彻底改变以往的封闭式教学，教师和学生的积极性都得到了极大的尊重。

学生积极参与，他们的创造性受到重视，学习积极性提高。教师的权威将不再建立在学生的被动与无知的基础上，而是建立在教师借助学生的积极参与以促进其充分发展的能力之上。一个有创造性的教师应能帮助学生在自学的道路上迅速前进，教会学生怎样对待大量的信息，他更多的是一个向导和顾问，而不是机械传递知识的简单工具。

在创新教育体系之中，师生关系将进一步朝"教学相长"的方向转化和深化。同时，在教学过程中，当学生的思维活动和结论超出教师所设计和期望的轨道时，教师不应强行把学生的思维纳入自己的思维模式中，用自己或教材上的结论束缚学生的创新思维，更不能用粗暴的方式来中断学生的思维过程。创造力强的学生往往有更多的不合乎传统的兴趣，他们常常探究那些特别不符合"教学常规"要求的知识领域，教师如果因此认为增加了教学负担，那将不可避免地阻碍学生创新能力的发展。

（三）完善教师考核激励机制

建立完善的教师评价体系与激励制度，有利于提高教师从事教育理论和实践研究的积极性与主动性，从而为高校教育制度的改革创新提供强大的智力支持和人才支撑。

高校应健全激励机制，设立优秀教师奖、教师实践创新奖等，鼓励教师积极开展实践教育创新和科学理论研究，健全薪酬和福利制度，提升教师的满意度，激发教师的教学和学习热情，营造良好的教学环境和工作氛围。在健全完善激励机制时应注重对教师的精神激励，现多数高校将物质激励作为调动教师工作积极性和提升业绩的主要因素，忽略了教师的精神需求。当代教师不仅关注经济利益，同时注重个人精神的丰富和成就感，故高校应注重精神与物质相结合的激励方法，可采用授予荣誉称号、表彰优秀教师、奖励优秀教师参与高校交流论坛等方式提升教师的获得感，肯定教师的价值，调动教师的工作潜能。

在建立健全教师考核机制方面，学校不可单纯以奖励作为主要的管理措施，可建立考核结果与薪酬联动机制，同时可建立考核结果与职称晋升衔接制度。高校应摒弃轻视教师、重视科研以及论资排辈的错误观念，完善职称评定制度，增加教师内部竞争，以此调动教师参与工作的积极性和主动性。同时要以考核结果作为师资培训的重要依据，在考核中发现教师队伍中普遍存在的问题，通过分析解决问题来及时调整教师培训方案，通过绩效考核实现教师教学能力、实践能力与学术水平的提升，同时高校应重视教师的信息反馈，根据教师的意见适时调整考核制度。以此打造出一支综合能力强、素质高的现代化师资队伍。

四、产教结合、重组教学内容

2017 年 12 月，国务院办公厅印发《国务院办公厅关于深化产教融合的若干意见》中指出，受体制机制等多种因素影响，人才培养供给侧和产业需求侧在结构、质量、水平上还不能完全适应，"两张皮"问题仍然存在。深化产教融合，促进教育链、人才链与产业链、创新链的有机衔接，是当前推进人力资源供给侧结构性改革的迫切要求，对新形势下全面提高教育质量、扩大就业创业、推进经济转型升级、培育经济发展新动能具有重要意义。① 2018 年 7 月，教育部部长陈宝生在新时代全国高等学校本科教育工作会议上指出，地方应用型本科高校应立足于自身的优势和行业基础，对接地方经济社会发展，积极探索产教融合的内涵式道路，对培养高素质的

① 《国务院办公厅关于深化产教融合的若干意见》，见中央政府门户网站（http://www.gov.cn/zhengce/content/2017－12/19/content_5248564.htm）2017 年 12 月 19 日。

地方应用型本科经管类人才具有重要意义。

对高校而言，应主动呼应行业需求，有针对性地选择和组织更符合学生能力培养的实验教学内容。以行业人才需求为立足点，充分将教学和企业或行业需要相结合，重新组织或选定教学内容，对提升人才培养质量有着重要意义。新的教学内容体现四大特征：

（一）加大综合性实验比例，提升实践训练的系统性

在以往的实验内容中，验证性实验项目的比例过大，内容简单。学生动手实验基本上是依瓢画葫芦的方式完成实验操作，虽然掌握了基础性的知识，但是不利于延拓能力。

以往的实验在创新能力培养上不利于学生的成长，实验过程缺乏自主性、交互性和创新性。为此，学校应设立大学生开放实验项目训练活动，目的就是要推动实验教学改革，培养学生的自我实验研究能力，将课内与课外相结合，系统地锻炼学生的动手能力。

（二）强化个性教学

常规教学是指完成人才培养方案设定的各类专业基础课程，主要教授专业通识知识。但是学生在成长过程中会因为个体的知识结构、认知结构等的差异而表现出各自不同的能力。因此专业教学过程中强调个性化的教学。

从学校实验教学层面设立大学生创新性实验项目训练活动，让学生充分利用自己的知识与能力去发现一些有价值的实验方法。在二级学院的管理层面，要求各专业要充分地将人才培养与企业需求有机结合，加强各专业的实践学时比例，创建与企业的协同创新服务平台，为学生的专业技能成长铺开路子。

（三）注重科学与实践的结合

人类挖掘新知识的方法不断涌现，现代实验原理、实验技术和实验装备也在不断更新与发展，实验教学阵地的装备也出现了前所未有的新突破。社会对人才的多元化、多层次的需求也在发生变化。

教学内容既要适应人才培养规格的要求，符合企业和市场的需求，又要与现代实验理论、实验技术和科技发展水平相适应。学校在转型过程中，应积极推行现代实验技术、方法，提升设计性、综合性实验项目的比例。

（四）突出科技活动与实验教学的互动性

在实验教学过程中，高校应高度重视强化学生动手能力、创新能力的培养，鼓励学生自主研发各类有使用价值的成果，有效地实现实验教学与大学生课外科技活动互动，做到有力促进学生在应用科技研究方面的服务教学。

高校在重组教学内容的同时，还应与企业建立长期合作，为学生提供实习平台。参与企业实习是学生提高实践能力、掌握实践技能的主要方式。但随着如今高等教育的普及，高校的经管类专业学生数量的不断增加，能够为学生提供的企业实习机会明显不足。由于企业与学校各方的利益诉求存在差别，企业参与产教融合的意愿不高，不愿意在产教融合人才培养上投入过多，导致校企之间合作成效不明显。同时由于经管类专业学生在校接触到的经管类知识和专业软件系统存在滞后性，难以满足现代企业对人才、技术的要求，故企业为高校学生提供学习机会的意愿不高。高校需要提高经管类专业学生的职业胜任力，根据市场需求以及企业发展及时跟进教学内容，以贴近产业需求和应用型人才培养为核心，有效地将专业建设与产业需求相结合，构建产教融合协同人才培养体系。

高校在重组教学内容中需要加强教学质量监控反馈和课程评价的建设，注重教学的考核管理。在课程设置方面要打破传统的评价体系，构建科学合理的新评价体系，运用课程评价体系来遏制教学不端行为。高校可以与校外科研机构合作组建一支专业的教学素质分析团队，定期采集课程教学数据，并做出分析评价，在此基础上对教学内容进行调整。同时应建立合理的课程退出机制，创新课程管理机制，积极借鉴国内外院校的成功经验，破除课程设置和管理上的体制机制障碍。

五、校企合作、强化实验特色

校企合作、产教融合是指有效推动学校和企业的有机结合，促进两者的协同创新，构建新的实验教学开放机制，实现校企双方的双效共赢。

学校提供人力资源，企业提供需求信息、训练场所，根据企业研发问题，形成实验项目，更好地促进学生去探究、研讨有价值的内容，最终使取得的科技成果有效转化带来经济效益。这是一种全新的运作机制，利用学校和企业之间的合作，协同互动。

实验教学过程存在于两个环境中——学校和企业。对于学校而言，这是一种全新的开放实验教学机制，它将企业开发的项目或服务技术与学校人才培养过程紧密联系在一起。这种开放性实验教学能有效地克服传统实验教学的枯燥形式，更好地激励学生主动学习，增强自信心，体验成就感。这种机制有着极大的灵活性，从内容、时间、地点等方面都能给予学生更大的自主性和开放性。对于企业而言，既保证了充足的人力，又有科技前沿的技术服务，加快了各类需求产品的研发，有效占有市场。由此实现了校企双方的双效共赢。

现如今，广东海洋大学正在积极探索"学校牵头、企业参与、政府支持、专业化运营"的发展思路，努力打造"科技研发、成果转化、产业孵化、汇集人才"的功能定位平台，努力探索校企合作发展形式。2020 年 4 月 28 日，广东海洋大学校长潘新祥、副校长宁凌率队到广东省湛江航运集团有限公司，就校企合作、人才交流、"海洋特色科技小镇"及产学研合作等事项，与广东省湛江航运集团有限公司党委书记、董事长刘广辉和党委副书记、总经理汪万泉进行座谈，表示出与广东省湛江航运集团有限公司深度合作的期望，致力于打造"优势互补、互利共赢"的校企合作新典范。[①]

随着中国社会主义市场经济的不断发展，对管理人才的需求量愈加庞大，而高质量管理人才也越来越成为决定中国企事业生存与发展的最基本因素。21 世纪作为海洋世纪，世界各国大力发展海洋经济，争抢海洋资源进入白炽化阶段。中共十八大报告明确提出要大力发展海洋经济，建设海洋强国，以"21 世纪海上丝绸之路"为蓝色经济纽带，实施海洋强国战略，贯穿全球各大洋，遍布世界各大洲沿海国家与地区，需要一大批适用型海洋人力资源的支撑。

人力资源是经济发展的第一资源，人才保障是国家富强的坚强后盾，中国要开拓蓝色国土、发展蓝色经济，需要加大对海洋教育的投入力度，培养一大批从事海洋经济开发与管理的人才。而海洋经济管理教育教学作为中国海洋经济开发与管理的重要人才培养专项科学教程，全面推进中国沿海各高等院校设立海洋经济管理教学课程，并将理论教学与实际应用相结合，理论联系实际，这将为开拓中国海洋资源、发展海洋经济提供强大的人才支持，对建设海洋强国具有重大的战略意义。

---

① 付百韬：《加强校企合作 推动融合发展——广东海洋大学潘新祥校长率队拜访湛航集团》，见广东省湛江航运集团有限公司网站（https://www.hangyun.com.cn/zhanjhy/detail.jsp？catid = 980 | 1008&id = 9750）2020 年 4 月 30 日。

第四节 引导学生开展海洋经济管理教育教学模式创新

一、融合教学培训主题、指导学生开展专题调查

以往的大学本科教育教学模式，教师只需完成教材和教案上的任务即可。学生"高分低能"的现象普遍，而且学生的综合能力、创新能力得不到应有的培养和提高，学以致用的知识转化能力无法呈现。实践教程项目顺利开展少不了新型教育教学模式的构建，应将实践教学评价体系融入教育教学体制之中，在学生期末考核中加入专题调查和科研实践评价，并采用科研成果加分制度，鼓励学生积极投身实践活动，以便他们更好地吸收和利用专业理论知识。

作为涉海高等院校，应融合海洋经济管理教育教学内容，为涉海专业学生设定专项的调查课题，让学生利用专业知识来完成特定的实践任务，并可作为相关课程的期末考核项目。涉海专业学生的实践方式可以是多样性、具有应用性和时效性的实践项目。为减少学生实践难度、降低实践负担，可让三五个学生自由组成一个团队，由科任老师安排固定的实践调查地点、调查对象、实践期限，让学生在该时间段互相协调、分配任务，组织团队到达目的地，寻找调查对象，进行数据和资料收集、整编，撰写文章等。

例如，海洋经济管理专业的教师可指导学生在某个乡镇的海鲜市场进行实践调查研究，以一个学期为期限，每个月展开一次调查活动，重点关注半年来该市场海产品的价格波动情况，结合该乡镇人口基数、生活水平和经济发展现状等综合分析影响机制，总结水产品价格变化趋向和规律，为当地政府和人们提出具有实际意义的建议和对策等。让学生以实际行动完成课程任务，既能锻炼基本能力，又能深入实际剖析社会现实，为融入社会增强适应能力。

二、充分利用学生空闲时间、安排海洋经济管理调研项目

中国高等院校教程安排时间一般较为松散，间断性授课安排给了学生更多自由、空闲的时间，为充分利用学生的空闲时间，可安排定期的实践

调研项目，鼓励学生积极参与项目研究，从而提高学习效率、增长学识。目前广东海洋大学本科生、硕士生、博士生的教程安排、实践活动和项目研究等都相对集中，而本科生在学习、项目研究上依然缺乏主动性和积极性，需要相关科任老师的带领和指导，以加强对其调查研究技巧、方式以及调查报告、论文的撰写方法等的训练。硕士研究生、博士研究生等学习相对主动，但由于各专业导师的实力差异，导致各专项课题、调研项目数量分配不均，不能满足学生的学习需求，依然需要学校、学院和教师安排相关定期调研项目，给予学生足够的锻炼。

（一）学校可设立定期的实践调研专项，并给予资金支持

通过增加多个奖项、提高奖赏力度、规范评比标准鼓舞学生积极组队参与学校主导的专项调研实践活动。同时加强产、学、研联合发展，引进优秀教育人才，派遣本校教师出国或到其他兄弟院校继续深造，给予实力较弱的教师更多的支援和发展空间。将国内外新技术、新理念、新知识和新信息等作为教程设置的重点内容，全面培养学生的创新思维和实践能力。

（二）各二级学院，尤其是广东海洋大学经济学院和管理学院，在推进对海洋经济管理教育教学改革研究的基础上注重实用型、综合型管理人才的培养

每年可以班级为单位开展对某地区的定期专项调研，专门调查某个区域涉海发展现状问题，由班级分配任务，由相关老师指导学生在规定时间内完成任务。还可针对某个问题设立定期专项调研，让学生自由组队申报参加，并加大对该项目的资助和奖赏力度，以激发学生参与的积极性。除此之外，还可加强各科任导师的联合，建立强大的教育教学师资队伍，共同商讨拟定学生培养计划、教学方案、人才培养模式，构建更为完善的海洋经济管理实践教学平台和体系。

（三）建设校园实践调研文化，营造校园实践创新氛围

建设校园实践调研文化，营造校园实践创新氛围，对提升大学生科研能力与竞赛水平起着至关重要的作用。在学校积极举办实践专项调研的同时，应动用校园媒体与学生组织的动员和传播力量，以学生喜闻乐见的方式鼓励学生参与实践调研活动。以广东海洋大学为例，现如今广东海洋大学举办科研赛事以及实践项目时主要以群内信息转发与老师告知的形式下达给学生，单一的传播形式易使学生对科研实践活动兴趣减弱。可运用推

文和新颖海报的形式传播实践调研项目，结合广东海洋大学特色海洋文化传播校园实践教程项目，激发学生参与实践教程项目的兴趣。运用网络平台实时直播实践教程项目的进展，让更多学生亲临实践教程项目的现场，感受实践的氛围与意义，以此推进海洋经济管理实践教程项目的推广应用，激发校园新活力。

三、成立创新创业俱乐部，邀请成功企业家进教室讲授经营管理技能

2015 年 10 月 19 日，广东省教育厅就《国务院办公厅关于深化高等学校创新创业教育改革的实施意见》发表《广东省教育厅关于深化高等学校创新创业教育改革的若干意见》，倡导各普通高校认真贯彻该实施意见，积极服务创新驱动发展战略，全面深化我省高等学校创新创业教育改革，进一步提高人才培养质量。提出深化校、政、企协同育人，鼓励高校成立创新创业俱乐部，聘请科学家、创业成功者、企业家、投资人等校外专家学者兼职创新创业导师，推行大学生创新创业校企双导师制，通过定期考核、淘汰、更新，建立广东省创新创业优秀兼职导师人才库等意见。①

海洋经济管理学科是一门专业性和实践性都很强的学科，学生单纯依靠理论知识的学习难以实现对其的深刻理解。通过成立创新创业俱乐部、邀请成功企业家进课室讲授经营管理技能等方式，有效地提高学生对专业知识的吸收理解。同时通过企业家的经验分享与事迹案例，激发学生对经营管理的兴趣，帮助学生在实践模拟课程和实习中更快掌握管理和经营的技巧。通过企业家的讲解还可以增强学生对市场前沿动态的了解。在邀请企业家进教室讲授经营管理经验的同时，企业家能够接触到校内师生，可以促进校企间的交流，使校企双方更深入地了解双方的人才需求，从而有效地促进产教融合、推进校企双方协同育人，提高应用型人才培养质量，为企业提供高质量的人才支持，拓展校企合作，以此带动双方发展。

自 2015 年国务院从政策方面进一步明确了把高校创新创业能力培养作为新时代深化高校改革的主要支撑点，计划通过集中领导、合作管理、开放参与等方式联合社会各界力量，从成立专业化师资队伍、建立合适的课程体系、建立有效的校企联动机制等方面共建创新创业能力培养体系起，

---

① 《广东省教育厅关于深化高等学校创新创业教育改革的若干意见》，见中央政府门户网站（http://www. gov. cn/zhengce/2015 – 10/19/content_5045952. htm）2015 年 10 月 19 日。

大学生创新创业俱乐部开始在中国各高校兴起。

大学生创新创业俱乐部通过开展学生培训、研讨、交流、竞赛、讲座等一系列活动，帮助提高大学生的创新创业能力。同时，通过创新创业俱乐部，大学生可以得到更多与政府部门、科研机构、校外企业接触的机会。广东海洋大学应借鉴国内外高校大学生创新创业俱乐部的成功经验，联合政企建立广东海洋大学特色创新创业俱乐部，为广东海洋大学学生搭建与校外企业合作的良好平台。通过创新创业俱乐部为大学生创业者提供政策、法律、信息、技术等服务，鼓励学生积极参与创新创业实践活动，通过此平台，接收大学生创业者的意愿和诉求，维护大学生创业者的合法权益。邀请涉海企业与成功企业家成为该俱乐部会员，举办校企交流会，邀请成功企业家进校讲授经营管理经验，为在校学生提供更多与企业交流学习的机会。

四、培育学生自主管理观念，倡导成立自主学习型组织

习近平指出：“要努力构建德智体美劳全面培养的教育体系，形成更高水平的人才培养体系。”培养学生的自主观念，加强高校学生自主学习型组织建设是构建高校现代管理体系的重要一环。

在现如今高校的实际管理中，学生在学生事务管理中的自主地位尚未得到充分体现，这会造成学生自主管理意识较弱，在学习和生活中缺乏主动性，缺乏管理经验，合作、沟通能力不强等问题。通过鼓励学生以小组和宿舍为单位成立自主学习型管理组织，培养学生的权变意识，提高学生处理问题和危机的能力，加强学生的责任心，形成终身学习的观念。学生在自主学习型组织中实现自我管理能力的超越，加强对管理事务的认知学习，营造出自由、民主的学习环境。

10

第十章

中国海洋经济管理教育教学模式创新的具体措施

第一节　海洋经济管理教育教学
模式创新的目标与方案

一、更新教学观念，明确专业发展目标

随着改革开放的深入发展，中国加强了与国际海洋机构和各沿海国家的交流与合作，先后同 40 多个国家和地区建立了双边海洋合作交流关系。加入 WTO 后，中国海洋事业得到了更大的发展，参与海洋国际合作的路子更加宽广，对海洋科技和管理人才也提出了新的更高要求。中国面临的海洋管理教育的挑战也是全方位的，这其中有来自内部的挑战，比如海洋院校的办学体制、机制、软硬件设施等，也有全球化的经济背景向我们提出的挑战。中国的海洋管理教育要适应加入 WTO 后所面临的新环境和新挑战，就要增强办学实力，提高办学的灵活性，办出自己的特色。

近年来，社会对海洋经济、海洋开发、海洋管理类人才的需求急剧增加。为适应服务国内沿海地区海洋经济快速发展的这一要求，我们应开展转变教育思想的大讨论，树立新世纪教育观念，强化教学质量意识；组织骨干教师到一些更高层次的院校进行学习交流，借鉴其专业建设及教改经验；组织教师深入海洋经济管理第一线，考察了解海洋产业发展现状与趋势；与政府海洋职能部门、涉海企事业单位进行交流，把握海洋经济管理人才的需求动向；等等。通过这一系列举措，使得教师对专业发展目标与方向的理解更加明确，在专业教学上充分考虑海洋经济对人才的需求及学生对今后就业的自我定位，体现"以学生为本"的精神，以便于学生根据自身的能力、学习兴趣以及未来的就业意向进行选择。

二、完善课程体系建设，更新教学内容

课程设置跟上海洋经济发展的步伐，以培养适应需要的经济管理人才为目标。根据美国著名教育家戴尔蒙德的观点，课程体系的设立目标应取决于三个方面：所有学生必须拥有的基础能力；必须具有学科特色的、与核心要求相适应的能力；必须拥有具备学科特色的，与专业、选修课程相关的能力。海洋经管类学生需要系统地掌握经济、管理、海洋学、水产学、

海洋环境科学及管理的基础知识和基本理论以及以现代化管理的方法及技能，熟悉海洋法等有关法规，知识面广，对海洋经济发展有较高水平的决策、指挥、研究能力的高级管理人才。

结合海洋经济管理人才培养的需要，提出了既强调学生素质教育，又具有专业应用能力的，由五大模块组成的模块化整合学分制课程体系：①公共基础课，②学科基础课，③专业课，④通识教育选修课，⑤实践教学课。人才培养计划的编制在确保核心课程的同时，还必须紧贴海洋经济发展实践，安排海洋经济导论、海洋管理学、海洋区划与规划、港口经济学、渔业经济概论、港口物流学等课程和海洋贸易专题讲座、海洋经济专题讲座等，体现理论教育与实践创新精神培养相结合的指导思想，凸显自身鲜明的海洋特色。

建设一个具有鲜明特色的课程体系．在课程设置上，要突出实用、适用原则。强化学科特色，优化课程结构，加强理论教学、实践教学、实习三个模块的整合与优化。一是根据海洋经济建设与社会发展需要和海洋渔业资源开发利用现状，对课程体系和教学内容进行调整与论证。删除一些与当今专业培养目标关系不大，理论性又很强，在今后的实际工作岗位上又极少用到的课程及内容，增加一些与当今专业培养目标关系紧密，今后就业工作岗位用得较多的课程及课程学时数。

二是强化实践教学环节。重视实际技能的提高。以社会需求和就业为导向，坚持多元化实践教学是培养学生专业技术能力的关键教学环节的理念，不断进行实践教学改革，开展实验教学、社会实践、专业调研、生产基地或网厂或海上生产实习、科研训练、毕业论文等多元化实践教学活动，着力培养学生的实验动手能力、实际应用能力、吃苦耐劳精神和创新精神。三是根据水产行业工作一线人才需要多深入基层且又很艰苦的特点，要坚持实习与暑期社会实践等教学环节，要利用广东海洋大学地处舟山海岛的有利条件，坚持安排学生到生产基地或网厂或海上生产实习与实践教学活动，着力培养学生的实验动手能力、实际应用能力、吃苦耐劳精神和创新精神，并使之成为水产类专业学生培养的特色和优势。

从国际化培养目标要求出发，中国海洋经济管理教育还应加强跨国际、跨民族、跨文化的交流、合作和竞争，更多地利用国际教育资源。海洋经管专业在课程体系和教学内容方面，要借鉴高等教育面向 21 世纪教学内容和课程体系改革成果，进行调整和改革。尤其要强化和改善外语教学或实施双语教育。甚至可以从国外引进精选的教材或教学参考书。在课程体系设计过程中应注意以下几条原则：一是课程体系改革，不要过分追求系统性、完整性；二是课程设置要有利于课程内容的沟通，形成整体性课程体系；三是课程体系的改革整体设计要有利于实施素质教育，全面提高学生的综合能力。四是重新组合课程结构。培养基础宽厚、具有创新精神和适应社会环境能力的复合型人才；五是增加课程体系内容的实践性、应用性。

三、优化人才培养方案，构建多样化人才培养模式

在全球一体化的新时代，要求海洋管理人才应当具有国际意识、终身学习意识和创业能力。首先，高等学校要在进一步加强爱国主义教育的同时，注重培养学生的国际理解、国际竞争与国际合作的意识，在继承中国优秀传统文化的同时，注重多元文化的吸收，使学生具有宽阔的眼界，在未来能善于进行国际合作，积极主动地参与国际竞争。其次，随着经济的全球化，劳动力跨行业的流动将会大大地增加。不同行业间的流动要求劳动者不断地学习新的知识、新的技能。终身学习意识与能力的高低将是决定劳动者能否适应社会快速变动的主要因素。再次，面向 WTO 的中国高等教育还要赋予 21 世纪人才蓬勃的创业能力。这种能力应该由多种素质复合并提炼而成。所谓素质复合，包括三个方面：其一是知识复合。未来人才须以专业知识为学术基点，吸纳人文科学、社会科学、自然科学等诸多领域的知识予以有机整合，使自身的知识结构既有很高的融合度，又有强烈的辐射性。其二是技能复合。即一专多能，触类旁通。其三是思维方法的复合。即要求具有发现和化解现实与理论问题的特殊能力。

海洋经济管理领域的专业人才培养模式应当坚持"研究与实践并行"的动态原则，在研究中改革，以改革促研究，在实践中不断提高和完善，逐步形成科学合理的具有海洋特色的经济管理专业人才培养新模式。全面对接海洋经济快速发展的新形势，不断修订与完善适应海洋事业需要的人才培养方案。建立一套具有特色的人才培养方案。在深刻总结自身发展成长的历史及借鉴其他同类院校水产专业学科建设与发展的成功经验与模式的基础上，根据地方海洋经济的发展需求，通过专业改造、人才培养模式改革、课程体系调整、师资队伍建设等，在各个教学与实践环节进一步加大现代海洋渔业科学技术与现代管理科学知识的应用范围和力度，逐步完善与建立一套具有自身鲜明特色的人才培养方案。

四、培育创新创业型人才，提高社会竞争力

学生的就业情况作为衡量高校教学质量的重要指标之一，其很大程度上反映了高校教育教学改革创新的成效。随着高等教育的普及，就业难成为大学生进入社会面临的首要问题。高校实行教育教学改革，培育优秀的创新创业型人才是提升学生的社会竞争力、解决学生就业压力的手段之一。探索海洋经济管理专业创新创业教育模式，对海洋经济发展、沿海乡村振兴、促进海洋产业创新等具有重要的现实意义。

高校需建设符合自身发展特色的创新创业教育教学体系，采取递进式的教学方式培养学生的创新创业能力。在初步阶段，重点培养学生的创新创业意识，深化学生的创新创业意识，通过课堂讲授、邀请成功创业者进校演讲、宣传校内成功案例等方式，深化学生对创新创业的理解和兴趣。在发展阶段，学校通过成立创新创业俱乐部，聘请专业创业人员开设创新创业类课程，组织教师成立创业帮扶团队，为创业学生提供技术资源上的支持；改革高校管理制度，出台奖励政策，如在学生的学分考核中，增加创新创业类加分，鼓励学生自主组队参与实践活动，为学生营造良好的创新创业氛围；在创新创业课程设置上，学校依托本校海洋特色，海洋优势学科，开发海洋优势专业与海洋经济管理专业相融合的模拟实训创新创业课程，通过跨学科、跨专业结合的模拟实操课程，加强学生的专业素养。学生在跨学院、跨学科课程中认识不同专业的学生，通过学科间的相互交流深入了解各海洋特色学科的发展动态，在科研实践中鼓励学生跨学院、跨学科组队，提升创新创业成果的竞争力，促进实践成果的转化；产教融合，一同促进创新创业型人才的培养。通过校企合作，为学生提供更多的创新创业基础设施，为学生创造更好的实践条件。高校积极与具有专业优势的涉海企业对接，一同构建具有海洋产业特色的创新创业基地，为学生创业提供充足的指导和场地，邀请学生创业团队入住创新创业基地，促进学生创新实践成果的转化。

五、运用现代化教育技术

2019 年，《教育部关于深化本科教育教学改革全面提高人才培养质量的意见》中指出，全面提高课程建设质量。立足于经济社会发展需求和人才培养目标，优化公共课、专业基础课和专业课比例结构，加强课程体系整

体设计，提高课程建设规划性、系统性，避免随意化、碎片化，坚决杜绝因人设课。实施国家级和省级一流课程建设"双万计划"，着力打造一大批具有高阶性、创新性和挑战度的线下、线上、线上线下结合、虚拟仿真和社会实践"金课"。积极发展"互联网＋教育"、探索智能教育新形态，推动课堂教学革命。严格课堂教学管理，严守教学纪律，确保课程教学质量。①

　　在高校教育教学创新中，充分把握"互联网＋"的时代优势，运用互联网、大数据、新媒体等科技提升创新质量。以本学期线上教学为例，学生通过超星学习通、慕课等平台学习，得到了更加自由的学习空间和更加丰富的学习资源，教师在课程内容设置上得到了更多的教学资源支持，通过借鉴各名校的课程视频对自身课程内容进行补充，大大提升了教学质量。高校在教育教学中需把握时代趋势，将网络平台教学放入长期的教学计划之中，通过网络教学促使教师主动转变教学方法、更新教学理念，利用大数据技术实时把握学生的动态，及时调整课程设置和教学内容，把握学生的需要，为学生提供更加精准、优质的教育服务。同时通过新技术，精准把握相关产业和市场的变化趋势，教学面向市场需求。就海洋经济管理专业来说，教学课本中的知识点及原理对学生来说略显枯燥无味，在课程中运用模拟软件生动还原现实生活中的一些案例，通过虚拟的场景和情节带动学生的学习思维，激发学生的学习热情和教师的教学热情，从而提高课堂的教学质量。

六、创新思想政治教育，发挥立德树人的价值引领作用

　　中共十八大报告指出："坚持教育为社会主义现代化建设服务、为人民服务，把立德树人作为教育的根本任务，培养德智体美全面发展的社会主义建设者和接班人。"2019 年，《教育部关于切实加强新时代高等学校美育工作的意见》指出，学校美育是培根铸魂的工作，提高学生的审美和人文素养，全面加强和改进美育是高等教育当前和今后一个时期的重要任务。强调高校要大力加强和改进美育教育教学，壮大美育教师队伍、深化美育教学改革、推进文化传承创新、增强服务社会的能力水平，全面加强组织

---

①　《教育部关于深化本科教育教学改革全面提高人才培养质量的意见》，见中华人民共和国教育部网站（http://www.moe.gov.cn/srcsite/A08/s7056/201910/t20191011_402759.html）2019 年 10 月 8 日。

保障，切实改变高校美育的薄弱现状，遵循美育特点，弘扬中华美育精神，以美育人、以美化人，以美培元，培养德智体美劳全面发展的社会主义建设者和接班人。[①] 2019 年，中共中央、国务院印发的《新时代爱国主义教育实施纲要》提出高校要将爱国主义教育与哲学社会科学相关专业课程有机结合。[②]

　　因此，高校在教学中应该秉持国家意识和社会使命，将立德树人作为教育的根本任务，培育德智体美劳健全的社会主义接班人。在教育教学模式创新中要创新思想政治教学，注重学生思想道德的修养。加强对学生的劳动教育，培养学生的劳动热情，以本校为例，如今广东海洋大学已经开展劳动教育课程，但劳动形式存在单一的现象，以班级为单位开展的劳动实践活动以清扫街道、爱护环境为主，在教育教学模式创新中劳动教育课程不可忽视，班级劳动实践形式需再丰富，激发同学的劳动热情，如组织校外志愿者活动、利用闲暇时间开展中小学支教活动、探访老人院等。加强社会主义核心价值观教育，同时需要加强教师队伍的思想道德建设，老师需要起到带头作用，树立德智体美劳全面发展的教学观，凸显中国特色社会主义教育的本质特征。

　　在如今互联网新媒体时代，高校思想政治教育改革需要着眼于将思想政治教育与新媒体融会贯通起来。大学生作为新媒体的主要使用群体，不管是在生活还是学习上都深受新媒体上的价值观引导，新媒体时代使大学生的思想更加活跃，价值更加多元，主体意识更加强化，这无疑也给高校的思想政治教育带来挑战。因此学校应运用新媒体平台，通过新媒体为思政教育营造全新的教学载体优势，促进思政教育向多元化方向发展。如可以在学校的官网和电子公告平台上建立思想政治教育的专属模块；可开展思政讨论模板，鼓励师生积极发帖，交流时政、发表见解；学校在微信上开设思政教育公众号，通过学生部门和征文比赛筛选有能力的学生经营公众号，以丰富的推文形式，融合漫画与微视频，使思想教育变得更加生动化，激发学生的学习兴趣。通过本学期的网络教学试验，思政教师应有意识地将新媒体融入课堂教学中，通过新媒体为学生传输更加丰富的知识，通过媒体渠道与学生加强交流，更加有效率地管理学生，以此做到线上线

---

　　① 《教育部关于切实加强新时代高等学校美育工作的意见》，见中华人民共和国教育部网站（http://www. moe. gov. cn/srcsite/A17/moe_794/moe_624/201904/t20190411_377523. html）2019 年 4 月 2 日。

　　② 《中共中央国务院印发〈新时代爱国主义教育实施纲要〉》，见中央政府门户网站（http://www. gov. cn/zhengce/2019－11/12/content_5451352. htm）2019 年 11 月 12 日。

下融合教学模式的转变。

第二节　加强海洋经济管理教育教学
模式创新人才队伍建设

一、加强专业师资队伍的建设

一支高水平、高学历、结构合理、充满活力、满足经济管理学专业人才培养要求的师资队伍是实现人才培养目标的重要保证。一支综合素质高、知识结构合理、教学与学术水平高的师资队伍是水产特色专业建设与发展的基础。目前，中国的海洋经管方向师资总量相对不足，队伍结构不尽合理。需要在海洋经济领域的理论知识与实践方面予以加强。

可以引进与选拔培养学科带头人及学术骨干，精心培育学术团队，加强对学科带头人、学术带头人、青年学术骨干的支持力度，进一步调动他们的积极性。采取积极措施加大引进高层次人才力度，特别是要积极引进海外高层次人才，包括可以培养成为国家或省"千人计划"的领军人才、学科带头人、优秀博士。引进具有良好发展潜力的优秀博士，可以鼓励专业教师多参加一些全国性或有较大影响力的海洋经济与文化、海洋战略与管理、海洋开发与保护、区域海洋特色产业发展等涉海领域的学术交流、科研活动。

内部要加强教师分层次培养，提升师资队伍整体素质和水平，要以进一步提高教师职称、学历学位层次为目标，以增强教师创新意识、创新精神和创新能力为重点，实施教师队伍素质提升计划，加强对青年教师创新能力的培养，积极鼓励并支持骨干教师特别是骨干青年教师赴国内外知名高校和科研院所访问和研修、攻读博士学位，要求具有博士学位的教师都要有半年以上的国外访学经历，增加他们进行国内外合作研究的机会，更新专业知识，丰富实践经验，提升教学科研水平。同时，鼓励教师到海洋经济第一线的港口物流、船舶修造、远洋渔业、滨海旅游、水产品加工贸易等涉海企业单位或政府相关职能部门进行挂职锻炼、社会调研。加强教学名师、专业负责人、学科带头人以及各种优秀人才培养的同时做好管理，使其更好地发挥带头与引领作用，重视专业、学科的团队建设，以省重点学科和国家特色专业等为依托，积极建设优秀的教学团队或科技创新团队，推动学科专业建设与发展。搭建高水平的平台，营造平等竞争、开放高效的人才队伍形成环境，建立促进优秀人才成长的有效机制，建设一支结构优化、素质良好、富有活力的高水平教师队伍，提高教师队伍整体水平。

二、增强师资力量对海洋经济管理人才培养新要求的适应性

以当前创新创业型人才培养为例。2016 年，《中华人民共和国国民经济和社会发展第十三个五年规划纲要》指出，要推动具备条件的普通本科高校向应用型转变，要求各专业紧密结合地方特色，满足地方经济社会发展需要，培养应用型技术技能人才。[①] 海洋经济管理学科是一门极具产业特色，对应用型人才要求较高的学科，而一支具备扎实的海洋经济管理素养、具有创新创业发展理念的教师队伍是推动海洋经济管理创新创业型人才发展的关键所在。目前部分教师存在对特色创新创业教育认识不足的问题，部分教师认为创新创业教育是为大学生的就业难问题提供了新的解决方法，将创新创业教育作为大学生就业指导的有效补充，为学生灌输将来如果找不到工作就可以去创业的错误观念；有的教师认为创新创业是为培养未来企业家的教育，在创新创业教育中着重培养学生的创业技能，缺少对学生创新意识的培养；还有的教师认为创新创业教育是对专业教育的一种补充，让学生以学习专业知识为重，缺少了对学生实践技能的锻炼。加强教师对创新创业教育的重要性认识，培养教师对创新创业型人才的培养热情，提高教师对海洋经济管理人才培养新要求的适应性的关键。

教师要转变教育理念，将创新创业教育融入人才培养方案的全过程。同时将创新创业教育与海洋经济管理学科相融合，如在课堂在传授本专业的创业案例，在教学中多融入海洋行业的最新创新成果，促进创新创业的专业化、学科化进程。在创新创业课堂中教师要贴合海洋经济管理的专业背景，切合学生的认知和接受习惯，实现创新创业教育与专业教育相互影响、相互依存，培养学生的创新创业和专业技能。

提高教师的实践经验、创业经验、企业经验和管理经验，能够有效地提高其对海洋经济管理人才培养新要求的适应性。高校在教师的创新创业能力培养中融合"互联网＋"模式，建立现代化的信息教育平台。广东海洋大学本学期利用超星学习通平台为学生提供教育资源，学校可开设教师

---

① 《中华人民共和国国民经济和社会发展第十三个五年规划纲要》，见中华人民共和国教育部网站（http://www. moe. gov. cn/jyb_xxgk/moe_1777/moe_1778/201603/t20160318_234148. html）。

教育模块，为教师提供创新创业类的课程资源，鼓励教师利用碎片化时间进行学习，同时利用网络教学平台开发系列培训课程，让教师学习先进的创新创业教育理念和海洋经济管理专业的前沿知识。

三、改进教学方法和手段，切实提高教学效果和人才培养质量

教学方法与教学手段是提高教学效果、实现人才培养目标的重要手段。要坚持"以学生为本、以质量为先"的原则，重视教学方法与教学手段的改革。

（1）通过教学改革立项、教学名师评选、名师教学带动与观摩等"质量工程"的实施，改革与促进教学方法。

（2）充分利用现代信息教育技术手段，改进教学手段，如制作图文并茂、生动活泼的多媒体课件，以激发学生的学习兴趣。通过精品课程、网络课程建设，让学生利用网络，自主学习，从而降低教学成本，减轻教师的工作强度。

（3）建设一批具有专业特色的精品课程，以精品课程建设为龙头，带动相关课程的建设，形成特色优势课程群。

（4）组织编写一批有特色的教材，要有计划地出版突出学科特色、内容先进、反映最新海洋水产科学前沿的教材，以满足课堂教学需要。

（5）鼓励学生深入渔区了解外面的世界和渔业状况，在现场开展授课，加深学生对海洋以及水域环境的感性认识；开辟第二课堂，鼓励学生进行第二课堂的专业学习，开展各项学习活动，以活动促能力。

（6）邀请社会上的企业家、行政管理部门的领导来校讲学，以更好地了解社会实际情况和具体需求，从而提高人才培养质量，并凸显专业特色。

鼓励教师积极开展教学方法的改革创新，改革以教师授课为主的传统教学模式，尝试以教师授课模式为基础，广泛采用案例教学、互动式教学、启发式教学，以学生能力培养和调动学生自主学习的积极性、主动性为中心，不断探索新的教学方式、方法。利用现代化多媒体教学手段和经常性的教研活动，围绕宏观经济、海洋经济的发展，重点抓住国内外经济热点及海洋经济管理领域的重要议题，重视专业建设与教学改革、科研与人才培养相互促进，深化社会服务工作，开拓视野，互动交流，不断提高教学水平，增强教学效果。

加强教与学的交流。尤其是其中某些知识由于没有前期课程的准备，对学生来说比较难理解和掌握，因此要求教师设计好授课内容，还要根据

学生的已学课程、基础水平和反馈情况，补充必需的基础课程知识。加强与学生的交流，全面掌握学生对知识的把握情况，以达到良好的教学效果。通过"趣、问、用"等方式引导学生主动学习。教学过程中突出学生的主体地位，在信息化条件下采用混合式教学方式，通过"趣、问、用"等方式引导学生主动学习。"趣"即学生想参与学习的兴趣：诱趣—精心布疑；求趣—引导操作。授课教师建立课程群，提前把教学任务在课程群里发布，让学生提前预习，课上小组讨论。课后把学习课件及作业及时传到群里。在学生遇到困惑时，及时与学生进行沟通和交流，增强学生学习的快乐感，学生进而会对相关问题的研究有更加浓厚的兴趣。"问"即深入课堂学习的动力，课堂上多问学生为什么，也提醒学生多问，在问中激发学生思维，促进大脑快速运转。"用"即充分利用学校的实训资源，根据单元操作不同，使用不同的实训室和实训设备，在实际教学中采取现场教学。

在选择教学方式时能考虑到学生不同的学习方式，教学效果会更加有效，大学教育的效果主要取决于学生的努力和他们参与课内外活动的积极程度。在正常的课堂教学之余，经常聘请高水平专家学者给学生举办海洋经济发展方面的专题学术讲座，组织学生参加海洋经济方面的学术交流活动，结合当前全球海洋世界竞争的新形势，分析中国海洋经济面临的发展机遇与严峻挑战，从经济理论、企业管理、海洋经济、海洋法律等方面开阔学生的视野，启迪学生的思维，培养和提高创新型海洋经济所需人才的综合素质。调动学生自主学习与创新学习的积极性，变被动学习为主动学习，激发对海洋经济理论等的学习兴趣，加深理解与掌握相关知识，有效解决经管专业一般理论与海洋经管专业理论相结合而带来的课程内容多、涉及范围宽、课时紧张的状况。

随着现代教育技术的发展，目前教室内基本上配备了电脑多媒体和投影仪，在教学过程中尝试使用多媒体组合教学，把传统教学媒体和现代教学媒体有机结合，优化教学过程。特别是在授课过程中普遍借助 PowerPoint（PPT）进行讲解，制作集成声音、视频、动画、文字、图表于一体的多媒体课件，将教学信息准确、清晰、直观、形象地传递给学生，减少课堂板书的时间，增加课堂教学内容和信息量，将一些抽象的内容通过课件具体化，增强学生的学习兴趣，提高课堂的教学效果。随着网络技术的发展，还可以把多媒体教学手段延伸到互联网上，利用网络资源，可以利用网络实现网上教学、答疑、讨论、布置批改作业等，提高学生学习的效率，更方便实现师生沟通，提升教学质量。

四、强化基层教学组织建设，增强教师在教学治理中的主体地位

在当前教育教学转型发展的过程中，受"学生中心主义"观念的影响，教师在很大程度上成了"被监视者"，这导致教师在课堂教学中缺乏自主权，在师生关系中教师受到束缚，难以与学生培养亲密友好的关系。通过强化基层教学组织建设，彰显教师的教学主体地位，对于构建自主、自由和创造为核心的教学文化具有重要的现实意义。

在传统的教学管理体系中以行政权力为主导，本应代表学术利益的学术委员会在实际上也依附于行政权力，无法保障教师充分表达自身的利益诉求，教师群体缺乏和行政权力的对话。为此，构建以教师共同利益为基础的基层教学组织，扩大教师的话语权、自主教学权，能够有效地推定教育教学改革发展进程。如今，学界提出重新建构高校基层科研室，构建一种以教师为建设主体，相对独立于行政管理体系的教师共同组织形式。通过该组织形式，选举出具有影响力、人格感召力和组织领导力的教师领头人，凝聚教师的智慧力量，集中表达教师的利益诉求，提高教师群体的自我管理水平和外部交流能力，鼓励教师投身于教育教学改革，推进教学治理现代化。

值得注意的是，通过教师基层教学组织，能够有效地培养教师的责任教学观念。保障教师在教学中拥有足够的自主空间，高校赋予教师自主设计教学方案、确定教学内容、选择教学组织形式和评价学生等权力，能够有效地推进海洋经济管理学科发展。教师就当前行业发展趋势调整教学计划，根据行业需求及时调整人才培养方案，对培养海洋综合管理人才具有重要意义。在自主、自由和创造地文化中，教师在受信任中体验到尊严，在人才培养的过程中获得职业效能感、幸福感，其内心的职业信念也会由此觉醒，并转化为对职业、学生的责任感，并且当教师获得了更多的教学自主管理权时，其内心的责任意识也会进一步增强。

五、完善教育教师考核激励制度

建立科学的教育教师评价体系和激励制度，提高教师从事教学和科研实践的积极性，营造良好的教学环境和工作氛围，激励教师积极进行教学创新和改革。通过优化薪酬体系，将薪酬管理与绩效考核制度紧密结合，

设立多样化的薪酬加奖励制度，提高教师的薪酬待遇水平。同时高校为教师制定更加弹性、自由的工作制度，鼓励教师制定更符合自身发展的工作计划，提高教师的教学、工作效率。同时高校在绩效考核的基础上，为考核结果优秀的教师提供自身需要的培训方案，为优秀教师提供到外校访学、国际交流等机会。同时要突出奖惩原则，避免绩效考核中的"大锅饭"现象，在提升教师待遇的同时要严格惩罚不良的教学行为。以此在教师群体中营造积极向上的竞争氛围，提升教师的工作绩效，更好地推进优秀师资队伍建设。

第三节 增强海洋经济管理教育教学模式的实用性

一、增加实践性教学，提高学生参与海洋经济管理活动的实践能力和应用创新能力

（一）理论与实践结合，提高学生的实践和应用能力

实践环节是检验学生课堂学习效果的重要手段，是提高学生实操能力、培养专业技能的重要环节，也是学生进入社会前的一次综合性检验。海洋经管类专业应加强人才培养的实践教学，充分利用海洋学科的特色和所处的地域优势，积极组织开展各类校内活动和社会实践教学，注重学生社会实践能力与创新能力的培养，使学生的在校学习与毕业就业无缝对接。为了适应海洋经济与社会发展的需要，在面向海洋经济领域的高校经济学专业建设中，必须勇于突破传统思维，主动转变观念，以现代教育理念积极探索创新型海洋经管人才的培养路径。为提高学生实际操作和解决问题的能力，加大海洋经济管理人才培养的实践教学力度。充分利用涉海类高校海洋学科特色和地处海洋经济前沿阵地的地域优势，积极组织开展学生的各类校内活动和社会实践教学，注重学生创新意识与创新能力、科学素养、人文素质和应用能力的培养，让学生在校学习期间就能培养综合分析能力和创造力。

建立多层次实践教学体系和完善的实践教学条件。首先，要进一步构建与完善"基础认识—综合应用—研究创新"三个层次实践教学体系。如"海洋渔业科学与技术"专业人才培养的渔具材料与工艺学、渔具力学、渔

具渔法、鱼类学、渔业资源与渔场学等专业基础课的实验教学体系，使学生更加系统地掌握理论知识，以保证学生基本实验技能和综合能力的培养。同时，将实验项目分为验证性、综合性、设计性等几个层次，并逐渐摒弃验证性实验，增加综合性、设计性实验。多层次的实验以及各个实验项目内容之间相互衔接，循序渐进，有效提高学生的实验动手能力。另外，要充分抓好实验教学最后一个层次的毕业论文，尽可能让本科论文与教师的科研项目相结合，使学生通过参加科研活动，将学生所学知识有效地转变为科研能力。

兼顾继承与发展、共性与个性、理论与实践的有机协调，既保证学科理论体系的完整性，又能较好地彰显特定海洋经管领域的鲜明特色，以确保培养模式的科学性与所培养人才的广泛适应性。突破常规人才培养模式，积极创新，形成较为科学完善的海洋经管领域经济学人才培养体系，编制完成了较为规范的专业教学课程大纲和课程简介，制定了一系列教学管理制度与规则，确保面向海洋经济领域的经济管理学专业人才培养计划的有效实施。

以学生为主体，实行开放式的教学模式，将单一的课堂讲授扩大到学生主导的自学和问题讨论、海洋经济活动第一线的实践及社会服务活动等方面，注重解决所学经济管理理论知识在海洋经济领域的分析应用和海洋经济知识体系的创新发展问题。海洋经济管理相关课程的内容以及与专业方向学习的关联性，便于学生根据自己的兴趣爱好、毕业后的就业取向做出理性选择。同时，结合不同年级、不同学期的教学内容安排，对学生的创新性自主学习、海洋经济专业课程学习、赴涉海领域进行教学实践、职业生涯规划等并进行必要的教育指导，使学生经过四年的学习真正有所提高，具有解决社会现实问题的应变能力，成为具有适应性的海洋经管高素质专业人才。

（二）与时俱进，培养学生的创新创业能力

应对经济的全球化及科技的迅速发展，21世纪的高等教育应成为一个更加开放的、更高水平的、注重素质教育的专业人才培养体系。海洋在现代经济发展中的作用越来越重要，随着中国海洋强国战略的提出与实施，海洋经济必定会在未来的经济发展中扮演极其重要的角色，海洋产业结构也会不断得到优化调整，海洋强国战略也对海洋产业人才素质提出了新的要求。为了能够跟上时代步伐，满足中国海洋经济发展的需要，经管人才需要在工作中随机应变，与时俱进，具有一定的创新创业能力。海洋类高

校在教育过程中，需要正确把握国家的方针政策，遵循高等教育和人才培养的客观规律，积极转变教育教学方式，培养具有创新意识和创业能力的现代海洋类人才。

产学研结合培养海洋经管创新型人才。加快建立以企业为主体、市场为导向、产学研结合的技术创新体系。在人才培养模式上应与企业逐步建设产学研结合体系，不断创建完善学生的实习基地，加强航海、渔政执法与行政处罚、渔具渔业等实习，使学生到生产、管理一线去实践。产学研结合体系对于培养海洋渔业创新型人才，满足国家建立海洋创新体系的需求等都具有重要意义。

创新精神的培养需要设置突出创新精神的课程，明确课程教学目标。创新精神课程是总体上的创业教育，对学生的世界观、人生观、价值观具有潜移默化的影响，通过大量的案例教学和成功者的经验讲述，激发学生的创新热情，牢固树立创新创业意识。创业精神不仅对于创业具有十分重要的意义，对于学生的求职甚至整个职业生涯都具有极其重要的影响，因此形成积极的创业精神对于整个教育来说也是必不可少的。

通过成立高校创新创业俱乐部，开展培训、研讨、交流、竞赛、讲座等一系列活动，帮助提高大学生的创新创业能力。为大学生创业者提供政策、法律、信息、技术等服务，鼓励学生积极参与创新创业实践活动，通过此平台，接收大学生创业者的意愿和诉求，维护大学生创业者的合法权益。邀请相关涉海企业经营者和成功企业家加入俱乐部，在校内举行企业家演讲会，邀请成功企业家进校讲授商业经验，为在校学生提供更多创新创业的知识和资源。

各种创新创业比赛对提升大学生的创新、创业能力具有重要作用，其可充分展现大学生创新教育教学的实用性。高校在积极组织赛事、努力办好赛事的同时，可以积极邀请相关专业的顶尖人员、外校资深教授及校友中的知名创业者和天使投资人参与赛事评审。评审人对学生的创新创业产品在设计理念、商业模式、融资策略、宣传策略等方面进行点评。高校通过举办各类创新创业赛事，为学生与行业内的专家搭建沟通的桥梁。参赛学生在专家的指导培训下，提升在创新创业中遇到问题的应对能力，丰富创新创业经验。

同时值得高校关注的是，现如今大学生参与创新创业比赛的热情普遍不高。为此，高校在举办各类创新创业赛事时，应丰富参赛形式，融合现如今"互联网＋"的时代背景，创新比赛形式。在赛事宣传中，应积极借助校园媒体的力量，可在社交媒体上开设本校专属的创新创业公众号，用推文、短视频和宣传海报等方式积极鼓励大学生参与创新创业赛事。加大对参与创新创业赛事的大学生的奖励措施，出台更多的奖励政策。高校还可以建立创新创业交流平台，促进创新创业学生的相互交流，鼓励教师在平台为学生进行创新创业指导，以此缓解创新创业导师不足等问题。高校还应注重完善创新创业比赛相关的保障制度，通过构建产学研一体化体系，将具有市场潜力的成果介绍给相关企业，进而与企业建立合作关系。同时帮助学生进行专利申请、版权登记等知识产权保护，促进学生创新科技成果的转化。

二、促进跨学科协同教学工作的整合效应

分析国外相关专业的课程设置及教学过程不难看出，国外更注重学生综合能力的培养，在学科设置及专业方向的选择方面更体现"以人为本"，尊重学生的个人意愿，并结合学生的学业成绩、综合能力等，确定专业培养方向与规模。目前中国大学主要采用以学科为中心的教学结构体制，以学科专业科目为主要构架，专业的划分主要依据学科知识体系来进行，学生在大学一二年级的学习过程中，会逐渐明确自己的专业兴趣，并对今后所从事的行业有个大体认识；而目前学校培养综合学科知识方面仍略显不足，无论是专业课的设置还是相关专业供学生选择学习的知识都非常有限。

20世纪以来，科技在不断分化的同时，也在高度综合发展。人类社会所面临的重大问题越来越多需要从多学科的角度进行审视并予以解决。推进和加强跨学科人才培养，既是科技、经济与社会发展的需要，也是世界各国办高等教育的共识。海洋经管学科具有"大学科"的概念，首先表现学科的综合性方面。海洋经管工作解决的是涉及海洋开发、利用的复合型问题，需要将海洋系统作为一个整体综合考虑。其次表现在海洋经管学科的交叉性方面。海洋经管学科既包括理科的物理海洋学、海洋化学、海洋生物学、海洋地质等学科，也包括文科的法学、经济学、管理学等学科，还包括工科的海洋技术、海洋工程等，具有很强的交叉性。这就要求在海洋管理人才教育的过程中采用跨学科的教学方式。

在跨学科协同教学的教学体系构建中，高校不应只是简单地组织学生参与其他学科的课堂教学，而应把教学重点放在学生的实践能力、跨学科课程的应用训练及创新创业思维的培养上。高校通过跨专业综合实训平台的建设，巩固加强学生的理论知识的综合运用，锻炼学生的综合实践能力。在跨专业模拟实训平台中，学生可以体验仿真的工作环境。老师作为问题

提出者，为学生设计专业任务，学生以跨专业组队的形式，运用知识自行设计解决所有的问题。在模拟经营及管理平台上，学生通过在多类社会组织中从事不同岗位的"工作"，训练在现代商业社会从事经营管理所需的综合执行能力、综合决策能力和创新创业能力，学习企业管理中所需的各种知识，从而培养学生自身的综合职业素养。

需要注意的是，跨学科教学并不是为了把学生培养成在各个学科方向都很"专"的人才，也不是单纯地扩大学生知识面，在每个学科方向上都浅尝辄止，而是"以一个学科为中心，在这个学科中选择一个中心题目，围绕这个中心题目，运用不同学科的知识，展开对所指向的共同题目进行加工和设计教学"，不但要求学生掌握某一关键能力，也要求学生具备跨越学科界面积极与其他专业领域的人才合作、共同解决问题的能力。本科作为拓展知识面、打好专业基础的阶段，是进行跨学科教学的最佳时机，学生在入学时可先不选择专业方向，而是学习本学科各个方向的全部基础课程，如海洋学、海洋综合管理、海洋管理技术、海洋法、海洋资源经济与可持续发展、海洋行政管理、海洋环境管理、海洋经济等，然后在大三结束时再依据学校专业特色并结合个人兴趣选择某一专业方向，逐步开展深入的学习和研究。

正如英国社会学家迈克尔·吉本斯所说："传统学科之间的边界逐渐模糊淡化、消失殆尽，衍生出新型超学科的、异质化的知识体系。"以国外高校先进的跨学科教学模式为例，美国芝加哥大学设立了工商管理与计算机科学硕士联合学位的跨学科教学模式，通过将商业教育与计算机技能培训相结合，培养既熟悉企业经营、商业管理、市场规律，又能熟练运用计算机理论、人工智能、编程设计的双专业复合型人才，更好地契合了市场对人才的需求。学生在工商管理和计算机双专业的学习中，即培养了团队合作和管理能力，拥有了更好的冲突管理能力，同时又具有扎实的计算机专业素养，具有高效的执行能力，如此一来，不管是在团队竞赛与未来的工作中都具有强大优势。再比如哈佛商学院在20世纪70年代推出了工商管理硕士与职业法律博士联合学位、与肯尼迪政治学院合作授予工商管理与公共政治专业硕士联合学位等。广东海洋大学应积极借鉴国外成功经验，结合自身特色优势学科，如管理学院、数字与计算机学院合作设立联合学位，培养具备管理能力和计算机专业能力的复合型人才；管理学院与滨海农业学院合作，培养具备滨海农业知识的海洋经济管理复合人才。通过跨学院合作项目，更好地整合教育教学资源，提高科技、经济和技术竞争力。在人才培养上，减少学生学习的学习成本和经济成本，更好地发掘学生的职业兴趣，提高学生的学习热情，为学生在创新创业竞赛与职业发展中提供多样化的目标。

高校在跨学科教育教学体系建设中，应充分利用互联网优势，打破传统的教学方式，形成线上线下融合教学的新体系。运用慕课、超星学习通等网络教学平台进行异步式教学，这样能够解决不同专业的学生存在课程冲突等问题。同时注重跨学科师资队伍建设，现如今大多数教师熟悉本专业的教学，但是对其他专业的课程设计和教学内容缺乏了解。在培养跨学科师资队伍建设中，要促进不同专业的老师进行教学合作，为教师提供跨学科教学培训和学习机会，搭建跨专业教师的合作交流平台，增强教师跨学科教学能力和科研水平，以此建立高水平的跨学科师资队伍。

三、明确发展重点，增加经费投入，改善海洋经管类专业的办学条件

涉海类专业往往是一些小口径专业，相对于一些长线专业，其专业规模明显偏低，但其投入又相对较大，这样办学效益就会受到影响。加大对涉海学科专业的经费支持力度，特别是省重点学科和专业的建设资金，多渠道多形式筹集涉海学科专业办学经费，保障涉海学科专业稳步发展。为涉海学科建设创造良好的制度、学术、人文环境。如优先满足人才引进、实验室等需求；优化科技工作评价指标体系，鼓励教师开展创新强、研究周期长的科研工作；对优先发展的学科在成果奖励申报、成果转化推广等方面给予倾斜等。各级政府加大对海洋高等教育的支持力度，加大人、财、物的投入。政府可以设立"海洋教育专项基金"，重点支持涉海类学科专业建设、学科带头人培养，支持涉海类课题研究等；在重点专业、人才培养模式创新实验区及教学团队、精品课程和实验室等教学基本建设方面，向涉海类专业倾斜，重点扶持。以进一步改善涉海类专业办学条件，实现质量与效益的双赢。

高校实验室是大学生参与创新创业比赛、学科竞赛的主要支撑条件，也是教师开展实践教学和科研工作的基础保障。促进高校实验室的建设有利于大学生创新创业能力的培养。高校实验室作为高等院校人才培养体系的重要组成部分，具有专业的指导教师、先进的科研设备，是高校开展学科竞赛、为学生提供专业技术支持的保障。但对于海洋经济管理专业的学生来说，因为学校对各二级院校、学科及专业的建设重点和投入有所差异，故能为海洋经济管理专业的学生提供的科研实验室并不多。这在一定程度

上制约了海洋经济管理实践教学的开展，削弱了海洋经济管理专业学生参与创新创业项目的热情。故加快海洋经济管理专业科研实验室的建设，高校为实验室建设提供充足的资金支持、必要的实验场地能够有效得鼓励学生参与学科竞赛，培养其创新创业能力。

　　在高校实验室的建设中，高校需要建设稳定的创新创业实践平台。由于缺乏稳定的创新创业问题，大学生多为"散兵游勇"式地参与比赛，缺乏有效的组织性。在一个团队中成员能力参差不齐，且因为学制影响，大一学生的专业知识储备和技能水平不足，而大四学生忙于升学、就业，参与创新创业比赛的多以大二和大三的学生为主，这就造成了一个团队中成员的流动性较大，竞赛团队缺乏稳定性等问题。再加上学生如今学业负担较重，各团队成员的空闲时间差异较大，造成竞赛质量下降。故建设一个稳定的创新创业实践平台，为学生解决竞赛中遇到的问题，促进学生创新创业团体的合理组织，能够有效提高学生创新创业竞赛的质量。同时高校应积极建立全校实验室的开放共享机制，重新定位高校实验室的使用功能。以往的高校实验室主要用于教师教学与科研，学生若想要申请使用实验室，需要上交申请表，程序较为烦琐，构建高校实验室开放共享机制，为学生参与创新创业活动提供开放自由的条件。高校实验室不应局限于"提交申请表，经审批通过才能使用"的预约方式，可以在校园公众号上开设实验室预约板块，开放网上预约模式，为学生提供开放共享的实验室服务。同时实施对实验室工作人员的激励制度，鼓励实验室管理工作人员为学生创新创业服务提供指导和服务。通过以上方法促进大学生创新创业活动的开展，同时也为各专业学生的综合能力训练提供了必要条件。

　　积极构建校企合作育人模式，由企业提供资金、设备和技术上的支持，高校提供人才和育人环境，以培养应用型人才为目标导向，充分利用人力、技术、设备等资源，实现校企之间相互转化、相互支撑的合作育人模式。高校可与企业进行合作，采取"3＋1"或"2＋1＋1"的人才培育模式。"3＋1"人才培养模式指学生在校学习3年，在企业学习累计1年，通过这种培育模式，学生在学习专业理论知识的同时，能够系统地将理论知识运用到具体实践中，同时在学生入企学习期间采用"双导师制"，由校企双方科研能力强、经验丰富的成员担任学生的实习导师，指导学生完全学业任务。在"2＋1＋1"人才培育模式中，企业全程参与学生的教学或在学生第三学年后参与教学，通过校内教师与企业技术人员合作教学的方式，为学生提供专业、系统的实践能力教学。以上两种校企合作的教学模式，能够有效地提高学生的实践能力，学生在校期间就能够实地到企业锻炼，实现学生毕业、入职无缝对接。同时企业为高校提供科研经费和奖学金、现场授课等多种方式，提高了学校的办学条件，提升学生的学习热情。

四、建立健全教育教学考核评价体系

高校教育教学考核评价体系是教学质量的主要保障措施。通过建立健全教学考核评价体系，加强对海洋经济管理教育教学模式的管理及评价，从而建立良好的教学秩序，提高学生的学习主动性和积极性，提高教师的教学能力，促进海洋经济管理教育教学管理的良性循环。

中国高校的教育教学考核评价方式主要存在以下问题。首先是考核的主体单一化，在对学生的考核中主要以教师为评价主体，任课教师将学生的出勤率、作业完成情况和期末成绩几个方面作为学生的考核成绩，忽视了对学生综合能力的评价。许多教师已经开始运用网络教学平台来考核学生的平时学习成绩，学习平台结合学生的线上学习情况、出勤率、参与问题讨论的次数等因素来计算学生的学习成绩，实现了对学生更加全面的考核。高校可将网络学习平台考核融入现有的考核评价体系中，同时注重实践教学的考核，将实践过程考核和实践结果考核相结合，完善考核指标。

在高校教学评估中，政府组织实施的评估是高校教学评估的主要构成部分，政府作为顶层设计者，多采取标准化、统一化的教学评价模式衡量高校的教学质量，这导致教学评价机制难以兼顾高校中不同院校、不同学科的多样化定位。在政府主导的体系下，高校处于较为被动的地位，缺乏与政府进行充分、平等对话的权力，这使得评估结果难以全面地反映高校真实的教学情况和实际诉求。故需深化高校教学评价体系改革，政府对高校教学由实施管控向提供宏观引导和服务转变，落实高校的教学自主权，优化高校教学评价方式，整合不同类型评估，推行综合评价方式。高校要健全内部评价体系，深化评价主体角色责任，重视对日常教学的常规性评估，强化评估的服务属性。同时在高校的内部评价中，将学校评价和学院评价相结合，确保评价结果的专业化。

在对高校教学考核评价中要积极与第三方评价机构合作。政府需发挥监管和规范的作用，对第三方评价机构进行科学管控，整治第三方评价机构中的功利化、商业化倾向，充分发挥其专业优势。

后　　记

　　本书是周珊珊副教授主持的广东省教育教学改革课题"海洋经济管理教育教学模式创新研究"的主要成果，由周珊珊拟定写作提纲与框架，完成全书的统稿、审稿工作。在写作过程中，课题组对各自负责的章节内容进行了调整与优化。在分工撰写初稿的基础上，课题组召集有关部门和专家对文稿进行了多次讨论与修改。

　　各章写作分工如下：第一、第二章，由周珊珊、杨蕊、刘汉斌负责；第三、第四、第五章，由朱坚真、杨蕊、崔曦文负责；第六章，由周珊珊、杨蕊、王鑫玉负责；第七、第八章，由周珊珊、马犇、武文艺负责；第九、第十章，由周珊珊、武文艺、刘汉斌负责。广东海洋大学管理学院的叶嘉敏、陈杰涛、张梓郁、何烨琪、朱鸿燕、刘思源、刘文翔、胡素香等在收集、整理材料的过程中做了一些辅助性工作。

　　第一章，论述我国高等院校海洋经济管理教育教学模式创新的理论基础。主要包括高等教育全面发展理论、高等教育教学模式创新理论、新时代中国特色社会主义高等教育理论及新时代海洋经济管理教育教学模式理论。

　　第二章，阐述我国高等院校海洋经济管理教育教学模式创新的时代背景。主要包括互联网时代、信息化时代、全球化时代和中国新时代。

　　第三章，阐述我国高等院校海洋经济管理教育教学模式创新的主要意义。主要包括海洋经济管理教育教学模式创新的理论贡献、海洋经济管理教育教学模式创新的政策贡献及海洋经济管理教育教学模式创新的实践贡献。

　　第四章，阐述我国高等院校开展海洋经济管理教育教学模式的发展、现状与问题。主要包括我国海洋经济管理教育的发展、我国海洋经济管理教育的现状及我国海洋经济管理教育教学存在的主要问题。

　　第五章，阐述先进国家海洋经济管理教育教学的发展、现状与启示。主要包括先进国家海洋经济管理教育教学的发展、先进国家海洋经济管理教育教学的现状及先进国家海洋经济管理教育教学的主要启示。

第六章，阐述我国高等院校海洋经济管理教育教学模式创新的内涵、原则与路径。主要包括海洋经济管理教育教学模式创新的内涵、海洋经济管理教育教学模式创新的原则及海洋经济管理教育教学模式创新的路径。

第七章，阐述我国高等院校海洋经济管理教育教学模式创新的主要构成。主要包括海洋经济管理教育教学的基本理论构成、海洋经济管理教育教学的基本实践构成及海洋经济管理教育教学的基本模式构成。

第八章，阐述我国高等院校坚持海洋经济管理教学内容与教学方法的统一。主要包括坚持教学内容与教学方法统一的必要性、海洋经济管理学科需要融入完备的教学内容及科学的教学方法、海洋经济管理学科教学内容与方法的创新及海洋经济管理教学创新方法的应用。

第九章，阐述我国高等院校海洋经济管理教育教学模式创新的政策配置。主要包括建立促进海洋经济管理教育教学模式创新的理念与体系、构建有利于海洋经济管理教育教学模式创新的体制机制、建设有利于海洋经济管理教育教学模式创新的平台与队伍及引导学生开展海洋经济管理教育教学模式创新。

第十章，阐述中国海洋经济管理教育教学模式创新的具体措施。主要包括树立海洋经济管理教育教学模式创新的目标与方案、加强海洋经济管理教育教学模式创新人才队伍建设及增强海洋经济管理教育教学模式的实用性。

关于海洋经济管理教育教学模式创新研究的内容丰富多彩，我们认为现有成果只是一个阶段性的成果，我们愿意联合涉海理论工作者与实际工作者，继续对本领域进行更深入、更系统的探讨，以推动本课题研究不断完善。

因引用文献较多，难免有遗漏的地方。如果书中涉及注释外的内部资料或部分论著的观点未及注明，请各部门和相关作者谅解。

周珊珊
2021 年 3 月于北京